高分子の寿命と予測
ゴムでの実践を通して

深堀美英 著

技報堂出版

書籍のコピー，スキャン，デジタル化等による複製は，
著作権法上での例外を除き禁じられています。

はじめに

　つらつら思うに，すべての動物は予測の下に生きている．あそこに行けば餌があると思って行動しない限り餓えてしまう．もしあそこに外敵や危険があると予測しないで動き回るとすれば，一瞬たりとも生きてはいけないだろう．そうやって正確に現状とその先にある事象を予測ができた動物だけが生き残った．不運という言葉は，予測が当たらなかった時の悲しい結果を表す表現ではないだろうか．ではどうすれば正確な予測ができるのか，予定した目的と寿命を全うできるのか．多分，過去の危かった経験を思い出すことが必要であり，そこから必死に考える方策(理論)が重要であろう．そして何より，それを実践する知恵と行動が成否を決める．

　本書は単なる解説書ではない．横軸に並べた工学理論を，筆者の実践論が縦軸としてクシ刺す構成を取っている．すべての内容をバラバラな単独情報ではなく，一連の有機的な繋がりとしてお届けしたいからである．本書は，寿命を支配するのが何かを徹底して考え，それを予測の形に統合し，新たな技術として生かすことをめざした，実践の書である．何を問題と捉えたか，何が問題解決の糸口を与えたか，いかに難題を乗り越えたかを，筆者自身の研究と開発の実体験を交えてまとめたものである．何事にせよ，予測を成功させるには一般的な原則と理論を知ることが重要である．一方，時々刻々変化する現場で起こる状況では，事態に則した臨機応変の対応が求められる．それを可能にするのは，前もって全体を見据えた視野の広さと，対面する現実問題への深い洞察である．実践とは，そのような準備のうえに築かれる知恵の所産である．

　2011年3月11日(東日本大震災)を，後の世の人々は歴史的出来事として「3・11」と称するのではないだろうか．未曾有の大地震と津波によって失われた人的，物的被害の大きさ．計り知れない放射能被害をもたらした重大原発事故の発生．そこで顕わになったのは，予測を超える現実の脅威，起きた時の対応の難しさである．

　一方，この原発事故を純粋に技術問題として捉える時，我々が抱える技術開発，製品開発のあるべき姿が浮き彫りになる．予測と実態の乖離が招く事故の悲惨さ．どこにその根本問題があったのか．どうすればそれを防ぎ得たのか．これは，たとえ対象

や規模が全く違う領域であっても，すべての技術，すべての製品に突き付けられた基本命題である．その対応を間違うといかに計り知れない損害が生じるか．本書を，この事故を念頭に置いて書き進めるのは，まさにそのような視点に立つからである．

さて本書の主題に入ることにする．たとえどのような技術や製品であれ，最も重要な2大要素は「機能と耐久性」であり，この2つが同時に満たされない限り製品にはならない．本書ではその中の耐久性を取り上げる．目的どおりの性能を持って造られた製品になぜ寿命が来るのかを，理論を背景に，知恵を絞って対策を模索していきたい．

本書を，「高分子の寿命と予測」という表題の下に書き進めるが，すべてにおいて高分子全体を網羅しようとすると，焦点が分散して平面的になってしまう．そこで本書では，具体的な対象としては"ゴムに焦点を当てる"場合が多い．一般的には，プラスチックが変形の小さい静的な使われ方をするのに対し，ゴムははるかに大変形，かつ非常にダイナミックな条件下で使われる場合が多い．この意味でゴムは総合的な技術論を展開するのに格好の材料と言える．もちろん，ゴム（ゴム状高分子）とプラスチック（ガラス状高分子）は，同じ高分子が外的条件（温度や速度）によって顔を変えた違いでしかない．したがって，ゴムで展開される考え方のほとんどが高分子全体に適用されると考えてよい．

まず，本書の主眼点を説明したい．本書では，"高分子に寿命をもたらす2大要因を力学疲労と環境劣化"と捉える．しかし，そこに行き着くにはいくつかの初期ステップを踏む必要がある．そこで各論に入る前の序（第1章）として，寿命と予測の背景にあるもの，およびそれらを踏まえた「高分子寿命予測の全体像」を概略，デッサンする．まずは肩の力を抜いて読んでいただきたい．続いて，本書で主対象となるゴムがどのような材料であるかをやや詳しくお話しする（第2章）．当然のことながら，破壊，疲労，劣化のすべてが材料の構造と物性に強く依存するからである．ゴム材料の不思議さ，面白さを味わっていただきたい．

いよいよそこから，疲労と劣化を支配する「破壊現象」（第3章）を取り上げる．破壊がわからなければ疲労も劣化もその本質が見えてこない．本書では徹底してゴムの破壊論を展開する．まず，ゴム破壊の特殊性を詳しく見ていく．寿命予測を真に実りあるものにするために，破壊を正しく理解することの重要性を繰り返し強調したい．破壊がわかれば，疲労と劣化はもはや庭先の問題として取り扱うことができるからである．

破壊の本質がわかったところで「力学疲労」の説明(第4章)に入る．疲労は破壊の延長上にあるが，かなり異なった視点が必要である．なぜなら，破壊力学は破壊開始に光を当てるが，疲労では破壊の進展が重要になる．ゴムの耐疲労性の素晴らしさは他の材料の追随を許さないものがあり，それがどこから来るかを詳しく見ていきたい．

一方，高分子は酸素やオゾン，紫外線等による「環境劣化」の影響(第5章)を強く受ける．劣化という現象は一般的に行われている分子レベルの化学反応だけでは捉えきれない面がある．各々の環境因子の持つエネルギーレベルの違いが，それらと接する材料表面の劣化状態を大きく変化させるからである．特に，オゾンや紫外線のような高エネルギー源の照射では，表面劣化層におけるクラックの発生，成長が破壊の引き金になる．

さて，後半部では本書の中心課題となる「高分子の寿命予測」に入る．寿命予測は空理空論の研究ではない．何にも増して，理論を生かす実践の学問である．本書では免震ゴムという特定のゴム製品に焦点を当て，筆者自身が行った「免震ゴムの60年寿命予測」(第6章)について詳しく説明する．おそらくこの取組みは，少なくともゴムという分野では，他に例を見ないほどの徹底した寿命予測の実例と言える．本書の前半部で取り扱ったすべての工学理論を，総合的，有機的に結び付けた実践論とも呼べるものであろう．

地震という人知を超えた自然災害から，しかも60年という長期間，建物を守るために行った実施例である．①何が免震ゴムに寿命をもたらす要因と予測したか，②免震ゴムがそれに耐えうるかどうかの定量的判断をいかに設定したか，③どのような実験とシミュレーションでそれを実証したか，④少なくともこの20年間の使用実績を経て当初の予測は当たっているか．寿命予測における，"思考過程と実証"の実例としたい．

続いて，過去に高分子分野で行われた「破損解析と寿命予測の実例」(第7章)を取り上げる．一般的に破損解析と寿命予測は一対として行われる場合が多く，両者は補完関係にある．高分子にとって先輩格である金属に学びながら，多くの実例を紹介する．ただしそれらの中には，寿命予測としては，特に"定量的寿命予測"としては，必ずしも適切な予測法と言えないものも含まれており，筆者なりの考え方を加えてみた．何が問題になるかを汲み取っていただければと思うからである．

一方，寿命予測はそれのみを目的とするより，それを足場にした新技術，新製品の開発を目指す場合が多い．そこで最終章として，寿命予測を基に筆者が取り組んだ2

つの「免震ゴム開発物語」(第8章)をお話ししたい．これらの開発には大なり小なり二律背反ともいえる技術課題が含まれており，その克服に費やした汗と涙の(？)物語でもある．筆者流に言えば，この部分にこそ本書が訴えたい実践の苦しさと楽しさが凝縮されており，生みの喜びと感動を素直にお伝えしたい．苦労を共にしたパートナーたちとの出会いは一期一会のもの．読者には肩の凝りをほぐしながら気楽に楽しんでいただきたいと思う．

さてここで少し膝を崩して(？)いただき，本書をPRしてみたい．筆者は企業を退職した後のおよそ10年間，大学や企業で様々な国の学生や技術者と交わってきた．そこで痛切に感じたことは，彼らの食い入るような眼差しを前にして，通り一遍の教科書的説明がいかに無力かということだった．実例がないと，特に，話し手の実体験の裏付けがない限り，本当の納得は得られないことを限りなく思い知らされた．それが本書を"実践論"として書く動機になった．加えて，たとえどんなに高邁な理論も，話し手の独りよがりでは，何も生み出さないこともいやというほど教えられた．そこで本書で徹底して追求したことは，"わかりやすさ"である．真意を正確に伝えるために，難しい専門用語や数式を避けて，そのエッセンスを，平易な日常語で，単純明快に説明することに腐心した．

技術者の喜びは，何も眉をしかめて本や機械に向き合うことではない．眼の前の出来事に必死に立ち向かいながらも，その奥に潜む普遍的な課題とその答を探し求めることである．実験をしながら，理論を学びながら，どのような答えが出るか，ワクワクする心を抑えきれずに更なる実験に挑戦する．本書は，そのような冒険を重ねる研究者や技術者がいつも傍らに置き，事あるごとに好きなところから読み進めてもらえる"愛読書"になって欲しい．ある時は技術問題解決の書として，またある時には未知の分野に対する冒険と挑戦の書として．

残念ながら，個々の問題に対する正解はどこにも用意されていない．もちろん，筆者などが何か特別な答えを持っているはずもない．その回答は，苦しくても，技術者，研究者自身が試行錯誤の中で自ら探しだすしか方法がない．ただ，筆者にできることが1つある．それは，常に読者諸兄の側にあって，自らの体験を基に，一緒に悩み，考え，答えを探す旅をすることであり，その思いを込めて本書を書き進めた．

破壊や疲労，劣化という領域は，すべての諸兄には必ずしも取つきやすい課題ではないかもしれない．でも，心配ご無用である．ここに書き進めたことは，高校生程度の学力と興味さえあれば何ら抵抗なく読みこなせるものである．ただしその内容には，

ゴムを中心とする高分子の破壊や疲労，劣化に関する基本課題のほとんどすべてを網羅している．したがって，大学や企業の現場で研究や開発に携わる技術者諸兄にも，大学院で研究を始めようとする学生諸君にとっても，本格的な専門書としてお役にたてると確信する．

　加えて，特筆すべきは，およそこの10～15年のゴム技術の目覚ましい進展である．これまでは想像の域を出なかったことが，最新の機器分析手法やコンピュータシミュレーションの進展により，その実像をかなり明確にイメージできる技術領域が急速に拡大している．そのようなゴム分野の新展開は高分子全体を理解するうえでも大いに参考になる．本書ではそれらの新しい技術情報をふんだんに取り入れ，また，わかりやすい説明のために多くの図や写真を採用した．

　世の中にゴムほど面白い，摩訶不思議な素材はめったにない．力学発現のメカニズムにしろ，強さ，弱さや寿命においても，金属等とは大きく異なっている．この違いがどこから来るのか，その謎解きも楽しんでいただきたい．本書はもちろん，純粋に技術論として展開したものであるが，筆者の感性（独断と偏見）で取り上げた部分も少なくない．内容の良し悪しの判断はお任せするとして，筆者が体験したことのすべてをお伝えする気持ちで書き上げた．その試みが読者諸兄の心の琴線に触れるのを，今はただ，願うのみである．

　なお本書は，「月刊ラバーインダストリー」（ポスティコーポレーション）掲載中の連載講座，"右脳で捉えるゴムのサイエンス"を基にしているが，まったく新たな視点に立って書きあらためたものである．最後に当たり，本書出版に向けて常に二人三脚で取り組んでいただいた技報堂出版の小巻慎編集長に，心からの謝意を伝えたい．

2013年9月

著者しるす

目　次

第1章　序——寿命と予測のプロローグ　*1*

1.1　筆者がゴムの寿命予測に取り組まざるを得なかった事情　*1*
1.2　寿命とは何か　*2*
　　1.2.1　人の老化をもたらす血管の老化，寿命を縮めるストレス　*2*
　　1.2.2　工業製品の寿命に深く関わるゴムの働き　*3*
1.3　予測とは何か　*3*
　　1.3.1　予測できること，予測できないことがある　*3*
　　1.3.2　何をどこまで予測すべきか　*4*
　　1.3.3　予測における原因特定の難しさ　*5*
　　1.3.4　避けられない人的ミス　*7*
1.4　予測と対策から見た福島原発事故の教訓　*7*
　　1.4.1　原子力発電の持つリスク　*7*
　　1.4.2　地震に対して何が想定され，どのような対策がなされていたか　*8*
　　1.4.3　初期想定を見直す機会があったか，どう対応したか　*10*
　　1.4.4　原発事故から学ぶ寿命予測の基本原則　*11*
1.5　高分子の寿命予測とは何か　*11*
　　1.5.1　高分子の寿命予測の全体像　*11*
　　1.5.2　寿命予測における促進試験の重要性　*12*
　　1.5.3　促進試験が成り立つ条件　*13*
ティータイム　地震予知には，ポチの声に耳を澄まそう　*14*

第2章　ゴムの構造と物性の特異性　*15*

2.1　ゴムの弾性力の特異性　*15*
　　2.1.1　ゴムのエントロピー弾性とは何か　*15*
　　2.1.2　ゴムの粘弾性的挙動　*19*
　　2.1.3　粘弾性的挙動のヒステリシスエネルギーロスによる表示　*19*
2.2　架橋ゴムの構造の実態　*21*
　　2.2.1　架橋ゴムの実態を予測させる物理ゲルの補強構造　*21*
　　2.2.2　架橋ゴムの実態と構造モデル　*24*
2.3　伸長結晶化による架橋ゴムの補強構造の実態　*25*
　　2.3.1　伸長結晶化による補強構造モデル　*25*

2.3.2 最新の機器分析が明かす伸長結晶化によるゴムの補強構造の実態　27
　2.4　カーボンブラック充填による架橋ゴムの補強構造の実態　29
        2.4.1 カーボンブラックによる補強構造の予感　29
        2.4.2 カーボンブラック充填による補強構造モデル　30

第3章　高分子の破壊現象　35

　3.1　破壊とは何か　35
        3.1.1 破壊の特殊性と面白さ　35
        3.1.2 どのような破壊があるか　36
　3.2　破壊を引き起こす内的，外的条件　37
        3.2.1 破壊を支配する4つの基本原理　37
        3.2.2 固体の理論強度　38
        3.2.3 破壊の最弱リンク説とは何か　39
        3.2.4 応力集中とは何か　41
        3.2.5 なぜ応力集中は破壊をもたらすか　43
        3.2.6 地球規模の応力集中点である活断層　44
        3.2.7 ワイブルプロットの有効利用　44
　3.3　ゴムにおけるクラックの発生過程　46
        3.3.1 想像の域を出ないクラック発生までの過程　46
        3.3.2 架橋ゴムのクラック発生点　47
        3.3.3 粒子充填ゴムにおけるクラック発生　49
        3.3.4 三軸引張り（負の静水圧）でのクラック発生　51
　3.4　亀裂の成長開始の取扱いと破壊力学　51
        3.4.1 材料力学と破壊力学の違い　51
        3.4.2 破壊力学の草分けとなったGriffith理論　53
　3.5　ゴムにおける亀裂成長開始の取扱い　56
        3.5.1 ゴムの破壊力学を開いたRivlin & Thomas理論　56
        3.5.2 ゴムの引裂きエネルギーの実測値　58
　3.6　ゴム破壊を支配するヒステリシスエネルギーロス　59
        3.6.1 エネルギーロスのない理想ゴムの引裂きエネルギー　59
        3.6.2 エネルギーロスの役割を理論化したAndrews理論　60
        3.6.3 Andrews理論が示唆するゴム破壊の特殊性　62
　3.7　架橋ゴムのガラス転移点における弾性－粘性転移　63
        3.7.1 高速度領域で見られる不思議な破壊現象　63
        3.7.2 架橋ゴムのガラス転移温度付近で起こる弾性－粘性転移　64

3.7.3　深堀の弾性－粘性転移図　*66*

第4章　高分子の疲労現象　*69*

4.1　疲労とは何か　*69*
　4.1.1　疲労とは何か　*69*
　4.1.2　構造設計における安全率の設定　*70*

4.2　$S-N$ 曲線の重要性と限界　*70*
　4.2.1　疲労耐久性の指標となる $S-N$ 曲線　*70*
　4.2.2　$S-N$ 曲線から $dc/dn \sim$ 負荷（σ または ε）曲線へ　*72*
　4.2.3　負荷が変動する時の残存寿命の捉え方（マイナー則）　*73*

4.3　破壊力学における $dc/dn \sim G$ 曲線の取扱い　*74*
　4.3.1　ゴムにおける $dc/dn \sim G$ 曲線表示　*74*
　4.3.2　ゴムの $dc/dn \sim G$ 曲線におけるヒステリシスエネルギーロスの役割　*76*

4.4　$S-N$ 曲線と $dc/dn \sim G$ 曲線をつなぐ理論解析　*77*
　4.4.1　$S-N$ 曲線と $dc/dn \sim G$ 曲線をつなぐ深堀の理論解析　*77*
　4.4.2　$S-N$ 曲線における傷長－寿命重ね合せ則　*79*
　4.4.3　傷長－寿命重ね合せによる低負荷 $S-N$ 曲線の実験的求め方　*82*

4.5　ゴムにおける破壊の進展過程と破断面凹凸の形成　*82*
　4.5.1　ゴムの破壊進展に関する Fukahori & Andrews の提案　*82*
　4.5.2　破断面凹凸形成に関する Fukahori & Andrews の式　*85*
　4.5.3　破断面凹凸形成の FEM シミュレーション　*88*

4.6　ゴムのフラクトグラフィー　*91*
　4.6.1　破損事故解析に不可欠なフラクトグラフィー　*91*
　4.6.2　高分子の破断面解析における基礎知識　*91*
　4.6.3　ゴム破断面の特徴的模様　*94*

　ティータイム　ゴム風船の奥は深い　*98*

第5章　高分子の劣化現象　*99*

5.1　高分子の環境劣化　*99*
　5.1.1　高分子劣化の特徴　*99*
　5.1.2　供給されるエネルギーレベルの違いが生み出す環境劣化の違い　*100*

5.2　高分子の酸化劣化　*101*
　5.2.1　熱劣化と酸化劣化　*101*
　5.2.2　酸化劣化とは何か　*101*
　5.2.3　酸化劣化のメカニズム　*103*

- 5.3 高分子酸化劣化の化学反応速度論的取扱い　104
  - 5.3.1 化学反応における活性化エネルギーとは何か　104
  - 5.3.2 活性化エネルギーの分子論的解釈　105
  - 5.3.3 酸化劣化の化学反応速度論的な取扱い　107
- 5.4 Arrheniusによる反応速度定数の取扱い　108
  - 5.4.1 アレニウス式の物理的意味　108
  - 5.4.2 アレニウスプロットの取扱い　109
- 5.5 酸化劣化と力学負荷の複合劣化　110
  - 5.5.1 応力による活性化エネルギーの低下　110
  - 5.5.2 ゴムの酸化劣化に対する力学負荷の影響　111
- 5.6 高分子のオゾン劣化　112
  - 5.6.1 オゾンによる表面クラック発生　112
  - 5.6.2 オゾンクラック発生の不思議さ　113
  - 5.6.3 オゾンクラック発生のメカニズム　115
- 5.7 高分子の紫外線劣化　117
  - 5.7.1 プラスチックの紫外線劣化　117
  - 5.7.2 ゴムの紫外線劣化　118
- 5.8 高分子劣化の統一的取扱い　119
  - 5.8.1 高分子劣化の統一的取扱いの必要性　119
  - 5.8.2 入力エネルギーが低い場合の劣化の取扱いと注意点　121
  - 5.8.3 入力エネルギーが高い場合の劣化の取扱いと注意点　121

第6章　免震ゴムの60年寿命予測の実例　123

- 6.1 免震とは何か　123
  - 6.1.1 重要性を増す免震建築の急速な普及　123
  - 6.1.2 免震建築と免震ゴム　124
- 6.2 免震ゴムの寿命予測システム　126
  - 6.2.1 何が免震ゴムに寿命をもたらす要因と考えたか　126
  - 6.2.2 免震ゴムの長期寿命予測システム　127
  - 6.2.3 長期寿命予測を可能にする促進試験の設定　128
- 6.3 免震ゴムの定量的寿命予測を可能にした3つの要素技術開発　129
  - 6.3.1 大変形FEM解析の開発と実験による確認　129
  - 6.3.2 免震ゴムの圧縮クリープのメカニズム解析と長期予測　132
  - 6.3.3 環境劣化の長期予測　135
  - 6.3.4 免震ゴムに発生する最大ひずみの設定と疲労破壊の長期予測　137

6.3.5 免震ゴムの総合寿命判断　*139*
6.4 寿命予測は当たっているか（中間計測結果から）　*139*
   6.4.1 東日本大震災における免震建築の効果　*140*
   6.4.2 環境劣化による経年変化（10年使用免震ゴム）　*140*
   6.4.3 クリープ量の経年変化（20年使用免震ゴム）　*141*
6.5 免震建築と免震ゴムの社会的責任　*142*
   6.5.1 免震建築で起こる最悪事態とは何か　*142*
   6.5.2 最悪事態を招く原因になり得るのは何か　*143*
   6.5.3 最悪事態を避けるためのフェールセーフ機構の設置　*144*

第7章　高分子の破損解析と寿命予測の実例　*147*

7.1 金属材料に学ぶ破損解析実例　*147*
   7.1.1 御巣鷹山日航機墜落事故で行われた事故調査　*147*
   7.1.2 構造部品接合ボルトの破損事故解析　*148*
7.2 高分子の破損解析実例　*149*
   7.2.1 プラスチック扇風機の破損解析　*149*
   7.2.2 自動車用ゴム油圧ホースの破損解析　*152*
   7.2.3 搬送ベルト用ゴムクリーナの破損解析　*155*
7.3 高分子の寿命予測実例　*157*
   7.3.1 寿命予測で陥りやすい間違い　*157*
   7.3.2 ゴムシールの定量的寿命予測の取扱い　*159*
   7.3.3 自動車用タイミングベルトの寿命予測実例　*162*
ティータイム　異常の発見は，何より，目と耳で　*164*

第8章　免震ゴム開発物語　*165*

8.1 「60年耐久免震ゴム」の開発　*165*
   8.1.1 どうしようもなかった初期の試作免震ゴム　*165*
   8.1.2 ダウエル式免震ゴムから基礎固定式免震ゴムへ　*166*
   8.1.3 ゴムと鉄板の接着技術開発　*168*
   8.1.4 免震ゴムの均一物性，短時間製造法の確立　*169*
   8.1.5 60年耐久免震ゴムの誕生　*171*
8.2 「高減衰免震ゴム」の開発　*172*
   8.2.1 高減衰免震ゴムとは何か　*172*
   8.2.2 高減衰免震ゴムに取り組んだ経緯　*173*
   8.2.3 高減衰免震ゴムの開発着手　*174*

8.2.4 高減衰免震ゴムの減衰特性　　175
8.2.5 高減衰免震ゴムのクリープ特性　　179
8.2.6 高減衰免震ゴムの長期耐久性　　180

8.3　おわりに，そして新たなはじまりに　　181

索　引

【あ】

Eyring の式　110
アグリゲート（またはカーボンアグリゲート）
　　30
圧縮永久ひずみ（クリープセット）　160
　　——の長期経年変化　141
圧縮荷重　169
圧縮クリープ　126, 138
圧縮クリープ曲線　133, 179
圧縮クリープ試験　160
圧縮試験　161
圧縮弾性率　125
圧縮と引張りの繰返し　151
圧縮力　37
アレニウス式　108, 171
　　——の物理的意味　108
アレニウスプロット　13, 109, 120, 128, 134,
　　159, 162
　　——の注意点　121, 157
安全管理の基本的セオリー　7
安全神話　8
安全設計　1
安全率　52, 70, 129, 161
Andrews 理論　60

【い】

1 軸拘束 2 軸引張り試験機　130
1 列リベット打ち　147

【う】

ウエルドライン　153
ウォルナーライン　94, 156
運動エネルギー　106

【え】

液状化　143

SH（sticky hard）相　31
S–N 曲線　13, 70, 138, 157
　　——と dc/dn 〜 G 曲線　77
　　——と dc/dn 〜 G 曲線の相互変換　81
　　——の基本形状　79
　　——の利点と弱点　70
エネルギー散逸効果　19
エネルギー弾性　15
FEM（有限要素法）解析　130, 168
円弧状ストライエーション　92
延性破壊　36, 92
延性破断面　66, 92, 94, 150, 180
エントロピー　16
エントロピー弾性　15, 17

【お】

オイルシール　159
オイル膨潤　154
応答加速度　178
応答変位　178
黄変　117
応力解析　130
応力拡大係数　52, 75, 116
応力集中　37, 42, 43, 151
　　——と破壊　43
　　——の分散　43
応力集中係数（円孔）　42
応力集中係数（空孔）　42
応力集中係数（クラック）　42
応力集中係数（楕円孔）　42
応力集中効果　116
応力線　41
応力立上がり　17, 22, 26, 29
応力の尾根　61, 63
応力場　52, 60, 61
屋外曝露試験　118, 122

【お】

オゾナイド層　114
オゾン　75, 127
オゾンクラック　112, 136
　——の特異性　113, 115
オゾンクラックの発生機構（分子鎖切断説）　115
オゾンクラックの発生機構（オゾナイ度層形成-破壊説）　115
オゾン濃度　75, 136
オゾン劣化　76, 100, 112, 136
オーリング　159

【か】

外皮ゴム　137
ガウス鎖曲線　16, 22
ガウス鎖理論　16
ガウス分布　16
加荷（loading）　20, 60
加荷応力場　61
加荷曲線　61
化学的緩和　161
化学反応速度論　13, 104, 107, 121, 170
架橋ゴム
　——の構造　21, 22
　——の伸長状態モデル　24
　——の不均一構造モデル　24
架橋相　24
　——の酸化亜鉛と破壊の起点　28, 47
　——のトンネルによる連結　24
架橋点間セグメント数　17
架橋房状ミセル構造　41
架橋密度　24
　——の効果　25
確率的特性　36
活性化エネルギー　105, 107, 109, 157
活性化状態　105
活断層　44
活断層地震　4
カーボンゲル　30
カーボンブラック　30
カーボンブラック（C/B）充填　173

　——による構造形成　31, 41
カーボンブラック充填効果　23, 76
カーボンブラック充填ゴム
　——の $\tan \delta$　20
　——のネットワーク構造（TEM 写真）　33
　——の引裂きエネルギー　59
　——のヒステリシスエネルギー　20
　——のミクロボイド発生　50
カーボンブラック補強構造モデル　31
カーボン粒子界面モデル　31
カーボン粒子を囲む GH 相と SH 相　31
ガラス転移温度　64
ガラス転移速度　64
加硫条件　170
加硫速度　153
加硫反応　170
環境負荷　11, 127
環境劣化　12, 99

【き】

傷長-寿命重ね合せ則　79
　——の実験求め方　82
基礎固定式免震ゴム　168
共振　124, 143, 172
共振時の振動　3
亀裂（またはクラック）　37
亀裂拡大力　55
亀裂近傍の応力場　60
亀裂進展抵抗力　55
亀裂進展推進力　62
亀裂成長速度　66
亀裂先端の応力　53
亀裂先端の応力集中係数　53
均一網目構造　21, 25
均一架橋構造　47
筋繊維（リガメント）形成　27
金属ボルトの破損解析　148

【く】

屈曲耐久性　154

クラック(または亀裂)　37, 148
クラック進展におけるヒステリシスロスの影響
　86
クラック進展のメカニズム　83, 85
クラック成長開始条件　87
クラック長　71
クラック発生過程　46
クリアランス(可動空間)　137, 142
Griffith クラック　47, 120
Griffith クラック長(または臨界亀裂長)　47, 55,
　78, 80, 89
Griffith 理論　53, 90
クリープセット　138, 160
クレーズ　38, 84, 150

【け】

経年変化　1
血管　2
限界接触圧　160
原子力発電　5
減衰機能　3, 172
減衰性能　177
原発事故　146
　——の教訓　11
　——のリスク　8

【こ】

高エネルギー源供給による劣化　100, 121
航空機事故のリスク　8
高減衰免震ゴム　172, 176
構造異方性　125
構造設計　70, 77
　——の安全率　70
構造鈍感性　36
構造敏感性　36
高速破壊　63
高分子の寿命予測全体像　11
鋼棒ダンパー　175, 177
故障確率　45

ゴム
　——と鉄板の接着　128, 145
　——と鉄板の接着技術　168
　——の長期経年変化(圧縮クリープ)　141
　——の長期経年変化(弾性率)　135, 140
　——の長期経年変化(破断強度)　135, 140
　——の長期経年変化(破断伸び)　135
　——の粘弾性的挙動　19
　——の破壊力学　56
　——の役割　3
ゴム支承の寿命予測　158
ゴムシールの寿命予測　159
ゴム分子鎖の切断と架橋　104
固有周期　124, 143

【さ】

最大加速度　9
材料設計　77
材料力学　51, 69
　——と破壊力学　51
酸化亜鉛塊(ZnO)　28, 47
酸化反応　101
酸化劣化　100, 107, 135, 158
　——に対する力学負荷の影響　111
　——のメカニズム　103
酸化劣化反応　103
三軸引張り下のミクロボイド発生　51
三軸引張り力　38
サンシャインウェザーメータ　117
残存寿命　158
残存寿命率　73

【し】

GH(glassy hard)相　31
シェブロンパターン　92
紫外線
　——によるチョーキング現象　117
　——による表面の白化と黄変　117
紫外線劣化　100
時間 − 温度の換算則　110

時間加速　13
事故
　――がもたらす損害の大きさ　4, 11
　――の起こる確率　4, 11
　――の危険度　4
地震動(地震波)　124
地震動減衰効果　178
地震と津波　9
地震予知　4
自由エネルギー　105
自由エネルギー変化　54
周期　124
主クラックとミクロクラックの合体　83, 87
寿命　69
寿命軸上のシフト量　80
寿命予測　1, 2, 7, 129, 147
　――の基本原則　11
　――への取組み　1
寿命予測システム　171
使用限界特性値　159
消費寿命率　73
除荷(unloading)　20, 60
除荷応力場　61
除荷曲線　61
真実接触面　159
伸長結晶化　18, 26
　――による構造形成　26, 41
　――によるネットワーク構造形成　26
　――によるリガメント(筋繊維)形成　28
伸長結晶化構造モデル　26

【す】

スティックスリップ運動　155
スティックスリップストライエーション　95
スティックスリップ的応力変動　64, 66
スティックスリップテア　30
ストライエーション　155
ストレス　2
ストレス加速　13
ストレス分散のメカニズム　15

【せ】

脆性－延性転移　64
脆性破壊　36, 92, 149
脆性破断面　66, 92, 94, 150, 152
積算照射量の問題点　122
セグメント　16
接触圧分布　159
接着強度　145, 158
接着試験　168
接着のゴム破壊　168
接着剥離(接着界面剥離)　158, 166, 169
線形弾性体　39
潜在欠陥　46, 70, 83
せん断型接着試験片　168
せん断弾性率　125
せん断剛性の繰返し変形依存性　178
せん断変形　177
扇風機破損解析　149
全分子レベルの破壊　46

【そ】

想定外事態　144
想定外想定　11, 144
想定外対策　11
促進試験　12
　――の成り立つ条件　13
促進条件　160
ソフトセグメント　48
ソフトランディング　144, 174

【た】

耐震基準　10
耐震設計　1
体積一定(または体積不変)　18
大変形FEM解析　130, 169
大変形力学解析　130
タイミングベルトの寿命予測　162
タイヤの寿命予測　157
ダウエル式免震ゴム　166
$\tan \delta$　19, 174

弾性エネルギー　37
弾性-粘性転移　64
弾性-粘性転移域
　——における振動様式　67
　——における破壊様式　67
弾性-粘性転移図　66
弾性ひずみエネルギー　53
弾性ひずみエネルギー変化　54
弾性率の長期経年変化　135, 140
断層破壊　44
弾塑性ダンパー　172

【ち】
チェルノブイリ事故　8
地球温暖化　5
長期経年変化(ゴム圧縮クリープ)　141
長期経年変化(ゴム弾性率)　135, 140
長期経年変化(ゴム破断強度)　135, 140
長期経年変化(ゴム破断伸び)　135
長周期地震波　124, 143, 172
チョーキング現象　117

【つ】
Zhurkov 式　110

【て】
低エネルギー源供給による劣化　100, 121
$dc/dn \sim G$ 曲線
　——と S–N 曲線　77
　——と S–N 曲線の相互変換　81
　——に対するオゾンの影響　75
　——に対するカーボンブラック充填効果　76
　——に対するヒステリシスエネルギーロスの効果　76
　——の基本形状　75
$dc/dn \sim$ 負荷(応力, ひずみ)曲線　72, 157
定量的寿命予測　129, 157, 161
鉄板とゴムの接着　128, 145, 168
天然ゴム(NR)系免震ゴム　172, 173

【と】
等温加硫　170
等価減衰定数　177, 180

【な】
内部圧勾配　134
鉛入り免震ゴム　172
軟弱地盤　143

【に】
二重セル構造　31
二重のリスク　10
日航機墜落事故　147

【ね】
Neo–Fookean　17
ネットワーク構造　30, 31, 40
熱運動　16
熱エネルギー　16, 103
熱伝導 FEM 解析　171
熱伝導解析　170
熱分解　101
熱劣化　101, 160
粘性ダンパー　172
粘性抵抗　19
粘弾性クリープ　134
粘弾性効果　19, 59, 60, 66, 173
粘弾性論　19

【の】
ノッチのある S–N 曲線　71, 80
ノッティテア　29, 30

【は】
バウンドラバー(またはカーボンゲル)　30, 31
破壊
　——の最弱リンク説　27, 33, 37, 39, 40
　——の種類　36
　——の特殊性　35
　——の臨界値　52

破壊靱性　52, 55, 58
破壊進展中の S–N 曲線　71
破壊推進力　52
破壊抵抗力（破壊抵抗性）　52
破壊力学と材料力学　51
破損解析　91, 147
破断（破損）　36
破断エネルギー　44
破断強度
　——の長期経年変化　135, 140
　——のノッチ長依存性　22
破断面凹凸形成
　——のシミュレーション　88
　——のメカニズム　83, 85
破断面凹凸の基本深さ　89
破断面解析　91
破断面写真　149
破断面の激しい凹凸　83
破断面模様　91
白化　117
歯付きベルトの寿命予測　162
ハードセグメント　48
バリライン　152
判定加速　13
反応速度定数　108

【ひ】
非ガウス鎖曲線　17, 22
非ガウス鎖理論　17, 18
非架橋相　24
引裂きエネルギー　56
　——と粘弾性効果　58
　——の最小値　59
　——の実測値　58
　——の理論値　59
引裂き試験片（純せん断型）　57
引裂き試験片（ズボン型）　57
引裂き試験片（引張り型）　57
引抜き力　145
微小変形 FEM 解析　130

微小変形力学解析　130
非伸長結晶性 SBR　21
ヒステリシスエネルギー　20
ヒステリシスエネルギーロス　19, 76
ヒステリシス比　62, 87, 174
ヒステリシスループ　20, 175
ひずみエネルギー　57
ひずみエネルギー解放率　56, 75
ひずみエネルギー解放量　61
ひずみエネルギー密度分布　60
引張りと圧縮の繰返し　151
引張り力　37
非等温加硫　170
表面エネルギー　39, 54
表面黄変　117
表面クラック　112
表面白化　117
表面劣化層　117, 121
疲労（または力学疲労）　11, 69
　——と劣化の複合効果　12, 127, 163
疲労亀裂　148
疲労限界　75
疲労ストライエーション　95, 149, 150
疲労破壊　69, 149, 156

【ふ】
フェールセーフ［機構］　10, 11, 144, 174
物質移動　134
物理ゲル　23
　——の応力～ひずみ曲線　23
　——の構造　21
　——の補強構造　23
物理的緩和　161
不同沈下　142
フラクトグラフィー（破断面解析）　91
分子間距離　38
分子間ポテンシャルエネルギー　38
分子鎖
　——の切断と架橋　102, 104, 171
　——の伸び切り効果　17, 18

――の伸び切り現象　26, 31
分子鎖切断　47
分子鎖切断説(オゾンクラックの発生機構)　115
分子鎖レベルの切断と架橋　119

【へ】
平面応力　55
ベルトクリーナー破損解析　155
変動負荷　73

【ほ】
ポアソン比　18, 63
膨張力(3軸引張り力)　38
放物線模様　93, 152
ポリウレタン中の連続性クラスター構造　48
ポリウレタンの構造崩壊　49
ポリウレタンの疲労　49
ポリウレタンのミクロクラック発生　49
ボルト破損解析　148

【ま】
マイナー則(重複被害の経験則)　13, 73, 128, 139
　　――のゴムへの適用　74
　　――の成り立つ条件　74
Maxwell–Boltzmann 分布　106
マクロブラウン運動　16
マクロ平均弾性率　25
摩擦　19
摩擦滑り　31
摩擦抵抗　19
マーフィーの法則　5, 7
摩耗　162
Mullins 効果　21, 29, 31

【み】
ミクロクラック　47
　　――と主クラックの合体　83, 87
　　――と主クラックの合体条件　87
ミクロブラウン運動　16

ミクロボイド(空隙)　47
ミラー破断面　28, 94

【め】
目玉状剥離　50
免震　123
免震建築　123, 139
　　――の社会的責任　142
免震ゴム(または免震用積層ゴム)　1, 123, 125, 165
　　――の圧縮クリープ　132
　　――の圧縮変形　132
　　――の社会的責任　142
　　――の寿命予測システム　127
　　――のせん断変形　132
　　――の破断　126
　　――の60年耐久性　1, 127, 129, 134, 135, 138, 139, 141, 165, 171
免震住宅　123
免震重要棟　123, 140
免震ビル　1, 123, 140

【ゆ】
油圧ホース破損解析　152
油滴付着　150

【よ】
予測　3
予測精度　4

【ら】
ラジカル　101, 103

【り】
リガメント(筋繊維)形成　27
力学疲労　11, 100
力学負荷　11, 13, 127
　　――による活性化エネルギーの低下　110
力学的直列モデル　39
力学的並列モデル　40

リコールタイヤ　*158*
リスク（事故の危険度）　*4, 8*
理想的網目構造　*21*
リバーパターン　*92*
リベット（金属鋲）　*147*
粒子充填ゴムのミクロクラック発生　*50*
粒子充填ゴムのミクロボイド発生　*50*
流動性破壊　*36*
理論強度　*38, 53*
理論的表面エネルギー　*55*
臨界亀裂長（またはGriffithクラック長）　*55*

【れ】
劣化（または環境劣化）　*12, 99*

――の疲労の相乗効果　*12*
――と疲労の複合効果　*127, 163*
Rivlin & Thomas 理論　*56*

【ろ】
老化　*2*
60年耐久免震ゴム　*165*
ロス関数　*62*

【わ】
ワイブルプロット　*44*
ワイブル分布　*44*

本書に登場する材料の略号と特性一覧

1. ゴム材料 [JSRハンドブック(新生舎, 1977)より転載]

略号	名称	分子構造	ガラス転位温度 $[T_g(K)]$
NR	天然ゴム	$(-CH_2-C(CH_3)=CH-CH_2-)_n$	199～205
IR	イソプレンゴム	$(-CH_2-C(CH_3)=CH-CH_2-)_n$	199～205
BR	ブタジエンゴム	$(-CH_2-CH=CH-CH_2-)_n$	171～178
SBR	スチレン-ブタジエンゴム	$(-CH_2-CH=CH-CH_2-)_m-(-CH_2-CH(C_6H_5)-)_n$	216～229
EPR(またはEPM)	エチレン-プロピレンゴム	$(-CH_2-CH_2-)_m-(-CH_2-CH(CH_3)-)_n$	213～233
EPDM	エチレン-プロピレン-ターポリマー	$(-CH_2-CH_2-)_m-(-CH_2-CH(CH_3)-)_n$ ―第3成份	214～223
IIR	ブチルゴム(ポリイソブチレン-イソプレンゴム)	$(-C(CH_3)_2-CH_2-)_m-(-CH_2-C(CH_3)=CH-CH_2-)_n$	198～210
NBR	アクリロニトリル-ブタジエンゴム	$(-CH_2-CH=CH-CH_2-)_m-(-CH_2-CH(CN)-)_n$	217～263
CR	クロロプレンゴム	$(-CH_2-C(Cl)=CH-CH_2-)_n$	223～233
SiR	シリコーンゴム	$(-Si(CH_3)_2-O-)_n$	141～161
―	フッ素ゴム(テトラフロロエチレン-プロピロン系)	$(-CF_2 \cdot CF_2 \cdot CH_2 \cdot CH(CH_3)-)_n$	268
ACM	アクリルゴム	$(-CH_2-CH(O=COR)-)_n$	243～273
PU	ポリウレタン	$(-C(=O)-N(H)-\text{C}_6\text{H}_4-N(H)-C(=O)-O-R-O-)_n$	213～243

2. カーボンブラック（C/B）［カーボンブラック（J.B. Donnet & A. Voet，講談社，1976）より転載］

略号	ASTM 名	粒子径（μm）	吸着能力（表面積，m^2/g）
SAF	N110	11～19	138
ISAF	N220	20～25	115
HAF	N330	26～30	85
GPF	N660	49～60	35
FT	N880	101～200	16
MT	N990	201～500	8

架橋ゴムの作り方

　プラスチック製品は，高温で溶融させたプラスチック素材を金型に注入し，冷却後，脱型して得られる．一方，ゴム製品を得るには，熱可塑性エラストマーを除き，必ず架橋工程が必要である．架橋とは，高分子鎖の所々に結び目（架橋点）を作ることにより，大変形時にも分子鎖が勝手に流動することを止める（その結果，変形を元に戻すエントロピー弾性が発現する）役割を果たす．一般的には，架橋剤として硫黄を用いるので加硫とも呼ばれる．プラスチック成型が流動による物理的変化であるのに対し，ゴムの成型加工は高分子鎖と架橋剤の化学反応に基づいている．

　ゴム材料を作るには，まず，未架橋状態にある天然ゴムや合成ゴム等の原料ゴムに，硫黄やヒドロペルオキシド等の架橋剤とカーボンブラックや酸化亜鉛等の充填材および劣化防止材等を加えた混合物を，ミキサーまたはロール上で均一に練り上げる．続いて，混練されたゴムを金型に加圧注入し，高温の熱プレス間で加圧，成型する．例えばゴムの試験片を用意するには，概略，150℃，30分が必要である．この間にゴム中では架橋反応が起こる．最後に，金型を冷却しゴム製品を取りだす（**8.1.4 参照**）．

　一般的に，原料ゴム100重量部に対して硫黄を2重量部程度使用する．なお，このような表し方をphr（parts per hundred rubber）表示という．硫黄（S）は1個の分子で，またはいくつかのSが連なった状態で，高分子鎖と高分子鎖を繋ぎ合わせる．架橋点の数（架橋密度）はゴムの力学特性全体を大きく左右する．例えば，架橋密度の増加は分子鎖の動きを制限するため，硬さや弾性率を増加させる．硫黄を30 phr以上加えると，非常に硬くて脆いエボナイトが得られ，優れた電気絶縁性を示す．

第1章 序——寿命と予測のプロローグ

1.1 筆者がゴムの寿命予測に取り組まざるを得なかった事情

　筆者がゴムの長期寿命予測に取り組まざるを得なくなったのは，ゴム技術者としてのっぴきならない事情が起こったからである．それは免震ゴムの研究開発に取り組み始めて間もない1985年の，ある建設会社との技術会議が発端であり，席上，次のような指摘があった．
　"自分達は高層ビルの耐震設計を行う時，建物の詳細な地震応答解析を行った後，建物の構造強度を計算し，これに十分な安全率を見込んで設計する．免震ビルも耐震構造体として同じ手法，同じ精度で設計する．ところが免震ビルでは，最も重要な建物の基礎を支える免震ゴムの得体が知れない．と言うのは，長期使用中に起こる免震ゴムの特性変化が正確にはわからない（予測できない）との話を聞いている．
　もしそうなら免震構造全体の安全設計はできなくなる．つまり，大地震の時，免震ゴム内に発生する局部応力やひずみの大きさに対して，免震ゴムの破断特性にはどの程度の余裕があるかを定量的にわからない限り，免震ゴムの変形限界と建物に許される変位限界が決められない．増してや，それらの値が経年変化するのであれば，それを正確に予測することが絶対的に必要である．そうでなければ怖くて使えない．
　一方，実質問題として，免震ゴムが建物寿命（コンクリートビルの寿命は当時60年と設定されていた）より短寿命の場合，建物を建て替える前に免震ゴムを何度も取り替えることが必要になる．つまり，「免震ゴム性能の経年変化と耐久寿命が正確に予測できて，かつ，その寿命が60年以上でなければ，耐震基準の厳しい日本で免震ゴムを用いる免震建築が普及するのは，極めて難しい」"
というショッキングなものであった．
　事実，その言葉どおり，建設各社は当時，既にフランスやイギリスで開発され，アメリカ等で使用され始めていた免震ゴムには手を出そうとしなかった．バネ要素としての免震ゴムの有効性は十分認めていたものの，それらの経年変化と寿命が全く不明だったからである．

言うまでもなく，この2つの命題は当時のゴム屋にとっては途方もない難題であった．なぜなら，当時，ゴム製品の使用寿命はタイヤを含めて最長5～10年程度であり，その5倍，10倍の寿命をどう確保するかは全く見当もつかなかった．一方，ゴムの寿命予測というのは，研究テーマとしては概略（定性的に）検討された例はあっても，これを実際の強度・構造部品としての定量的基準，つまり設計法としての予測や安全性の設定基準として用いられた報告は皆無であった．

しかしながら，建設会社のこれらの指摘はまさに的を射たものであり，免震建築全体の責任を持たなければならない建設会社としては，当然の要求であった．ここまでくると，上記の2つの難題を解決しない限り，免震ゴムという製品は日本では成り立たないと覚悟せざるを得なかった．こうして，筆者が免震ゴムの長期寿命予測と60年耐久性を保証できる免震ゴム開発に着手したのは1985年の秋のことであった．

1.2 寿命とは何か

1.2.1 人の老化をもたらす血管の老化，寿命を縮めるストレス

"人は血管とともに老いる"と言われるほど血管と老化の関わりは深い．血管の老化現象の1つは血圧上昇（高血圧）で，血管の壁が厚くなって伸縮性を失うことが原因とされている．もう1つの老化現象は動脈硬化で，コレステロールの蓄積等により血管の内壁が厚くなり，血管の弾力性が失われ，血液の通りが狭くなるために起こる．血管は，生命作用の源である心臓，肺のポンプ機能や，胃，腸，肝臓のエネルギー交換機能はないが，それらの機能を円滑に作動させる不可欠の働きをする．すべての臓器は血管に連結されて初めて機能を発揮する．

人の老化と寿命決定の第一因子は遺伝子であり，その次が環境因子だそうである．環境因子の中でもストレスの影響は非常に大きい．なお，ここで言うストレスとは，外から加わった刺激によって身体に起こる反応を指す．ストレスの原因となる刺激には，例えば，暑さ，寒さ，騒音，痛み等の身体的なものと，不安，緊張，怒り，恐怖等の心に感じる痛みがある．ただし，どちらの場合も，身体に生じる反応は同じであると言われている．

ストレスの原因のうちで最も重大なものは，配偶者の死である．特に，妻に先立たれた男は，ひどいストレスを受けて寿命が短くなるというのはデータが示している．これに比べると，怪我や病気はその半分程度のストレスであり，会社の上司とのトラブルなんぞはそのまた半分にも満たないそうである．だから，上司とのストレスは居酒屋で治るが，妻に先立たれることは取返しのつかないダメージを残す．気を付けて

くださいよ，御同輩！　思い当たることの2つや3つはあるでしょう．これからは，奥さんの愚痴は神妙に聞く，よいしょ，よいしょと持ち上げる（ここまでは金はかかりません！）．そのぐらいの度量がなければ，男，一人前じゃない．ええ，そっちの方がストレスが大きい？

1.2.2　工業製品の寿命に深く関わるゴムの働き

人体の血管の役割と工業製品におけるゴムの役割は何とよく似ていることか．誇張なく，ゴムがなければ近代工業は成り立たない．飛行機も車も新幹線も，ゴムが振動を吸収してくれなければ，乗客は騒音で難聴になり，機体，車体は振動で破壊される．多くの家電製品，精密機械も同じ問題を抱える．ゴムは，製品の中で他の材料が最も不得意とする部位（大きな変形や繰返し変形，擦れ合う場所）で大いなる力を発揮する．例えば，車検ではチェク項目にゴム関連の箇所が非常に多い．これは厳しい使用条件部位にはゴムが使われており，ゴムの寿命が車の故障全体に直結するからである．

ゴムは，形を変え，特性を変え，ほとんどの工業製品を表から，そして裏から支えている．ゴムは多くの場合，他の部品と一体になって複合製品を形成する．タイヤは自動車の，ホースやベルトは機械製品の動力伝達や振動低減を行う．免震ゴムや防振ゴムは構造体を支えながら減衰機能を発揮する．例えば，洗濯機が少し古くなりゴムの弾性や伸びが疲労してくると，回転の始めや終りに起こる共振時の振動が急激に大きくなり，スムースな動きからガタついた動きに変わる．そしてついには大きな振動を発生し止まってしまう．このようにゴム製品に寿命がくると，複合製品全体が機能しなくなる．

1.3　予測とは何か

1.3.1　予測できること，予測できないことがある

最近，天気予報の当たる日が少し多くなったと思いませんか．ちょっと前までは下駄を放り投げて表か裏を言い当てる程度の予測だったのを考えると，大きな進歩である．これは地形に対して（地域ごとに），温度や風との関係で起こる雲の発生や動きのメカニズムがかなり正確にわかってきたことによる．何より気象衛星の貢献が大きい．

世の中には予測できること，できないことがある．ある出来事を正確に予測するには，それが"どのような内部メカニズムで起こるか"，"どのような外的要因が働くか"の2大要素が正確にわかっていなければならない．例えば，地震予測は極めて難しい．地震発生のメカニズムはある程度わかっているのだが，何しろ，深海における

地球規模の，大陸プレートの接触状態，移動状態等を正確に知ることができないからである．今後，よほどの技術革新がない限り，そのうちに地震が起こるだろうという以上の地震予知は極めて難しい．

それでも，例えば，移動速度がわかっている太平洋プレートの沈み込みによって起こる地震予知にはまだ希望があるが，活断層地震(3.2.6参照)に対する予知はほとんど不可能である．よく今後30年間に活断層で起こる地震発生の確率は3％，などという地震調査研究推進本部の発表を目にするが，無意味な数字である．なぜなら，活断層地震が発生する周期は1,000年単位であり，その発生メカニズムも発生周期もほとんどわかっていない．したがって，このような不確定現象の，しかも30年という短期の発生確率は，定義そのものが意味をなさない．

一方，機械製品や電気製品の寿命はかなりの精度で予測可能である．使用条件(入力条件)がほぼ一定であり，故障の起こるメカニズムも設計段階でかなりわかっている．また，そこで使用される材料の特性もほぼ把握されているからである．ただし，プラスチック製品では環境劣化が懸念される場合があり，もう少し複雑になる．それでも変形量が小さい製品(配管，ケーシング)が多く，予測も比較的単純である．一方，ゴム製品の場合，ゴムの軟らかさのために使用中の変形量が格段に大きく，製品の受ける入力変動も大きい．このことがゴム製品の寿命予測を難しくしている．

1.3.2 何をどこまで予測すべきか

ある出来事(事故)をどの程度まで予測(想定)するかは，その事故の持つリスクと密接に関係している．リスク(事故の危険度)には様々な要因があるため一概には決められないが，ここでは取りあえず，リスクRを次の式(1-1)で表すことにしたい．

$$R＝【事故の起こる確率】×【事故がもたらす損害の大きさ】 \tag{1-1}$$

Rは常にある有限の値を持っており，ゼロになることはない．当然，Rが大きいほどその事故が潜在的に持っている危険度は大きい．したがって，たとえその事故の起こる確率がどんなに低くても，事故が起こった時の損害が非常に大きい場合，事前にその危険性を十分に予測，認識し，厳密な対策を施すことが求められる．

例えば，輪ゴムの場合，重要な用途には使用しない(損害が非常に小)ので，すぐに切れたとしても誰も文句を言わない．一方，宇宙ロケットや航空機の場合，事故が起こった時の人的，物的損害は非常に大きい．したがって，確率は低くても，起こりうる出来事はすべて考慮する．ただし，飛行体では重量との戦いがあるため，どこまで対策できるかに限界が生じる．したがって，搭乗する人はあらかじめ事故の確率を了承したうえで(保険を掛けて？)，航空機に乗る必要がある．しかし，宇宙ロケットや

航空機でも被害の程度はまだ限定的である．

　言うまでもなく，絶対に重大事故を起こしてはならないものが原子力発電である．原子力発電では，いったん重大事故が起こると制御不能になる可能性があり，被害の大きさは地球規模に広がる．したがって，原子力発電では，起こる確率がどのように低い出来事も徹底的に予測し，その対策が求められる典型的な製品である．つまり，「想定外」という言い訳の通らない，最悪のケースは絶対的に避け得る対策（フェールセーフ）がなされない限り，世の中に存在できない製品である．

　先人たちの経験則を集めたマーフィーの法則というのがある．その中には例えば，"起こる可能性のあることは，いつか実際に起こる"，"うまくいかなる方法がいくつかある時，そのうちの最悪のことが起こる"，"もし何かがうまくいっているなら，あなたは何かを見落としている"等々である．"常に最悪の状態を想定すべし"というこの概念は，今日ではシステム開発，労働災害予防，危機管理，さらにはフェールセーフ機構の設置という具体的な対応策に生かされている．

1.3.3　予測における原因特定の難しさ

　ある現象の原因を特定するのは，過去の症例から見てもはっきりしている場合を除けば，難しい作業である．ある医者が名医であるか藪医者かは，まずは患者の病気の原因を正しく判断できるかどうかで決まる．その病状が複雑であればあるほど，各種の検査はもちろん，患者の過去の病歴，生活習慣，好み，さらには物的，精神的環境を調べる必要がある．一方，医者自身の過去の経験と洞察力に加え，外部で報告されている研究報告等を総動員しなければならない．名医とはこれらを総合的に判断できる医者である．

　例えば，今，地球環境にとっての最大問題とされる「地球温暖化」の取扱いは参考になる．この問題に関するIPPC（気候変動に関する政府間パネル）報告の骨子は2点あり，"地球は温暖化しており，現状を続ける（石油や石炭等を使い続ける）と，100年後の世界の平均気温は約4℃上昇し，海面が18～59 cm上昇する"．もう一つは，"温暖化の元凶は，人間が生み出す二酸化炭素（CO_2）による温室効果である"とする点である．これらの大胆な判断は，ある意味，これから取り扱う製品の寿命予測を考えるうえで良くも悪くも参考になる．

　図1.1はこの1,000年間の全地球平均の地表面の気温変化である．確かにこの20年，30年の気温の急上昇（0.7℃）がわかる．図1.2は，はるかに長い時間幅で見た「地球温度の揺らぎ」であるが，最近の1万年の揺らぎは数℃の間で上下している．これを見ると，最近の気温上昇はこの揺らぎの一環ではないかという疑問が出てもおかしくな

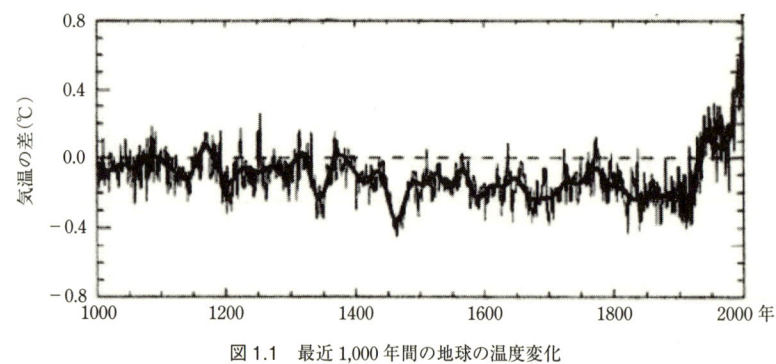

図1.1　最近1,000年間の地球の温度変化

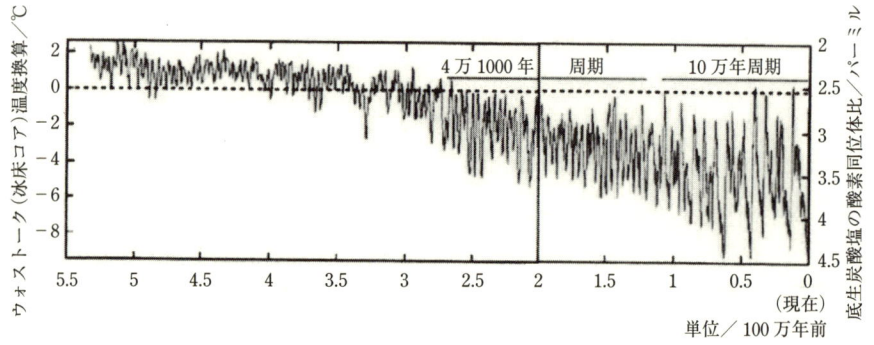

図1.2　100万年単位の地球の温度変化

い．また，図1.3は過去約100年間の気温変化とCO_2濃度変化を示したものである．大雑把に見ると，両者の相関性がわかる．しかし少し厳密に見ると，相関性のあるのは1970年以降で，それ以前の両者の関係からは，CO_2以外にも気温上昇をもたらす別の重要因子が隠れていることを暗示している．

この報告は，多分，筆者等の門外漢には計り知れない研究の積重ねで得られた結論であろうし，近代産業が地球環境の汚染をもたらしてきたのも事実である．

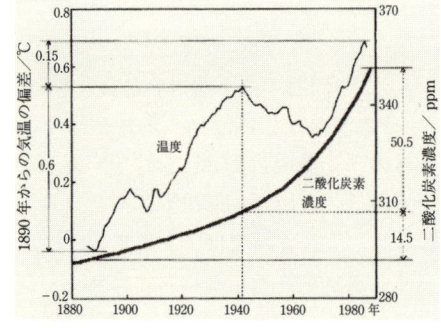

図1.3　最近100年間の気温変化と二酸化炭素濃度の変化

したがって，もし万一，このCO_2元凶予測

が当たらなければそれはそれで結構なことである．なぜなら，予測が当たって，CO_2元凶説が実証された時点ではもう取返しがつかないからである．

ただし，これから議論する工業製品の寿命予測で，もし図1.3のようなデータのみが示された場合，誰でもがわかる議論と説明が必要である．病気の診断と同様，表面的な事象の裏に隠れている原因がないか，何か別の現象との複合作用がないか等を詳細に検討することが重要である．そのことが原因解明に不可欠であり，寿命予測を成功させるためのキーポイントになるからである．

1.3.4 避けられない人的ミス

どのような予測にも科学的に捉え難い人的ミスが重なる．人的ミスをどの程度考慮するかは，ある意味で自分たちの管理能力を問われることにもなり，かなり勇気のいる仕事である．それでも，人による設計ミス，製造ミス，さらには突然の体調不良や環境変化等によるミスが起こり得る．これは人間がやる限り避けることのできない要因であり，ミスの重大さを決めるのはやはり事故がもたらす被害の大きさによる．特に，重大事故を目の当たりにした時，人はパニックに陥り，事故を拡大しやすい．

この人的ミスについては，ハインリッヒの法則というのがある．これはアメリカの技師 Heinrich が提案した労働災害における経験則であるが，"1件の重大事故の背景には29件の軽微な事故と300件の異常(ヒヤリ・ハット)がある"というものである．氷山の一角という言い方もある．この考え方は，その後，危険予知や事故防止，ビジネスにおける失敗発生率等に幅広く活用されている．一方，先のマーフィーの法則によれば，"何か失敗する方法があれば，あいつはそれをやっちまう"，"うまくいかなくなる方法がなさそうな時でも，あいつはそれを探し出す"となる．

1.4 予測と対策から見た福島原発事故の教訓

1.4.1 原子力発電の持つリスク

本書で今回の原発事故をあえて取り上げるのは，我々が実際に寿命予測を行おうとする時，この事故には他山の石では済まされない本質的問題が数多く含まれているからである．もっと正確に言えば，この事故を取り返しのつかない重大事故に拡大したのは，予測と対策を含めた"安全管理における基本セオリー"を無視した結果である．したがって，ここから学ぶべきことはあまりに多い．もちろん筆者は原子力に関しては完全な門外漢，素人であり，原発の是非を論じるつもりは毛頭ない．ここではただ，この事故についてこれまでに報告されている事実のみを取り上げ，本書のテーマであ

る予測と対策という観点から振り返ってみることにしたい．

　ところで非常に大雑把な計算ではあるが，ある原発が地震と津波に遭遇する確率と，事故が起こった時の損害額を見積もってみたい．原発の稼働寿命を50年として，その原発を大地震(震度6強以上)が襲う周期を500年に1回とする．また，ほとんどの原発は海岸付近にあるので，その地を大津波(高さ10m以上)が襲う周期も500年に1回とする．この500年というのは，プレート型地震，活断層地震を含めて十分，起こりうる数字である．したがって，この原発が稼働中に大地震と大津波にあう確率は，各々1/10なので，両者が同時に起こる確率は1/100(=1％)となる．一方，福島原発事故の損害額がどの程度になるかははっきりしていないが，チェルノブイリ事故の損害額からみても10兆円(1×10^{13}円)に近いと思われる．したがって式(1-1)に従ってRを計算すると，R＝1×10^{11}円となる．

　そこでこの結果と航空機による死亡事故発生(多くは墜落事故)とを比較してみたい．アメリカでは航空機による死亡事故発生は，10万飛行時間当たり0.07件(1.43×10^6飛行時間で1件の事故発生)と言われている．航空機の1日の飛行時間を10時間，飛行機の寿命を30年とすれば，1機当たりの可動飛行時間は1.1×10^5時間となる．したがって，ある航空機が稼働中に死亡事故を起こす確率は7.7％になる．また墜落事故が起こった時の損害額を約200億円(2×10^{10}円)とすれば，航空機事故の場合，R＝1.54×10^9円となる．つまり，原発事故のリスクは航空機事故のリスクの約65倍ということになる．

　以上の計算には多くの仮定が含まれており，全くの概算値にすぎないが，"日本で稼働する原子力発電には，航空機の50〜100倍の潜在的なリスクが含まれている可能性がある"ことを教えている．決して，「安全神話」の成り立つ製品ではない．我々はこのことを十分に認識したうえで，今回の原発事故を振り返ってみたい．

1.4.2　地震に対して何が想定され，どのような対策がなされていたか

　事故の詳細はまだほとんどわかっていないが，2012年7月5に出された国会事故調査委員会の報告を見て感じることは，そして福島の方々には厳しいお叱りを受けるかも知れないが，"今回の原発事故の規模は全く不幸中の幸いであった"の一語に尽きる．つまり，チェルノブイリ事故と今回の事故を隔てるものは偶然の差であり，チェルノブイリ事故が炉心の融解(メルトダウン)に続き炉自体の爆発を起こしたのに対し，福島事故では全く幸運にもメルトダウンで止まってくれた(図1.4)．たとえば，チェルノブイリ事故では断崖の上から海まで落ちてしまったのに，福島事故ではかろうじて崖の途中で引っ掛かったようなものである．

図1.4 福島第1原発事故現場

 さて,事故の経緯は国会事故調査委員会の報告でほぼ説明されているので,ここでは今回の事故と放射能被害拡大に直結した最重要ポイントに絞りたい.事故の推移から見て,全交流電源喪失,ベント操作の遅れ,水蒸気爆発による原子炉建て屋の上部崩壊の3点が事故拡大のキーポイントになっており,もしそのうちのどれか1つでも十分な予測と対策ができていたら,事故の被害ははるかに小さいものになったと推定される.

a. 全交流電源喪失　言うまでもなく,原子力発電において全電源喪失こそ絶対に避けなければならない基本原則である.それにしては非常用電源の設定位置,設定方法等すべてに有効対策がなされていなかった,例えば津波の被害であるが,東電の想定では津波の高さは最大5.7mとし,第1~4号機では非常用電源を地下や1階に設置した.加えて,国会事故調査委員会の報告は,1号機では地震そのもので(津波来襲前に)冷却水を送る配管に損傷が発生していた可能性が高いことを指摘している.今回の地震で第1原発の立地する大熊町の震度は6強の揺れであり,最大加速度は550ガルであった.この加速度は阪神・淡路大震災の最大加速度818ガルよりもかなり小さく,その程度の揺れでも重大問題を発生するようであれば,地震対策も不十分であった可能性が高い.

b. ベント操作の遅れ　もしベントがスムースに行われていたら,炉の心臓部である圧力容器や格納容器の損傷は少なく,放射能の外部への放出もはるかに少なかったに違いない.ここでも,全電源喪失が長時間続くことは想定外だったので,大量に発生した水素や水蒸気によりまず1号機で水素爆発が起こり,原子炉建屋上部が吹き飛んだ.3号機でも同様な事態が進んでいたために手動でベント操作をしようとしたが対応マニュアルがなく,3号機でも水素爆発が起こり建屋上部が吹き飛んだ.

c. 水蒸気爆発による原子炉建屋上部の崩壊　爆発の起こる可能性のある容器や装

置には，最悪時のフェールセーフとして圧力を逃がすためのブローアウトパネル(破裂板)が取り付けてある．しかし破裂板の取付け位置や構造が全く不適で，建屋が吹き飛ぶ前にその部分が作動する(吹き飛ぶ)ことはなかった．その結果，1号機と3号機では水素爆発によって建屋上部が吹き飛んだ．2号機では，3号機の水素爆発の衝撃でたまたま破裂板が壊れ，建屋の吹き飛びが免れた．5号機と6号機ではやっとそれに気付き，建屋上部に穴をあけたので大事には至らなかった．

1.4.3 初期想定を見直す機会があったか，どう対応したか

　自然災害については科学や技術の進展に伴ってわかってくる部分が続出する．例えば現在，盛んに見直されている活断層の推定，東南海地震に対する津波予測，地球温暖化に伴う気候変動等がその例である．一方，装置や製品そのものの欠陥が新たにわかってくることもある．当然，それらの情報に照らして当初の設計が不十分であれば改善が必要である．特に，原発のように絶対に事故を起こしてはならない製品の場合，これらの新情報に対しては過敏なほど神経を使う必要がある．東電の福島第1原子力発電所(沸騰水型軽水炉の1〜4号機)の運転開始時期は1971〜1978年であり，日本における新しい耐震基準(1981年)ができる前であった．しがって耐震基準の考え方が全く不十分な時に建てられた施設である．2006年9月に改定された耐震設計審査指針は，福島県沖では津波の高さが10mを超えると結論付けた．この試算では津波遡上高さは1〜4号機では15.7m，5号機，6号機で13.7mであった．

　一方，原子力発電のリスクと危険性はスリーマイル島原発(1979年)やチェルノブイリ原発(1986年)で起こった重大事故が証明した．また地震の規模と津波については最近の例だけでも，阪神・淡路大震災，30mの津波が奥尻島を襲ったM7.8の北海道南沖地震，10〜30mの津波がインド洋の広範囲を襲ったスマトラ島沖地震(M9.1)など，近年はその大きさが異常に拡大している．つまり，"日本で原発を実施するということは，他の非地震国で原発を稼働するのに比べ，原発の危険性と地震＆津波の危険性という二重のリスクを負う"ということである．

　これらの原発に対する警告や大地震が頻発したにもかかわらず，その対策を取る時間的余裕がなかったのであろうか．結論から言えば，もし本気で対策しようとするならば，破裂板の取付け直しに1, 2週間，万一の電源喪失に備えた手動ベント操作のマニュアル作りに1, 2週間が必要としても，この2点の対策には2〜3ヶ月あれば十分．非常用電源の移設も，長くとも2年あれば十分可能であった．当然，これらの対策費用は事故の損害額に比べれば微々たるものだったはずである．

1.4.4 原発事故から学ぶ寿命予測の基本原則

まず第一に言えることは、原発の持つリスクの大きさが全く理解されていなかった点である。どのような技術、製品であれ、【事故の起こる確率】がどんなに小さくとも、【事故がもたらす損害】が非常に大きい場合、「想定外を想定した対策」を立てておかないと取り返しのつかないことが起こってしまう。第二に、初期の想定とは違った事実が明らかになった場合、速やかにそのことを加味した想定の変更と想定外対策がなされねばならい。第三に、想定外事項に対するフェールセーフ機構の設置は知恵を絞れば何とかなる場合が多く、その対策費用も事故が起こった時の損害に比べると桁違いに小さい。これらのうちどれか1つでも放置した代償がいかに大きいかを、この事故は警告している。

1.5 高分子の寿命予測とは何か

さて、ここからは本書の主題である「高分子の寿命予測」に入っていきたい。まずは一般論として、"なぜ高分子製品に寿命がくるか"について大雑把な全体像を描くことにする。なお、本節ではいきなり専門的な技術用語が頻繁に出てくるが、最初に概略、全体像を知ることが重要であり、ここでは解説なしに話を進めたい。これらは後ほど、各章で詳しく説明されるのでここでは安心して読み進めていただきたい。

1.5.1 高分子の寿命予測の全体像

図1.5は1つの例として、"10年以上の寿命を要求されるある仮想の高分子製品(構造部材)が、10年間の使用によって初期(製造時)状態からどのように変化するか"を示したフローチャートである。ここでは、製品特性を変化させる2大要素は、その製品が10年間の使用中に外界から受ける力学負荷と環境負荷に絞っている。

製品に加えられる力学的な静荷重や動荷重(繰返し変形)によって、材料内部では分子鎖や充填物の流動や拡散が起こり、材料の非破壊特性が変化する。一方、製品形状に応じた応力集中のため、また、材料内の異物や欠陥周辺の応力集中によって材料にクラックが発生、成長する(材料の破壊特性変化)。このような破壊特性の変化を物理的、機械的変化と呼び、一般には「疲労または力学疲労」と総称される。これらが図1.5の縦方向の流れを生み出す。

一方、大気中の酸素や熱に曝されると、高分子鎖と酸素の化学反応が起こる。特に、架橋高分子であるゴム材料の場合、架橋状態が変化(分子鎖結合による架橋促進または分子鎖切断による架橋低下)する。さらに、オゾンや紫外線等が作用すると、材料

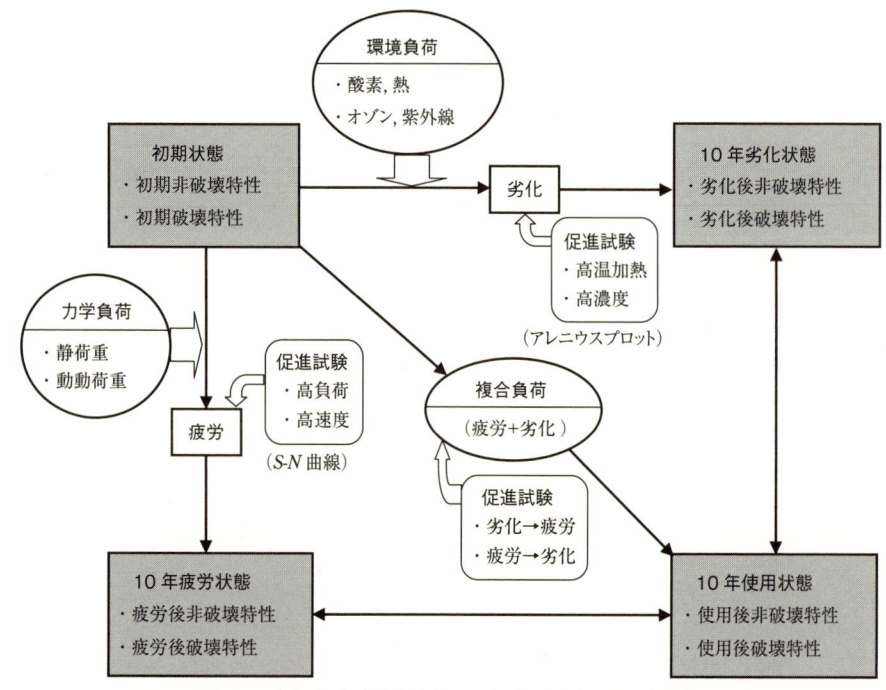

図1.5 高分子の経年変化をもたらす要因と寿命予測の捉え方

表面にクラックが発生する．これらの出来事は高分子材料の非破壊特性や破壊特性を変化させ，一般的には「劣化または環境劣化」と総称される（図1.5の横方向の流れ）．さらにオイル，水，酸，アルカリ等が影響する場合がある．

疲労と劣化のどちらか一方が優先的に起こるような製品では，このようにして10年間の疲労状態または劣化状態になる．しかし，構造部材として使用される製品においては疲労と劣化は同時に起こり，両者が相まって相乗的な変化をもたらす．これが図1.5の斜め方向の流れである．これらの負荷がもたらす10年の経年変化があっても，目的とする特性が設計基準値を上回っていれば，この製品は10年以上の寿命があると判断される．基準値以下であれば既に寿命が尽きていることになる．

1.5.2 寿命予測における促進試験の重要性

当然，このような変化を前もって予測するための室内実験に10年間を費やすことはできないので，何らかの促進試験が導入され，前倒しの予測と判断がなされる．図1.5にはこのことも付記されている．疲労予測には，通常，幅広いレベルの力学負荷

(S:応力やひずみ)を与えた時の,製品の破断までの繰返し数(N)や時間をプロットしたS-N曲線を作成する.力学負荷(S)が一定の場合はS-N曲線から直接,寿命(N)を求めることができるが,負荷が変動する場合はマイナー則(異なった負荷における消費寿命の和は一定)を併用して寿命を推定する.

劣化予測では劣化を引き起こす入力の持つエネルギーの大きさに注意すべきである.一般的に言って,低エネルギー供給によって起こる変化は非常に速度が遅く,反応は均一で,系の全体的な変化をもたらす.例えば,低エネルギー源である酸素による劣化は平均的な架橋密度の変化をもたらす.このようなマイルドな反応には化学反応速度論が適用され,温度を上げることによる反応促進効果が利用できる.例えば,アレニウスプロットを用いた温度と時間の換算により,高温-短時間の変化から低温(実使用温度)-長時間の変化を予測するのが可能になる.一方,オゾンや紫外線等の高エネルギー源による劣化では,材料表面に発生するクラックが重要であり,特別な考慮が必要となる.

1.5.3　促進試験が成り立つ条件

促進試験としては,一般的に次の3つの方法が用いられる.①時間加速:間欠動作の繰返し(地震等の時々起る出来事)を連続的な繰返し試験に変えることにより,測定時間を短くする.②ストレス加速:負荷(応力やひずみ,オゾン濃度等)を実際より高くして短時間で強制的に疲労,または劣化させる.③判定加速:寿命終止(破断等)という判断を実際の寿命が来る前(その兆候が現れた時点)に判定する.

これらの促進試験が成り立つのは,促進条件と実使用条件との間に故障モードや故障メカニズムの変化のないことが前提になる.したがって,促進試験の適用範囲を明確にすることが重要である.例えば,架橋NRの促進熱劣化試験では,加熱条件を100℃以上の高温にすると,酸素劣化から熱劣化に変わる.この見極めには,アレニウスプロットが直線になるかどうかの判定が有効である.実験を短時間で終わらせるために過剰すぎる促進条件を与えると,実際の長期使用で起こる変化とは全く異なった現象を生み出す可能性があり,くれぐれも注意が必要である.

地震予知には，ポチの声に耳を澄まそう

　地震予知で懸念されることの1つに，もし予測が間違ったらどうするか（そのアナウンスで人々がパニックを起こした場合，誰が責任を取るかを含めて）が議論されている．イタリアでは2009年に起こった大地震（死者309人）に先立ち，間違った"安全宣言"を出した地震学者に対して，地方裁判所は禁固6年（過失致死罪）の有罪判決を言い渡した．ただしこの判決の是非は，科学的な事前警告とその責任の問題としていろいろな面からの議論を呼んでいる．

　真面目な話，筆者などはむしろ地震の直前に数多く観察されている前兆現象（動物の異常行動や大気の発光，地下水の変化などの異常自然現象）の詳細観察の方が，少なくとも直前予測としては有効ではないかと，心密かに思っている（力武常次著"地震前兆現象"1986）．中国では1975年にこのような観察結果や群発地震の頻発などを総合して事前警告を発し，予告のあった4～5時間後に起こった地震（M7.3）の人的被害を最小限に食い止めたと報告されている．ただし，その中国でもその次に起こった大地震を予測できなかった．

　動物予測情報であれば，たとえ外れたとしても，何となく許される気がするのは筆者だけであろうか．"この数日前から「地震予報犬ポチ」の，何だか悲しい鳴き声が非常に大きくなっており，大地震の可能性があります"というアナウンスであれば，人々は冷静に行動できそうである．たとえその後で，"どうも地震ではなかったようです．最近，ポチは近所のかわいいメス犬に振られ，悲しみのどん底にあったようです"と聞かされたとしても．

第 2 章　ゴムの構造と物性の特異性

　ゴムは非常に特殊な材料である．異常に軟らかい，信じられないほど伸びる，伸びた後もほとんど元の長さに戻る，応力〜ひずみ曲線が美しい逆 S 字型を描く，温度や速度に大きく左右される．これらの力学特性は，一般の金属やプラスチックの特性と比べるとその差は一目瞭然である．当然ながら，このような違いはゴムの寿命にも決定的な影響を与える．ゴムは驚くほどの繰返し変形（疲労）に耐える．最近のタイヤは，トラブルなく 10 万 km（10^8 回の屈曲疲労）の走行が可能である．ゴムほど他の固体との繰返し接触（摩擦，摩耗）にも耐える材料はない．タイヤ，ベルト，シューズの摩耗特性を見ればわかる．

　このような力学特性の違いは，その本質において，他の金属やプラスチックの力学発現がエネルギー弾性に基づくのに対し，ゴムはエントロピー弾性である違いからきている．ゴムのエントロピー的性格は，どのような外部からの変形要請に対しても，ゴム分子鎖全体が形態を変えて（液体のように）応じることを可能にし，他の個体材料との決定的な違いを生み出している．例えば，外力を加えられた時，他の材料は，局部的な強さで耐える（その他の部分は素知らぬ顔）のに対して，ゴムは，分子鎖の全体的連動と変形によって（一致協力して）耐えようとする．このような"ストレス分散のメカニズム"がゴムのあらゆる力学挙動を支えている．

　したがって，ゴムの寿命と予測を正しく取り扱うためには，そして，それをもたらす破壊，疲労，劣化という現象を深く理解するためには，ゴムの力学物性を生み出すメカニズムと，それを支える架橋構造の実態を知ることが何より肝要である．ただし，ここでは概略だけの説明にとどめ，詳細については拙書[1]を参照いただければと思う．

2.1　ゴムの弾性力の特異性

2.1.1　ゴムのエントロピー弾性とは何か

　ゴムの不思議な特性はどこからくるかと問われるなら，その基本構造にあるというのが正解である．図 2.1[2]はゴム分子鎖の集合をイメージさせるモデル図である．ゴムというのは，直径約 1 nm，長さ約 1,000 nm（1 μm）程度の紐状（鎖状）の高分子であり，普通の状態（外的負荷がかからない時）では丸まった形をしている．ゴムが伸びるとい

うことはこの丸まりがほどけていくことであり、縮むということは元の丸まりに戻ることを意味している。そしてゴムが柔らかいというのは、この丸まったり解けたりするのにほとんど力が要らない（変形に対する抵抗がない）ということである。

そのようなことがなぜゴムで起こるかということを説明するのに導入されたのが、熱力学と統計力学に登場するエントロピーという概念であり、ゴムの変形はエントロピーの増減に起因するという考え方である。このため、ゴムにおける力の発現を「エントロピー弾性」と呼ぶ。室温（293 K）という熱エネルギー源は、セグメント（高分子鎖を構成する基本分子単位）の自由回転運動を起こさせるのに十分なエネルギー源であり、各セグメントは自分勝手に激しい回転運動（熱運動）を起こし、外部からの力や変形が働かなくても、長い分子鎖としては時々刻々形を変えている。このような運動形態をミクロブラウン運動と言い、分子鎖は統計的な要請（ガウス分布）に従って、全体としては丸まった形になる。

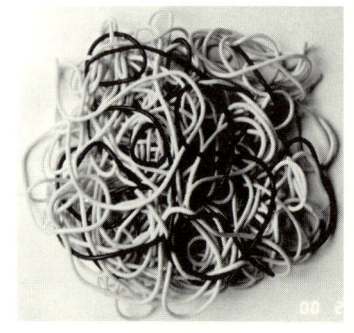

図2.1 分子鎖集団（白）中の1本のゴム分子鎖（黒）の形態イメージ[2]

さて、架橋されたゴム分子鎖集団の変形を取り扱うには2つの仮定が必要になる。一つは、系が流動すると力がほとんど発生しないので、系の流動（重心移動、マクロブラウン運動とも呼ぶ）を止める固定点として架橋構造が必要になる。もう一つは、非圧縮性（体積不変）の仮定である。ゴムは変形によって（液体のように）体積が変化しないので、x方向にλ倍伸ばすと、y方向とz方向には各々$1/\lambda^{1/2}$に縮む（$\lambda \cdot \lambda^{-1/2} \cdot \lambda^{-1/2} = 1$）。このように、架橋ゴムでは$x$方向の伸びと$y$方向、$z$方向の収縮（圧縮）が連動して起こるのが特徴的である。

この仮定のもとで、1軸伸長によって起こる3次元架橋分子鎖の全エントロピー変化量を求めると、その微分量として力Fが得られる。こうして応力σ（単位面積当りのF）と伸長比λの関係を示す式(2-1)が求まる。

$$\sigma = \nu k T \left(\lambda - \frac{1}{\lambda^2} \right) \tag{2-1}$$

なお、νは架橋点で連結された分子鎖の密度である。この理論式は、架橋点で結ばれたすべてのセグメントの架橋点間距離がガウス分布に従うという前提の上に成り立っており、「ガウス鎖理論」[3〜7]と呼ばれる。

式(2-1)で与えられる応力〜伸長比曲線「ガウス鎖曲線」の特徴は、$\lambda = 1.5$辺りまで上に凸の丸まった形状になるが、伸長比が大きくなると右辺第2項が無視できるため

ほぼ直線になる．この結果，応力～ひずみ関係が直線となる(Fooke則に従う)線形体に対して，架橋ゴムは neo-Fookean と呼ばれることもある．架橋ゴムの応力～伸長比曲線を表すのに，式(2-1)は $\lambda = 2$ 程度以下であれば，実用的には，よい近似式として使用できる．

それより大きい大伸長下でのゴム分子鎖の動きと力の発現は，Kuhn and Grün[8]によって理論化され，「非ガウス鎖理論」(ガウス分布が成り立たないという意味)と呼ばれている．結論だけ書くと，式(2-1)に対応する応力 σ と伸長比 λ の関係は式(2-2)で与えられ，

$$\sigma = \frac{vkT}{3}\sqrt{n}\left[\zeta^{-1}\left(\frac{\lambda}{\sqrt{n}}\right) - \lambda^{-3/2}\zeta^{-1}\left(\frac{1}{\sqrt{\lambda}\sqrt{n}}\right)\right] \tag{2-2}$$

なお，逆ランジュバン関数と呼ばれる $\zeta^{-1}(\lambda/\sqrt{n})$ は，$\lambda/\sqrt{n}$ が大きくなると急激に増加する関数であり，この点が式(2-1)と大きく異なる．式(2-2)で示される応力～伸長比曲線は，伸長比 λ の範囲が制限されていないので，ゴムに対して小変形から大変形まで適用できる曲線として非ガウス鎖曲線と呼ばれる．

式(2-2)は，$\lambda/na \ll 1$ の時，式(2-1)(ガウス鎖曲線)に一致する．つまり，ガウス鎖理論は非ガウス鎖理論のうち，伸長が小さい時のみに成り立つ特殊なケースと言える．一方，λ/na が大きくなると，式(2-2)にはセグメントが完全に伸び切る現象(分子鎖の伸切り効果)が現れ，応力の急激な立上がりが現れる．もちろん，非ガウス鎖理論もゴム分子鎖のエントロピー弾性としての帰結であり，応力は絶対温度 T に比例する．

そこで式(2-2)に従って，応力 σ を架橋点間セグメント数 n の変数として，λ に対してプロットしたのが図2.2[9]である．n が非常に大きい時($n = 10^5$)，つまり $\lambda/na \ll 1$ の時，応力～伸長比曲線はガウス鎖曲線と一致する．n が小さくなると，非ガウス鎖曲線には応力の立上がりが現れ，n が小さくなるほど小さい λ から応力の立上がりが起こる．これは n が小さい(架橋点間の鎖長が短い)ほど分子鎖が早く伸び切るからである．また，応力立上がりの後，応力がますます急激に増大するのは，分子鎖が伸び切った後では，それ以上の変形に対してはセグメント間の結合角を広げざるを得なくなり，弾性力発現がエントロピー弾性から

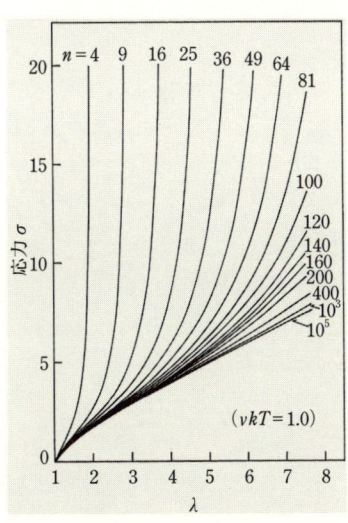

図2.2 架橋点間セグメント数 n を変化させた時の非ガウス鎖曲線[9]

エネルギー弾性へ移行することを示している．

架橋ゴムの微小変形でのポアッソン比は0.4999[10]であり，液体に匹敵する．これはゴム分子鎖の熱運動が極めて激しく，変形の元になっているセグメントの回転運動が，ほとんどエネルギー的抵抗のないエントロピー変化に依存しているからで，ゴムは外部要請(変形)に対し分子鎖全体がほとんど瞬時に対応できる．しかも，非常に大変形でも，ゴムでは体積一定の変形性がほぼ成り立つ．したがって，ゴム材料では，大変形下でもほぼ全体的に均一変形となる．これに対し，ゴム以外の材料では，大変形になると変形が局所に集中し，全体が均一に変形しない．

このような特性のため，ゴム材料では，大変形までの1軸変形のデータがあれば大変形での3軸変形を求めることができる．例えば，x方向にλ倍伸ばす時，y軸とz軸方向にβ倍伸長するとすれば，変形前後の体積変化がないので，$V/V_0 = \lambda \cdot \beta \cdot \beta = 1$となり，$\beta = 1/\sqrt{\lambda}$の関係が得られる．つまり，$\lambda \geq 1$なら$\beta \leq 1$となり，$y$軸と$z$軸方向は$1/\sqrt{\lambda}$に縮むことになる．

ところで，大変形になると応力が急激に立ち上がる架橋天然ゴム(NR)の美しい応力〜ひずみ曲線(図2.3[7])は，昔から多くの研究者を魅了し，これが高分子物理学における最初の分子論(エントロピー弾性論)を創り上げたと言える．ところがこの応力立上がり現象が，NRの伸長結晶化と密接に関係しているということがわかり，漠然とながらも，"伸長結晶化によって架橋ゴム内に形成された微結晶が，一種の粒子補強効果を果たすことにより，応力の急激な立上がりをもたらすのではないか"という説も登場した．

これに対してTreloar[7]は，架橋NRの応力〜ひずみ曲線は，大伸長下における分子鎖の伸び切り効果を取り入れた非ガウス鎖理論で表すべきと考えた．そこでTreloarは，Kuhn and Grün[8]が提出した非ガウス鎖理論に基づいて計算を進め，NRにおける計算結果(図2.3の実線)と実測値がほぼ完全に一致することを示した．つまり，大伸長時の応力の立上がりは，伸長結晶化の効果を全く考慮しなくても説明できるということである．一方，ではなぜ伸長結晶化の起こらないSBRでは応力立上がりが起こらないかについては，Treloarは全く言及しなかったため，肝心なことが疑問のままに残された．この点については後ほど触れることにしたい．

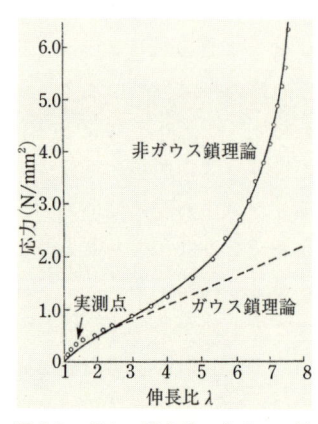

図2.3 ガウス鎖曲線，非ガウス鎖曲線と実測値(架橋NR)の比較[7]

2.1.2　ゴムの粘弾性的挙動

　エントロピー弾性論では，ゴム分子鎖をあたかもサラサラした絹糸のように，また，お互いの分子鎖が空中にバラバラに浮かんでいるかのように，分子鎖同士が相互作用(摩擦)なく自由に動けると仮定した．ところが，実在のゴム材料中では，非常に多くの分子鎖が互いにぎゅうぎゅう詰めの状態にあり(図2.1)，しかも分子鎖同士の相互摩擦力はかなり大きい．このため各分子鎖は，エントロピー弾性論が想定するような自由な動きが制限され，しかもその制限のされ方も，分子鎖に求められる移動速度(外的変形速度)に依存する．これは人混みの中を通り抜ける時の動き難さに似ている．しかも1人ではなく多くの人と手をつないで動いているとしたら，その難しさが想像できよう．

　高分子鎖には，外からの命令(外部応力やひずみ)に対して，言わばサイドブレーキを引いたようにしか応答できない内部機構が働いており，これを分子鎖に働く粘性抵抗，または動こうとする分子鎖が周囲から受ける摩擦抵抗と捉えることができる．もちろん弾性論ではこのような制限を一切考えず，すべての変化は瞬時(無限大の速度で)に起こると仮定する．しかし実際のゴムで起こる応答は，すべて有限速度でノロノロ起こる．実在ゴムは弾性と粘性をほどほどに併せ持っており，どちらの特性がより優先的に現れるかは外的条件(例えば，変形速度，温度等)と，そのゴム分子鎖の持つ構造的特性(例えば，分子量，分子鎖の剛直性等)に依存する．このような高分子鎖の挙動を弾性と粘性の両面から記述しようとするのが「粘弾性論」である．

2.1.3　粘弾性挙動のヒステリシスエネルギーロスによる表示

　第3章で詳しく見るが，ゴムの破壊現象において極めて重要な役割を果たすのは弾性効果ではなく，粘弾性効果である．特に，大変形においても均一に変形するゴムの特性は，破壊が単にクラック先端の現象にとどまらず，系全体を巻き込んだ分子鎖の大移動になるため，粘弾性効果は弾性効果の10～100倍も重要な意味を持ってくる．

　ところが，一般的に用いられる粘弾性効果の指標となる$\tan\delta$値は，微小変形の動的測定によって得られたものであるため，破壊現象のような大変形におけるエネルギー散逸効果を$\tan\delta$では表記できない．そこで，$\tan\delta$に代わって用いられる量がヒステリシスエネルギーロスである．もちろん，$\tan\delta$とヒステリシスエネルギーロスは同一の機構から発現したものであり，ほぼ比例関係にある．ここでお断りしておきたいのは，ゴムの力学で非常に重要なヒステリシスエネルギーロスは，一般にはこれを略して，ヒステリシス，ヒステリシスエネルギー，またはヒステリシスロスと表現する場合も多い．そこで本書でも適宜，そのように記述している．

言うまでもなく，材料が線形弾性体ならば，応力～ひずみ曲線は加荷(loading)時と除荷(unloading)時を問わず同一の応力～ひずみ関係を与える．しかし，実在の材料は非線形性が強いため，加荷時と除荷時は同一の応力～ひずみ曲線でなく，ヒステリシスループを描く(図2.4)．つまり同一ひずみで見ると，加荷時の応力に比べ除荷時の応力はヒステリシスエネルギー(ループ内エネルギー)の分だけ低下する．このヒステリシスエネルギーは，変形によって系外に散逸されたエネルギーロスと考えてよい．

図2.5[9,11]は室温における架橋NRのヒステリシスループであり，図2.6[9,11]はカーボンブラック充填NR(HAFカーボン，60 phr)のヒステリシスループである．カーボンブラック充填によってヒステリシスエネルギーが大幅に増加することを示しており，これは図2.7[12]に

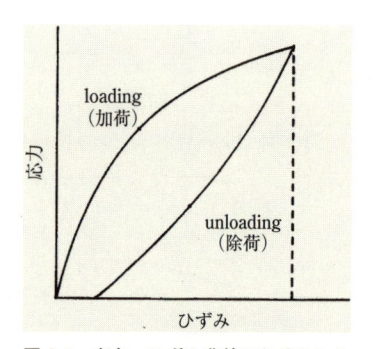

図2.4 応力～ひずみ曲線におけるヒステリシスループの模式図

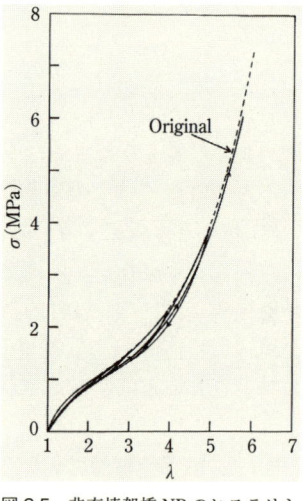

図2.5 非充填架橋NRのヒステリシスループ[9, 11]

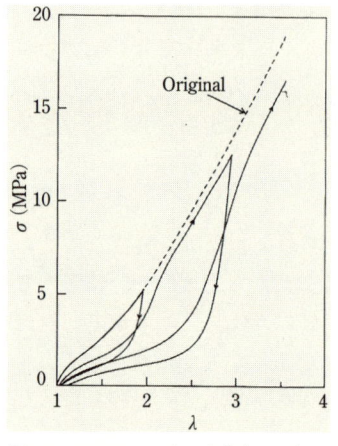

図2.6 HAFカーボン充填(60 phr)NRのヒステリシスループ[9, 11]

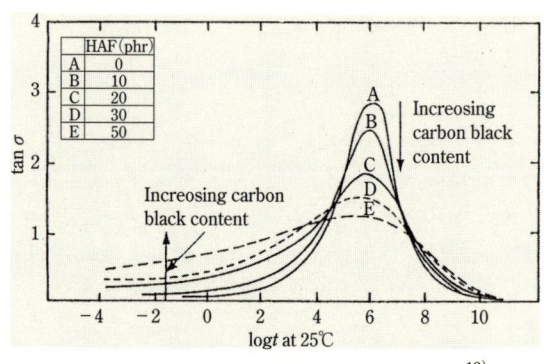

図2.7 カーボンブラック充填による$\tan \delta$の変化[12]

見られるカーボンブラックの増加に伴う tan δ の増加（短時間領域）と同一の挙動である．なお，カーボンブラック充填によるヒステリシスエネルギーロスの増大は，Mullins 効果[13]とも呼ばれ，今でも多くの研究者を魅了してやまない．

2.2 架橋ゴムの構造の実態

　これから紹介する架橋ゴムの構造と補強に関する構造モデルは，筆者が「ゴムの統一的補強論」[1]としてまとめたものである．しかし，この考え方の多くは，ゴムについて長年想像されてきた従来論とはかなりかけ離れたものを含んでおり，現時点で支持してくれる研究者は多くない．そして残念ながら，その構造を実証する観察結果はいまだ少なく，また，定量性が欠如しているのも事実である．しかしながら，"ゴムの物性と補強を総合的，統一的に解釈する"ためには，ここに提案するような構造モデルが不可欠と確信している．

　本来はそのような結論に至った思考過程を展開することが重要であるが，ここでは結論だけの紹介にとどめたい．なお，興味のある方は拙書[1]を参照いただければと思う．ただし幸いなことには，およそこの10年間の機器分析技術の進展は目覚ましく，ゴムの構造観察が飛躍的に進歩している．そしてそれらの結果を見ると，筆者の唱える構造モデルの正当性が少しずつ実証されつつあると，少なくとも筆者にはそう思える．そこで筆者提案の構造モデルと最新の観察報告を合わせて紹介したい．

2.2.1 架橋ゴムの実態を予測させる物理ゲルの構造

　ゴムは，硫黄等で架橋され初めてゴムらしさを発揮する．その特異な弾性も可逆的変形も，また，破断強度と破断伸びも架橋が生み出す効果である．前述のゴム弾性論（ガウス鎖論と非ガウス鎖論）では，構造モデルとしては，均一網目鎖と呼ばれる高分子鎖が架橋点で均一長さに結ばれた（餅網を3次元方向に配列させたような）格子構造を採用した．その結果，展開されたゴム弾性論があまりに見事であったため，それからおよそ60年を経た今日まで，均一網目構造が，あたかも"架橋ゴムの真実の構造"であるかのような印象を人々に与えてきた．加えて，そのような理想的網目構造は数学的，物理的取扱いが簡単でもあり，その後の各種ゴム物性論の基礎を形作っているからである．

　ところが技術者がしばしば遭遇する疑問には，"なぜ一般の架橋ゴム（非伸長結晶性 SBR 等）の破断強度（1.5～2 MPa）はこんなに低いのか"という問題があった．実際の測定強度は，理論強度に対してはもちろん，伸長結晶性ゴム（NR）に比べてもその

1/10 にも満たないのである. この点を考えるのに次の実験は有効な示唆を与えてくれる. 図 2.8[14]は, 破断強度が 27 MPa であるゴム材料の短冊型試験片の側面に, ノッチ(切欠き)を入れた時の破断強度 σ_b とノッチ長 c の関係であり, ノッチ長の増加に伴って σ_b が急激に低下することを示している.

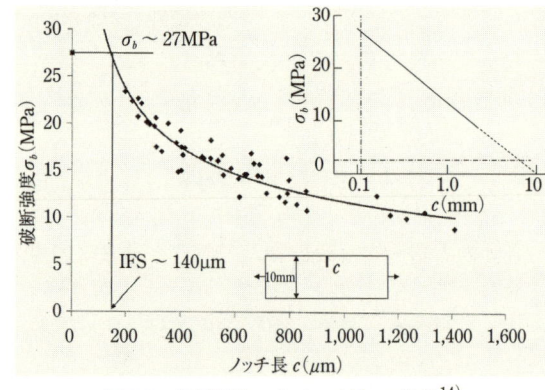

図 2.8 破断強度 σ_b とノッチ長 c の関係[14]

そこで, $\sigma_b \sim c$ の関係を対数表示したのが図中の挿入図(実線部が実測点)であり, 両者の間にほぼ直線関係の成り立つことがわかる. この直線を外挿して σ_b が初期値の 1/10 になる時のノッチ長を求めると, $c = 8$ mm 程度になる. 試験片の幅(a)が 10 mm であることを考えると, 破断強度が 1/10 になるには, 実に試験片幅の 8 割程度の長さのノッチを入れる必要のあることがわかる. つまり, このようなことが起こる架橋ゴムの実際の構造とは, ゴム弾性論が想定した均一に広がる強い網目ではなく, いわばズタズタに引き裂かれた網目構造ということになる.

図 2.9 は架橋 SBR と架橋 NR の応力〜ひずみ曲線である. 非結晶性ゴムである SBR では応力立上がりが現れず(ガウス鎖曲線), 破断強度 σ_b も 1.5 MPa 程度にとどまる. 一方, 室温(RT)測定における架橋 NR では, ひずみが 300% 以上になると急激な応力の立上がりが起こり(非ガウス鎖曲線), σ_b はおよそ 25 MPa に達する. しかしその NR も, 90℃になるとほとんど応力立上がりが起こらず, 100℃ 以上の高温では応力立上がりは消失して, 破断強度も架橋 SBR と同程度(2 MPa)になる. つまり, 伸長結晶性の有無を問わず, どのような架橋ゴムも本質的に同一の強度的弱点を持っていることがわかる. 逆に言えば, それでは

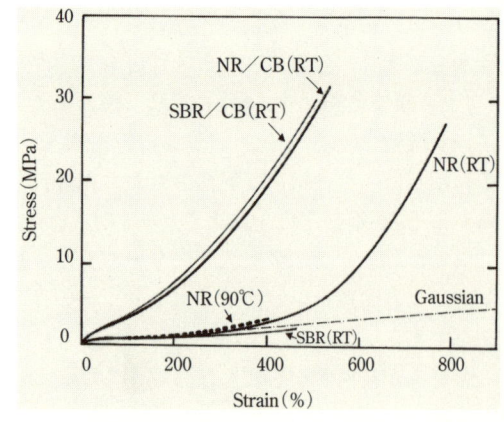

図 2.9 架橋 SBR, 架橋 NR とカーボンブラック充填 SBR, NR の応力〜歪曲線比較

2.2 架橋ゴムの構造の実態

なぜ架橋 NR(室温)では，大伸張になると応力立上がりが現れ，高破断強度体に変身するのかということになり，後で述べるゴムの伸長結晶化による補強構造を推定する重要な手掛かりになる．

一方，図 2.9 には室温におけるカーボンブラック充填の SBR と NR の応力〜ひずみ曲線も描かれている．カーボンブラック充填によって架橋 SBR も架橋 NR も破断強度が 30 MPa を超える高強度体に変わる．しかも，カーボンブラック充填ゴムの応力〜ひずみ曲線における応力立上がり現象は，架橋 NR における応力立上がりをそのまま低ひずみ側にシフトさせることによって，重ね合わせることができる．つまり，カーボンブラック充填によって形成される補強構造と補強メカニズムは，NR の伸長結晶化で起こるそれと極めて類似していることを示唆している．

さて，架橋ゴムの構造とその補強構造を推定するのに次の物理ゲルの構造と物性は重要なヒントを与えてくれる．図 2.10[15] は深堀＆真下が見出した．10%の熱可塑性エラストマーと 90%のアスファルトを．高温度で攪拌混合させて得られる物理ゲルのネットワーク構造写真(SEM)である．白く見える連続のネットワークは 10%の熱可塑エラストマー(TPE)で，ネットワークに包まれて黒く見える部分が 90%のアスファルト(ただしアスファルトは抽出済)である．まるで卵の殻と中身のような構造である．面白いことに，白い殻には四方八方にトンネルが空いていて，黒い部分はそのトンネルを通して互いにつながっている．つまり，黒い部分も白い部分も互いに共連続であるが，黒いアスファルト部分は細い連結部(トンネル)でつながっているだけである．

図 2.11[15] はこの物理ゲルの応力〜ひずみ曲線である．アスファルト単体では変形の増大に伴って流動が起こり，破断強度は 0.1 MPa 程度にとどまる．このアスファルト

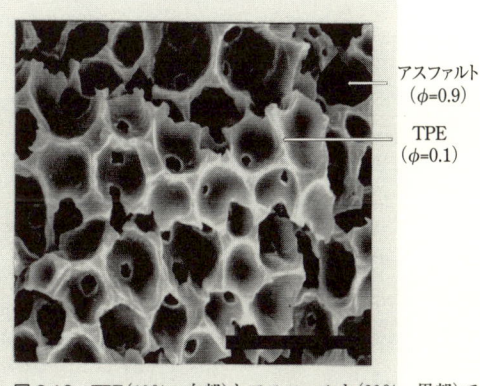

図 2.10　TPE(10%，白部)とアスファルト(90%，黒部)でできた物理ゲル[15]．バーは $100\mu m$

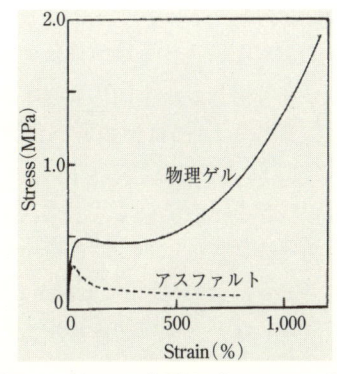

図 2.11　図 2.10 の物理ゲルとアスファルト単体の応力〜ひずみ曲線比較[15]

に，わずか10%のTPEによる高弾性，高強度の連続性ネットワーク張り巡らされると，系の破断強度は2.0 MPa(20倍)まで増大する．もちろん，もしTPEが不連続の島相としてアスファルト中に分散していたら(一般的な撹拌ではそのような分散構造になる)，その応力〜ひずみ特性も破断強度も，アスファルト単体のものとほとんど同じものになる．この点に関しては，**第3章**で詳しく説明する破壊の最弱リンク説を考えれば容易に理解できる．

2.2.2 架橋ゴムの実態と構造モデル

さて，パルス法NMR測定結果等[16〜18)]から，架橋ゴムは，およそ70%の架橋相(これが従来考えられてきた理想網目に近い)と約30%の非架橋相(未架橋ゴムに近い)からなる不均一構造体と考えてよい．このような架橋ゴムがどのような構造になっているかを推定するのに，上記の物理ゲルは重要なヒントを与えてくれる．結論を先に言うと，"実際の架橋ゴムでは，70%の架橋相を30%の非架橋連続相が取り囲み，架橋相は非架橋相の壁に空いたトンネル部でのみつながっている"と考える．この結果，変形の主役は非架橋相となり，架橋相は本来の特性(高弾性，高強度)を十分に発揮できない．つまり，"架橋ゴムとしてはズタズタの不均一構造"になっている．

この構造を理解するために先の物理ゲル(図2.10)と比較した場合，30%の非架橋相が白いネットワーク，70%の架橋相が黒い部分に相当する．ただし卵とは反対で，架橋ゴムでは，軟らかい非架橋相が硬い架橋相を取り囲む構造である．図2.12[19)]はこのことを表示する架橋ゴムの不均一構造モデルであり，非架橋相(手書きの線図)が架橋相(直線による格子)を取り囲んでいる様子を示している．ただしここでは，架橋相の連続性を示す部分(図2.10のトンネル部)は省略されている．

このような構造体を縦方向に伸長させると，軟らかい非架橋相が集中的に変形する．例えば，図2.12におけるL_Y部は伸張方向に大幅に引き伸ばされ，L_X部は圧縮される．図2.13[19)]はそのような変形状態を示している．一方，架橋された硬い架橋相は連結部(トンネル)が集中的に変形し，その他の主要部(非架橋相で分離された部分)はほとんど変形しない．架橋密度の増減によりゴムの弾性率が上下するのは，この連結部の架橋密度の増減(またはトンネル形状)を反映しており，主要部

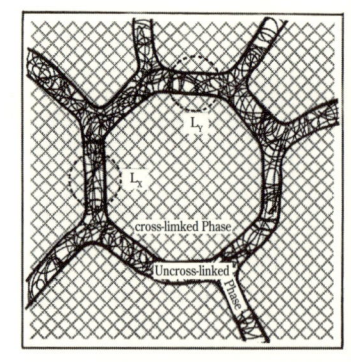

図2.12 架橋相(網目格子)と非架橋相(手書きループ)からなる架橋ゴムの構造モデル[19)]．架橋相を連結するトンネル部は省略されている

の架橋密度の影響はほとんどないと考えてよい.

筆者が提案したこのような不均一構造モデルは，従来の均一網目構造とはあまりにかけ離れているため，今もってなかなか受け入れてもらえない．しかし，架橋ゴムの弱さや，後ほど述べる伸長結晶化やカーボンブラック充填による架橋ゴムの補強を全体的，統一的に理解するには，これ以外にはないと，少なくとも筆者は確信している．このことは破壊の最弱リンク説の帰結でもある(3.2 参照).そこで，この構造を支持すると思われる最新の観察結果の一例を紹介する．

図 2.14[20]は，中嶋と西の研究グループによる原子間力顕微鏡(AFM)を用いた架橋 NR の未変形状態での破断面構造である．架橋ゴム中には弾性率の異なる2つの相が相分離していて，図中の白い部分が高弾性相(弾性率 137 MPa)，黒い部分が低弾性相(5.4 MPa)であることを示している．ここに示された高弾性相は架橋相，低弾性相は非架橋相と考えて間違いはない．一方，このゴムの応力～ひずみ曲線で得られるマクロ平均の弾性率は約 7 MPa である．この値は低弾性相の弾性率に近く，高弾性相の寄与がほとんど見られない．つまり，変形の主役になるのは低弾性非架橋相であり，高弾性架橋相の寄与は非常に小さいことを示している．

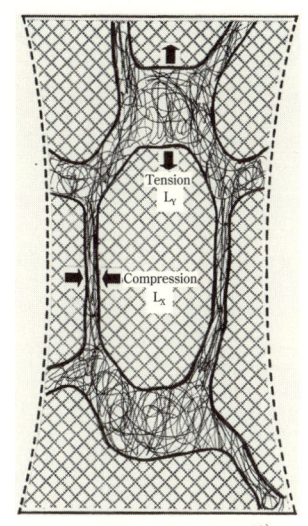

図 2.13　図 2.12 の伸長状態[19]．L_Y は伸長部，L_X は圧縮部

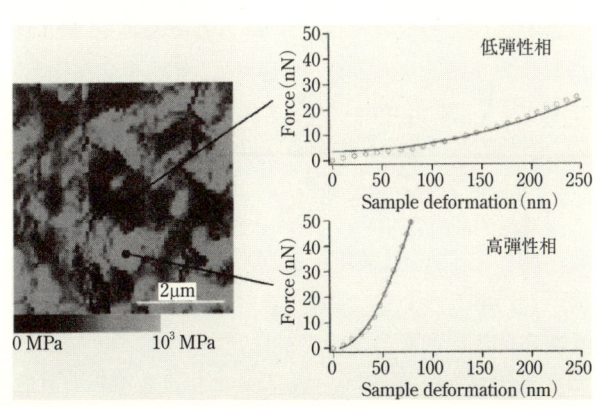

図 2.14　架橋 NR における弾性率の異なる 2 相とそれらの弾性率を示す曲線[20]．白い部分(高弾性相)，黒い部分(低弾性相)

2.3　伸長結晶化による架橋ゴムの補強構造の実態

2.3.1　伸長結晶化による補強構造モデル

上に述べたように架橋ゴムは，非結晶性(SBR)であれ結晶性(NR)であれ，変形の

主役が架橋相ではなく，架橋相を取り囲む非架橋相であるという本質的な強度的弱点を持っている．このため，伸長結晶化の起こらない条件（例えば，100℃以上の高温）における架橋NRでは，応力立上がりは現れず，破断強度もせいぜい2MPa程度にとどまる．そうなると，なぜ架橋NRでは，室温で大伸張になると応力立上がりが現れ，高破断強度体に変身するかということが，架橋NRにおける最大の疑問点となる．この点に関してTreloar[7]は，応力立上がりは伸長結晶化とは関係なく，非ガウス鎖理論における分子鎖の伸び切り効果で完全に説明できることを証明した（2.1.1 参照）．

さて，この疑問に答えるために筆者の提出した考え方は，"大変形下のNRでは，図2.13中の連続性非架橋相中で，優先的，独占的に起こる分子鎖の滑りと配向に伴って結晶化が起こり，非架橋相は結晶で連結された伸び切り分子鎖による高強度ネットワークに変化する"ということである．このことを示す構造モデルが図2.15[19]である．それはまるで物理ゲル（図2.10）におけるTPEの役割と同じで，高強度連続性ネットワークが系全体の力を支えるが故に系の破断強度が20倍も増大する（図2.11）というメカニズムである．つまり，NRにおける補強構造形成には，伸長結晶化と分子鎖の伸び切りの2つの現象が同時に起こる必要があるという結論になる．

このような推論の根拠の1つは，架橋点が結晶化にとって極めて有害であること，つまり，架橋相中で結晶化が起こることは極めて困難だという理論的，実験的帰結[21,22]がある．また，破断に近い大変形でも，伸張に伴う結晶部と配向非晶部の合計はゴム全体の30％程度に

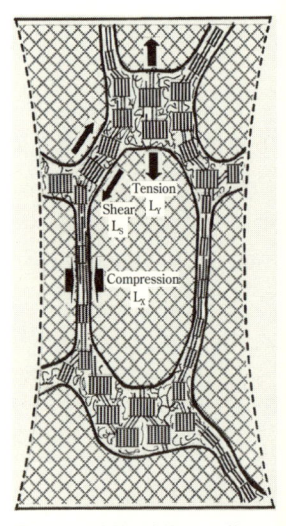

図2.15 結晶で連結された伸び切り分子鎖による高強度ネットワーク構造モデル[19]

とどまり，それ以上には増えないという土岐らの実験結果[23]等もある．これらを考え合わせると，非架橋相中で結晶化が起こるというのは合理的解釈と言えよう．

図2.15では，微結晶で連結された伸び切り分子鎖の束（配向した繊維に似ている）が作る連続性ネットワーク構造は，マトリックスである架橋相を補強する役割を果たしている．つまり，"伸長結晶化が起こらない条件では，架橋ゴムの強度上の最大の弱点（マトリックスとなる架橋相中の巨大欠陥）になる非架橋相（図2.13）が，大変形下では，その非架橋相内で伸長結晶化が起こることによって，逆にマトリックス架橋相を補強する連続性ネットワーク（図2.15）に変身する"という，極めてユニークな現象と解釈される．

この結果，図2.9に見られるように，室温における架橋NRの破断強度は架橋SBRや高温での架橋NRの10〜15倍になると考えてよい．これが筆者提案の"伸長結晶化による架橋ゴム補強のメカニズム"であり，このように考える根拠の1つが破壊の最弱リンク説(3.2参照)で，説明される．

2.3.2 最新の機器分析が明かす伸長結晶化によるゴムの補強構造の実態

図2.16[20]は，先の図2.14で見た架橋NRの伸張率の増加に伴う構造変化を示す中嶋らのAFM像である．伸張率増大に伴う不均一構造の変化を見ると，変形が小さい時は相対的には白く見える高弾性率の球状ブロックを，低弾性率の連続性の筋(黒く見える)が取り囲みながら縦(引張り)方向に並ぶ．伸張率が増加すると，縦方向の低弾性率の筋は順次細くなり，かつ筋間幅を狭めながら縦方向に整列する．図2.17[20]は，図2.16中の最大伸長状態(d)の拡大写真であるが，高弾性の連続した筋(白いライン)が見られる．つまり，伸長結晶化の起こる大変形では，低弾性率の筋が高弾性(微結晶によって補強された)の連続した筋に変化したことを映し出していると考えられる．

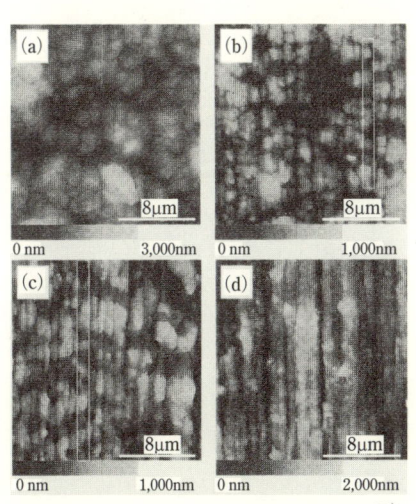

図2.16 図2.14を伸長させた時の構造変化[20]．
(a) $\lambda = 2$, (b) $\lambda = 3$, (c) $\lambda = 4$, (d) $\lambda = 7.3$

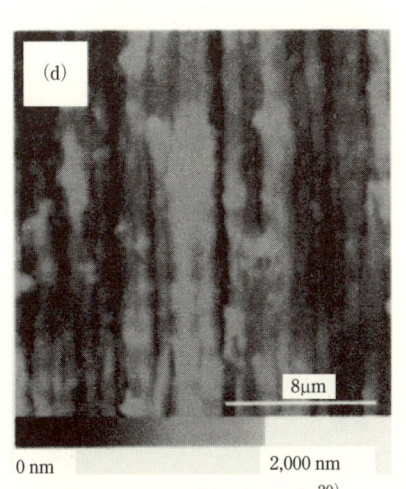

図2.17 図2.16(d)の拡大写真[20]

Le Camらはカーボンブラック充填NRを用い，ノッチを入れた試験体をSEM装置中で伸長し，そのまま固定した状態でノッチ先端部を観察した．図2.18[24]では，引き伸ばされたノッチ先端部で，縦方向(伸長方向)に伸びた"リガメント(ligament, 筋繊維)"と，リガメントに囲まれた"楕円形の滑らかな領域(elliptical surface)"が観

察される．このノッチ先端に微小スポットの電子線を当てた場合，ビームが楕円形領域に当たると新たなクラックが発生し成長し始めるが，リガメントに達するとそこで成長が止まってしまう．その結果，空隙が生まれ，クラックとして成長する．一方，ビームをリガメントに当てた場合，たとえ長時間照射してもリガメント自体はほとんど変化せず，新たなクラック発生もない．つまり，リガメントは非常に高強度の補強相であり，クラック進展を阻止する働きをする．

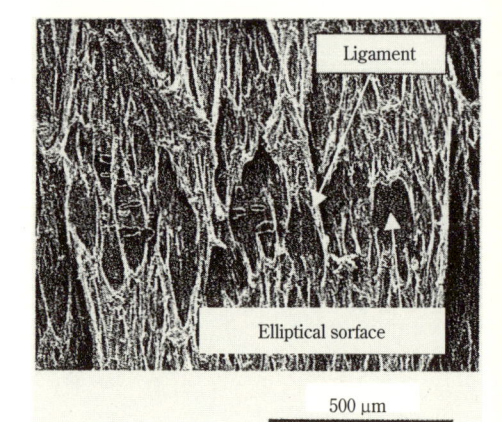

図2.18 架橋NRにおけるノッチ先端の伸長状態（$\lambda = 1.67$）でのSEM写真[24]

さらに伸長が大きくなると，リガメントは伸張方向に伸びた菱形の網目として系を補強した構造になる（図2.19[25]）．これらは，まさに物理ゲル（図2.10）で見られた高強度のTPEネットワーク構造によって弱いアスファルト相の強度が飛躍的に増大するメカニズムと同じである．図2.18，2.19に見られる高強度のリガメントとは，図2.17の大変形下で見られた筋構造であり，図2.15で予測された，微結晶で連結された伸切り分子鎖の束が作るネットワーク構造と同一と考えてよいだろう．

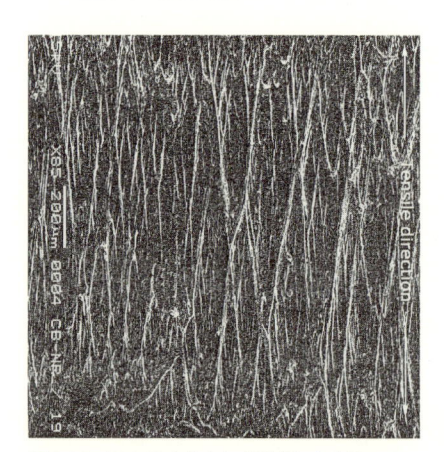

図2.19 図2.18をさらに高伸長にした時のノッチ先端[25]

一方，リガメントや筋構造に囲まれた滑らかな楕円形の領域は，電子線で簡単にクラックを発生し空隙を形成することから考えて，図2.15における架橋相と考えられる．その証拠に，この領域には常に架橋助剤である大きなZnO塊（oxides）が含まれていて，その界面がクラック発生の起点になることが観察されている（図2.20[24]）．また，滑らかな破断面は，架橋高分子の破断面に特徴的に見られるミラー（鏡）面と同じであり，この部分が架橋相と考えて間違いない．

架橋SBRと架橋NRでは，このような大変形時の構造の違いを受けて破壊モード

図 2.20　図 2.18 の Elliptical surface の拡大写真と塊状の ZnO[24]

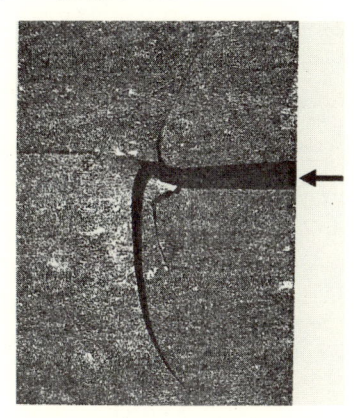

図 2.21　架橋 NR のノッチ先端のノッティテア．矢印は亀裂進展方向[26]

に明確な違いが現れる．ノッチを入れた架橋 NR の短冊状試験片を室温で引っ張り破断させると，クラックがノッチ方向に進まないで，ノッチに直行するように進む．このような破壊の仕方をノッティテア(図 2.21[26])と言う．一方，架橋 SBR や伸長結晶化の起こらない高温での架橋 NR ではノッティテアは起こらず，クラックはノッチ方向にほぼ直線的に進む．このことは，架橋 NR では，クラックの進展を遮り，成長方向を変えるような何らかの高弾性，高強度の構造体がクラック先端に形成されていることを暗示しており，それが図 2.17～2.19 で見られた筋構造と考えるのは極めて合理的解釈であろう．

2.4　カーボンブラック充填による架橋ゴムの補強構造の実態

2.4.1　カーボンブラックによる補強構造の予感

ゴム材料，ゴム製品のほとんどは黒色である．これはゴムにとってカーボンブラックがいかに重要かを示すものであり，ゴムがカーボンブラック充填によって初めて工業材料になり得た証拠でもある．ゴムはカーボンブラック(C/B と略すこともある)を充填することにより，弾性率，引張り強度，引裂きエネルギーが大幅に増大し，疲労破壊性と摩耗性が飛躍的に向上する．しかし本質的には，C/B 充填による力学特性の変化は，次の 4 点に集約される．①弾性率増大，②大変形での応力立上がり，③破断強度の大幅増大，④ヒステリシスロスの増大(Mullins 効果)，である．

そこで再び図 2.9 を見てみると，架橋 NR と C/B 充填 NR および C/B 充填 SBR の応力～ひずみ曲線は，低応力部分を除くと酷似しているのがわかる．つまり，応力立

上がり以降の応力～ひずみ曲線は，水平移動すれば互いに重なり合い，この3者に同一の補強メカニズムが働いていることを暗示している．つまり，架橋NRにおいて，ガウス鎖的挙動に15～20倍もの強度向上をもたらし，非ガウス鎖的挙動に変えたのが，結晶で補強されたネットワーク構造の形成にあることは前に見たとおりである．そのことは，C/B充填ゴムにも類似の補強構造形成とメカニズムが働くことを強く示唆している．

カーボンブラックとは，高剛性で細孔を持つ直径10～500 nmの球状微細粒子であり，一般に小さい直径の粒子ほど補強効果が大きい．カーボン粒子は広い比表面積と複雑な微細構造に加え，化学的に活性な表面（表面に酸素を含む各種の官能基が存在）を持っており，ゴム分子鎖との結合力は非常に強い．カーボンブラックは粒子同士の結合力が強く，単独の粒子より5～10個の集合状態（アグリゲートと呼ぶ）で存在する場合が多い．カーボンブラックとゴムを混練すると，短時間内（混練開始数分以内）に良溶媒にも不溶のカーボン粒子とゴムの結合物が生成される．このゴム結合物は，バウンドラバーまたはカーボンゲルと呼ばれる．一般にバウンドラバーの生成量は，粒子径の小さいカーボンほどやや多くなるが，混練された総ゴム量のおよそ35％程度と考えてよい．図2.22はHAFカーボン充填NRのTEM写真であり，塊状に凝集するカーボン粒子（黒点）とそれらを連結するように広がる灰色部（雲）が映し出されている．従来からこの雲はカーボンゲルかもしれないと想像する人々もいた．

一方，漠然としたものではあったが，かなり以前から，C/B充填ゴム中には（マトリックスゴムとは区別される），何か特別なネットワーク構造（super network）が存在するのではないかと想像されていた．その理由として，C/B充填ゴムを引裂き破壊させると，架橋NRと同様のノッティテア（図2.21）やスティック・スリップテアが発生し，引裂き強度も大幅に増大することが挙げられていた．つまり，C/B充填ゴムのクラック先端には引張り方向に平行して何か繊維状の構造体が出現し，これがクラックの進行を妨げるのではないかと想像されたが，それ以上の追及はなされなかった．

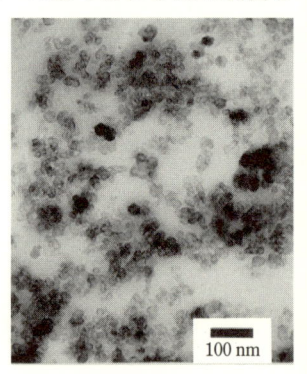

図2.22　HAFカーボン充填（25 phr）NRのTEM写真

2.4.2　カーボンブラック充填による補強構造モデル

ここでも最初に結論を述べると，"ゴムにC/B補強効果を生み出すのは，カーボン

2.4 カーボンブラック充填による架橋ゴムの補強構造の実態

粒子を取り囲むバウンドラバーの存在と，カーボン粒子を核とするバウンドラバーによって連結されたネットワーク構造の形成"にある．このことを説明する前に，まず，カーボンブラック補強現象全体を説明するために筆者が提出した，カーボン粒子界面モデルである図2.23[27]を見ていただきたい．

この界面モデルは，カーボン粒子の外側を2 nmのガラス状態の剛体層(glassy hard, GH相)と，その外側を3~8 nm(小粒径カーボン粒子の方が大粒径カーボンより層厚が薄い)の，かなり分子運動の拘束されたやや硬い層(sticky hard, SH相)が取り囲む二重セル構造であり，両者の合計の厚さが5~10 nmとなる．SH相の外側はマトリックスとなる架橋ゴムで取り囲まれている．GH相とその外側のSH相の分子鎖は連続的につながっており，両者の間に明確な断続面はない．要するに，GH相は，SH相の分子鎖をカーボン粒子に固定する役割を持っている．

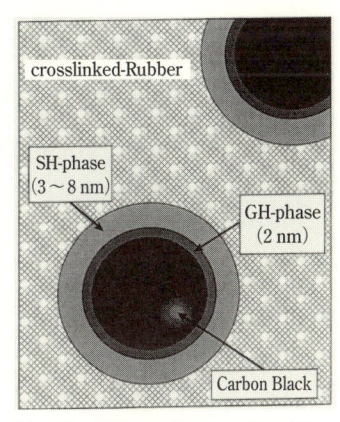

図2.23 架橋ゴム中のカーボンブラック界面モデル[27]

GH相の外殻を形成するSH相は，剛体球(カーボン粒子とGH相を合わせた剛体部分)とマトリックス架橋ゴムとの間に挟まれた領域である．このモデルでは，変形下での最大応力も最大ひずみもSH相の中心部に発生する．つまり，ゴムのカーボンブラク補強で最重要の役割を果たすのはSH相であり，カーボン粒子とマトリックス架橋ゴムに挟まれて，系の変形を担う領域である．そして，本モデルで最も本質的，かつ最も重要な仮説は，"SH相内の分子鎖は架橋(化学結合)されていない未架橋状態である"という点にある．

この結果，架橋されていないSH相は非常に粘着性が強く，別のカーボン粒子のSH相と強固に凝着できる(ネットワーク形成)．また，未架橋状態であるからこそ，大変形時に分子鎖の伸び切りが容易に可能となる．この結果，分子鎖の摩擦滑りに伴う大規模なヒステリシスロスの発現(Mullins効果)が起こる．つまり，SH相は架橋NRにおける非架橋相に酷似していることがわかると思う．これらのことが，図2.9における架橋NRとC/B充填のNRやSBRの応力〜ひずみ曲線の類似性を生み出し，C/B充填による4つの基本的力学特性を同時に発現すると考えてよい．

多くのC/B充填ゴムでは，C/Bの体積分率ϕが0.05以下の時，二重のバウンドラバー層で囲まれたカーボン粒子は架橋ゴム中に互いに分散しており，ほとんど補強効果を示さない．ϕがそれより大きくなると，カーボン粒子を核としてバウンドラバー

で連結されたネットワーク構造が,系中に部分的に形成され,補強効果が現れ始める.この様子を示した構造モデルが図2.24[28]である.このようなネットワークが形成されると,非導電性ゴムの伝導度は急激に増大し,導電体に変わる.

$\phi = 0.20 \sim 0.25$になると,図2.24のネットワーク構造は系全体を覆うように発達し,破断強度が最大になる.ネットワーク構造が大伸長した時の様子を示したのが図2.25[27]である.これは,架橋NRの伸長結晶化によって形成されるストランドネットワーク構造(図2.15)とほとんど同一の構造である.両者の違いは,C/B充填系のストランド(伸切り分子鎖)がカーボン粒子で連結されるのに対し,NRではストランドが結晶によって連結されるという点である.このためC/B充填ゴムでもノッティテアが起こる.さらに,C/B充填NRでは,主にこのネットワーク中で伸長結晶化が起こると考えてよい(図2.26[27]).

図2.27[29]に示す土肥のTEM写真は,C/B充填ゴムの伸張下の構造を最も直接的に写し出している.この写真はISAFカーボン(50 phr)充填SBRを矢印方向に350%伸張した状態(OsO_4染色なし)である.引張り方向にすべてのカーボン粒子を連結するバンドが見られる.このバンドは伸張前には観察されないので,高伸張下で形成,発達した高密度の分子鎖状態を示している.同様のTEM写真はGöritzらによっても提出されている(図2.28[30]).これらのバンド構造は,図2.17〜2.19で観察された

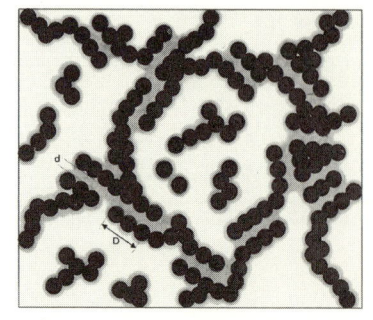

図2.24 バウンドラバーで連結されたカーボンブラク(単独粒子およびアグリゲート)による補強構造モデル(未伸長)[28]

図2.25 図2.24の高伸長状態[27].ただしバウンドラバーは伸切り分子鎖に変化し,またカーボン粒子集合体(アグリゲート)も1つの球として表示されている

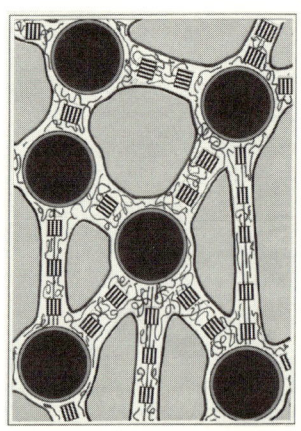

図2.26 カーボンブラック充填NRで起こる伸張結晶化構造モデル[27].矢印は伸長方向

リガメントネットワーク構造とほとんど同一と考えてよいだろう．

ところで，図2.27や図2.28に写るバンドは架橋された分子鎖の束ではない．なぜなら，もしこれが高架橋密度分子鎖なら，既に変形前に写っているはずであり（変形前には写っていないことを土肥もGöritzらも確認している），またそのような分子鎖がマトリックスゴムより著しく伸びるはずがない（むしろ，伸びが小さいためにマトリックスを引きつらせたようになる）．つまり，図2.27,2.28のTEM写真に写るネットワーク構造は，バウンドラバーが伸び切り分子鎖（ストランド）に変身し，高密度化した結果，TEM写真で観察されたと考えてよい．

このようなことを可能にするには，SH相が未架橋であることが必要条件になる．いずれにせよ，"無定形，不均一の架橋ゴムを大幅に補強するには，マトリックスである架橋ゴムの中に，高弾性，高強度の連続性ネットワーク構造の形成されることが不可欠の要請" ということである．このことは3.2で述べる破壊の最弱リンク説が明確に示している．

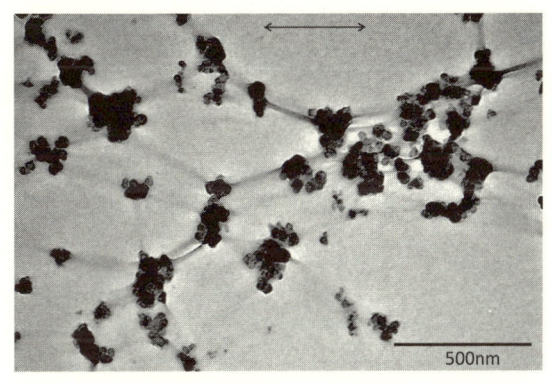

図2.27 350％伸長下のISAFカーボン充填SBR(50 phr)の無染色TEM写真[29]．矢印は伸張方向

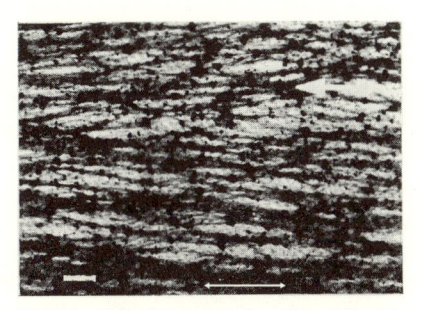

図2.28 高伸長下のSRFカーボン充填ゴム(40 phr)無染色TEM写真[30]．バーは$1.1\mu m$．矢印は伸長方向

参考文献

1) 深堀美英：ゴムの弱さと強さの謎解き物語，ポスティコーポレーション，2011.
2) 深堀美英：設計のための高分子の力学，p.29, 技報堂出版，2000.
3) H.M. James and E. Guth：*J. Chem. Phys.*, 11, 55, 1934.；*J. Polym. Sci.*, 4, 153, 1949.
4) P.J. Flory：*Chem. Rev.*, 35, 51, 1944.；*J. Am. Chem. Soc.*, 18, 5232, 1956.
5) E. Guth and H. Mark：*Manatsh. Chem.*, 65, 93, 1934.
6) R. Kubo：*J. Phys. Soc. Japan*, 2, 47, 1947.

7) L.R.G. Treloar : The Physics of Rubber Elasticity (3rd Ed.), Clarendon Press, 1975.
8) W. Kuhn and F. Grün : *Kolloid-Z.*, 101, 248, 1942.
9) Y. Fukahori and W. Seki : *Polymer*, 33, 1058, 1992.
10) S. Kawabata et al. : *Macromolecules*, 14, 154, 1981.
11) 深堀美英 : 日ゴム協誌, 11, 618, 1997.
12) P.W. Allen, P.B. Lindley and A.R. Payne : Use of rubber in engineering, p.28, Maclaren and Sons, 1966.
13) L. Mullins : *Rubber Chem. Technol.*, 21, 281, 1948. ; ibid., 23, 733, 1950.
14) P. Kumar : PhD thesis, University of London, 2007.
15) 深堀美英, 真下成彦 : 日ゴム協誌, 69, 608, 1996. ; *Polymers for Advanced Technologies*, 11, 472, 2000
16) R. Folland, and A. Charlesby : Polymer, 20, 207, 1979. ; ibid, 20, 211, 1979.
17) 野口徹, 岩蕗仁他 : 日ゴム協誌, 75, 469, 2002. ; 同, 75, 409, 2002.
18) M.A. Rana and J.K. Koenig : *Macromolecules*, 27, 3727, 1994.
19) 深堀美英 : 日ゴム協誌, 77, 397, 2004. ; 同, 77, 420, 2004. ; Preprints in IRC-Yokohama 2005, 28-G11-02. ; *Polymer*, 51, 1621, 2010.
20) 中嶋健他 : 日ゴム協誌, 79, 466, 2006. ; H. Watabe, et al. : *Japanese J. Appl. Phys.*, 44, 5393, 2005. ; Preprints in IRC-Yokohama 2005, 80-83.
21) L. Mandelkern: Crystallization of Polymers, McGraw-Hill press, 1964.
22) 深堀美英 : 九州大学工学部応用化学科, 修士論文, 1970.
23) S. Toki et al.: *Polymer*, 44, 6003, 2003. ; *Macromolecules*, 35, 6578, 2002. ; 土岐重之 : 日ゴム協誌, 79, 472, 2006.
24) J.-B. Le Cam, et al.; E.C.C.M.R. (Ⅳ) 2005, p115. ; *Macromolecules*, 37, 5011, 2004.
25) S. Beurrot, B. Huneau and E. Verron : Constitutive Models for Rubber Ⅵ, 2010.
26) G.R. Hamed, H.J. Kim and A.N. Gent : *Rubber Chem. Technol.*, 69, 807, 1997.
27) 深堀美英 : 設計のための高分子の力学, p.329, 技報堂出版, 2000. ; Y. Fukahori : *Rubber Chem. Technol.*, 76, 548, 2003. ; *J. Appl. Polymer Sci.*, 95, 60, 2005. ; *Rubber Chem. Technol.*, 80, 701, 2007. ; Current topics in elastomers research, Ed. by A.K. Bhowmick, p.517, CRC press, 2008. ; 深堀美英 : 日ゴム協会誌, 77, 180, 2004.
28) Y. Fukahori, et al. : *Rubber Chem. Technol.*, 86, 218, 2013.
29) H. Dohi : 171st A.C. S. Rubber Division Technical Meeting, 2007.
30) W.F. Reichert, D. G Göritz and E.J. Duschi: *Polymer*, 34, 1216, 1993.

第3章　高分子の破壊現象

3.1　破壊とは何か

　極めて特殊なものを除き，いかなる工業製品もある期間，使い続けられて初めてその役を果たす．この使用期間中に製品の性能が変化し，やがて寿命を迎える．そのような経年変化をもたらす最大の要因は，製品が外界から受ける力学負荷と環境負荷であり，これらの負荷によって製品内部では様々な構造変化や亀裂の発生，成長が起こる．それは分子レベルの欠陥から始まることもあれば，目視できるほどの大きな欠陥から始まることもあるが，最終的には製品の破壊，破断をもたらす．

　我々が，大切にしていた瓶や皿の壊れた姿を前にして悔しい，悔しいと思うのは，大切なものを失ったという残念さとともに，ただ1条の，たった1本の線（切断線）がその陶器を横切って走り去ったため，それまで完全であった大切な品物が全く価値のない2つの物体に分離されてしまい，おまけにその線以外の箇所が壊れる前とほとんど変化していないということに気付かされるからである．

　破壊というのは非常に局部的に起こる現象であり，破壊に直接関与する部分は試験片または構造体を構成する全分子のうち極めて少数にすぎず，ほとんどの分子は破壊に関係ない．粗っぽい計算ではあるが，例えば，ゴムでは 10^{26} 本/m^3 の分子のうち切断されるのは破断面を横切っている 10^{18} 本/m^2 の分子である．つまり，全分子に対して切断される分子の比率は 10^8 分の1程度と言われている．しかも，破壊というのは全く非可逆的な現象で，壊れた瓶を前にしてどれほど待っても決して元には戻らない．

3.1.1　破壊の特殊性と面白さ

　多くの力学現象，例えば，温度や密度等の拡散や流動では，1箇所で他と異なった流れが発生すると，系全体がその部分を均一化しようとする．そのため時間が経つと，あたかも何事もなかったかのように消えてしまう．ところが破壊では，何か異なった現象が起こると，系全体がそれを加速する方向に動く．この結果，破壊はある所から自分勝手にどんどん進み制御不能に陥る．これは，いったん経験したすべての出来事は常に記憶，積算されるという破壊の不可逆性が生み出す特性である．

破壊では，1つの破壊は1回きりの完全な非可逆現象であり，時間的な平均化がない．そのため破壊現象は時間と共にバラツキが大きくなる．破壊特性のバラツキを大きくするもう一つの要因は，すべての物体が非常に多くの欠陥を含んでいるという点にある．物質の性質の中には，弾性率，比重，比熱，屈折率等のようにその物質中に少量の不純物や欠陥を含んでいてもあまり影響されず，ほぼ一定の固有の値をとるものが多い．このような構造(組織)に対して鈍感な性質を「構造鈍感性」と言う．

これに対して，破壊強度や絶縁性等のように極めて少量の不純物や欠陥が含まれていると，その特性値が大きく左右されるものを「構造敏感性」と言う．破壊の場合，たとえ外見的には均一であっても，系中に異常部分(不均質網目，空隙，内部クラック，不純物等)が含まれると，これらが欠陥として作用し特性値を大きく変化させる．このように欠陥部が主役となる破壊現象は，欠陥部の空間的分布や欠陥の大きさの分布等に強く依存し，統計的，確率的な特性を持っている．

また，破壊は，上記の内部欠陥のみならず種々の外的条件に左右される．例えば，試料の形状，大きさ，負荷応力の様式，外部環境(酸素，オゾン，紫外線等の存在)等に加え，高分子の場合，温度，変形速度に大きく依存する．驚くことには，破壊特性値がその粘弾性特性に極端に支配されるというのも高分子の特性である．後ほど詳しく触れるが，ゴムの破壊特性は分子構造より，材料の持つ粘弾性的特性に100倍も影響を受ける．これは他の金属やセラミック等とは大きく異なる点である．

いずれにしろ，大切な瓶を長く保存するためにも，構造体とその機能を安全に維持するためにも，破壊を防がねばならない．多くの現象はその特性値が大きくなっても小さくなってもそれなりの利用法があるが，破壊ばかりは破壊して良くなることは1つもない．いったい，破壊はどのような状況になった時，どのような箇所で起こるのか．そのようなカタストロフィックな現象をどう予測するのか．最終的にはそれをどう防ぐか．破壊とは，あまりに多くの命題を抱えた現象である．

3.1.2 どのような破壊があるか

物体が応力や変形を加えられることにより，観測できる程度の亀裂(またはクラック)を生ずることを「破壊」と言い，破壊の進展により物体が2つ以上の部分(破片)に分離されることを「破断(または破損)」と言う．ただし，この定義はそれほど厳密なものでなく，両者を一緒にして破壊ということもある．破壊を形式により区別すると，破壊までの変形が小さい場合には「脆性破壊」，大きい場合には「延性破壊」と呼ばれる．また，水飴を緩やかに伸ばした時，最終的に糸を曳くように切れる破壊を「流動性破壊」として，これらと区別する場合もある．

"脆性破壊では予兆もなく突然破壊が生じ(我々の目にはそう映る),延性破壊では材料が降伏してその後に破壊が生じる"と金属やプラスチックでは定義されているが,個々の破壊においては両者の差はそれほど明確ではない.むしろ,変形によって貯えられた弾性エネルギーだけで亀裂が自ら伝播していく破壊(制御不能)を脆性破壊,破壊を起こし始める時の弾性エネルギーだけでは亀裂の伝播が進まず,その後もどんどん外力や変形を加え続けないと破壊が進まないもの(制御可能)を延性破壊と考えた方がより本質的であろう.架橋ゴムでは,基本的には脆性破壊が起こるが,架橋密度が小さい場合は延性破壊,未架橋ゴムでは流動性破壊が起こる.

ところで読者にあらかじめお断りしておくが,本書では亀裂とクラックという言葉が混在して使われている.もちろん両者は同じ現象を表すものであるが,多分に各研究者が好みに合わせて使い分けている感がある.そこで本書でもこの両単語を無理に統一せず,その場その場の雰囲気に合せて使うことにした.この点をご了承願いたい.

3.2 破壊を引き起こす内的,外的条件

3.2.1 破壊を支配する4つの基本原理

我々が知る限り,いかなる材料であれ,分子レベルで完全にバラバラになるような破壊は存在しない.常にある部分が優先的に破壊し,その他の部分はほとんど無傷のままというのが一般的な破壊である.つまり,破壊は極めて不均一に起こる局所的な現象である.では,なぜある部分のみが破壊するのかということについて4つの経験則が知られており,これらは,いわば破壊における基本原理と考えてよい.

最も重要な原理は,「破壊の最弱リンク説」である.これは引張り方向に連結されたリンク(輪)の鎖中に,他のリンクに比べて低強度のリンクがあると,その中の最弱リンクの所で破壊が起こるという概念であり,破壊理論の基本原理である.例えば,他のすべてのリンクの強度が10 MPaであっても,1つのリンクが1 MPaであれば,全体の強度は1 MPaとなる.このように最弱リンクの強度レベルが全体の強度を決定する.

二つ目は,破壊は亀裂またはクラックの突端が開かれる(新しい界面を生み出す)現象であり,破壊が起こるには界面を開かせる力が必要である.裂け目が広がる力(引張り力)が働く時に破壊は進むが,裂け目が閉じる力(圧縮力)が働くと破壊は進まない.したがって,たとえ最弱リンク部や応力集中点があっても,そこが圧縮されている条件下では破壊は進まない.

三つ目は「応力集中」という現象である.たとえ均一の強度を持つ(すべてのリンク

が同一強度を持つ)鎖であっても,どれかのリンクに特に大きな力が加わる(または特に伸ばされる)場合,そのリンクのみが容易に破壊する.これは何らかの構造的要因(製品の形状や材料中の異物や欠陥等)によって,特定部位に大きな応力が発生する場合であり,特定部位における応力集中とみなす.

四つ目は,比較的特殊な条件下で起こるクラックの発生と成長に関するものである.例えば,ゴムの接着試験には,薄いゴム板を2枚の平行な鉄板間にサンドイッチ状に接着させ,鉄板をその垂直方向に引っ張って破壊させた時の破断強度や接着状態を見る試験法がある(図3.1[1]).この場合,破断面にはたくさんの大きなボイドが観察される(図3.2[2]).この時,材料内部では膨張力(三軸方向の引張り力または負の静水圧)が働いている.このような応力条件は亀裂先端でも起こり,例えば,プラスチックではクレーズ(多くの空隙を含む繊維構造形成)を発生させる(図4.24参照).

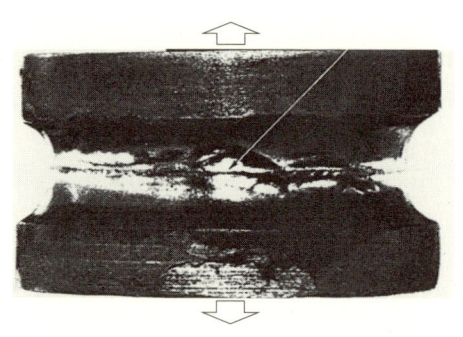

図3.1 鉄板を互いに垂直方向に引っ張るゴム接着試験片[1]

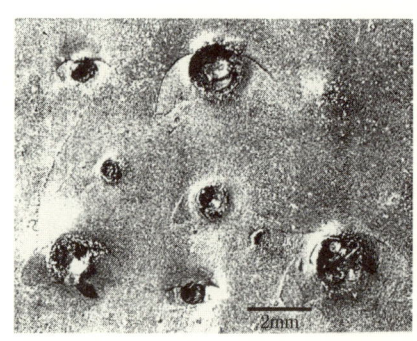

図3.2 図3.1の試験後に見られるゴムの破断面[1]

3.2.2 個体の理論強度

金属等の固体の理論強度は,構成原子間の相互作用ポテンシャルエネルギーから求められる.いま,系が完全弾性体で均一とした時,分子間ポテンシャルエネルギー$V(r)$は分子間距離rの関数として与えられ,分子間力$\sigma(r)$はその微分量$\sigma(=-\partial V/\partial r)$で表される.したがって,図3.3が示すように,$V(r)\sim r$曲線は$r=r_0$の距離で極小($\sigma=0$)となり,$r$がそれより大きくなる(分子間距離の増加)とそれを元に戻す力σが発生する.

一方,$V(r)\sim r$曲線の変曲点でσ_{max}となり,σ_{max}より

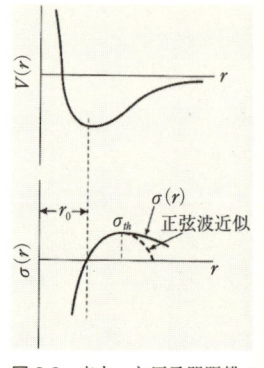

図3.3 応力σと原子間距離rの関係

3.2 破壊を引き起こす内的, 外的条件

大きい外力が加えられると, 物体は自発的に分子間距離を広げ分離(破断)する. つまり, σ_{max} がその固体の理論強度 σ_{th} を与える. 詳細は省くが, 理論強度 σ_{th} は式(3-1)で与えられる.

$$\sigma_{th} = \sqrt{\frac{E\gamma}{r_0}} \fallingdotseq \frac{E}{10} \tag{3-1}$$

ここで, E, γ, r_0 は材料の弾性率, 表面エネルギー, 分子間距離である. 多くの固体物質について得られる E, γ, r_0 の実測データを式(3-1)に導入すると, σ_{th} の値はおよそ弾性率の1/10になる.

つまり, 線形弾性体とみなせる固体では, 原子間距離が10%離れると, もはや両原子は分離(その結果, 系は破断)してしまうことを意味しており, 結合の種類や物質の種類によらず成り立つ. ただし, 実際の固体の強度は $E/10$ よりずっと小さく, $E/50$～$E/100$ のオーダーであり, 物質中にその原因(欠陥)があることによると考えられている.

Meyer & Mark[2]は, 高分子鎖の束としてのセルロース繊維の理論強度を計算している. C-C結合の結合エネルギーを 70 kcal/mol = 5×10^{-12} erg/bond とし, 結合距離を, 平衡距離 $r_0 = 1.5$ Å から相互引力がほとんどなくなる 5 Å (r_0 の3倍)まで引き離した時に破壊が生ずると仮定する. こうして計算された天然繊維の理論強度は $(6\sim8)\times 10^3$ MPa となる.

一方, de Boer[3]は, セルロース繊維の理論強度として 2.3×10^4 MPa の値を提出している. 実際のセルロース繊維の強度は 1,000 MPa 程度以下であるので, 理論強度の1/10～1/20程度ということになる. 強力ナイロンは $(7.5\sim11)\times10^2$ MPa, 絹繊維は400～500 MPa であり, 理論強度の1/40程度にすぎない. 架橋ゴムの理論強度も, もし架橋ゴムが理想的な架橋構造と理論的な分子鎖強度も持つならば, そして単位体積中の分子鎖密度が他の高分子と大差ないことを考えると, 他の高分子の理論強度と同程度になると推定される.

3.2.3 破壊の最弱リンク説とは何か

破壊や強度問題を考える時に最も基礎となる原理は, 90年近く前にPeirce[4]によって提出された「破壊の最弱リンク説」と呼ばれるものである. 図3.4(a)は引張り方向のどこかに存在する最弱リンクを示すモデルであり, 点線の輪(リンク)が最弱リンクを示している. 一方, 図3.4(b)は力学的直列モデルである. 系中に高弾性, 高強度部があっても, これが不連続的に分散している限り強度増加は起こらないことを示している. 布地に10円玉(剛体)を貼り付けて引っ張ると, 10円玉の周り(布地)から破れが

広がるのとちょうど同じである．どれほどたくさんの10円玉を貼り付けようとも，それらが分散する(不連続)構造であれば，破れるのは10円玉近傍の布地(最大応力点)であり，布地以上の強度となることはできない．

一方，図3.4(b)を逆に見れば，高強度中に低強度部が直列要素として存在すると，系の強度は低強度部で決まることになり，図3.4(a)と同じ意味を持っている．つまり，不連続直列モデルであれば，その中に高強度部があっても系の高強度化に役立たないが，低強度部があると，系の強度はその低強度部の強度まで低下するということである．

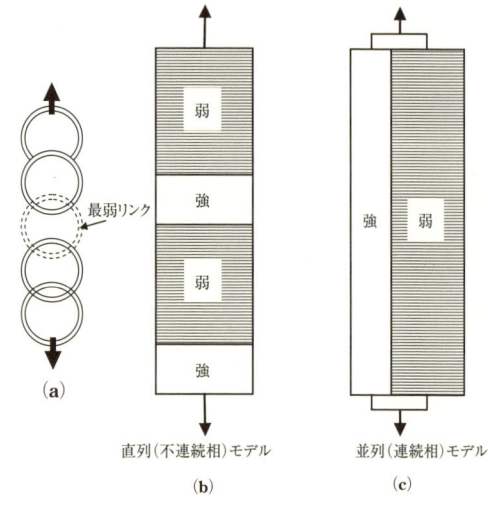

図3.4 最弱リンクと力学的直列モデルおよび並列モデル

これに対して図3.4(c)は弱い相と並列に強い相が並んでいる場合であり，強い相によって弱い相の強度が飛躍的に増大するケース(力学的並列モデル)である．つまり，弱いマトリックス中に引張り方向に平行に，棒状またはネットワーク状の連続構造が共存すると，その体積分率に応じて系の強度が増大する．例えば，金属の網目で補強された強化ガラスや，ガラス長繊維や炭素長繊維で強化されたFRP等もそのような例である．

さて，第2章に登場したゴムの構造モデルの論拠の1つになったのが，この破壊の最弱リンク説である．例えば，カーボンブラック充填によるゴムの補強構造として，今でも図3.5のような構造モデルをイメージする人は非常に多い．これは，ゴム分子鎖と強固に化学結合しているカーボン粒子が，マトリックス架橋ゴム中に分散している構造である．このような構造体は10円玉を貼り付けたモデルと同じであり，粒子表面付近のマト

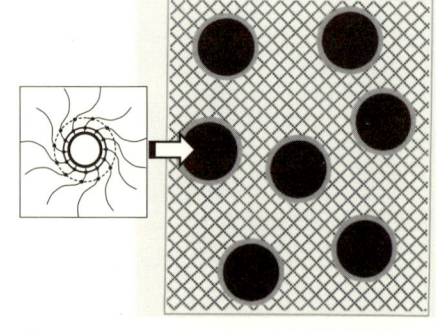

図3.5 ゴムのカーボンブラック補強構造(従来モデル)

リックスゴム中に大きな応力集中が起こり、ゴムの破断強度は増大しない。

同様なことは、伸長結晶化によって補強されたゴムの構造についても言える。図3.6は従来から提出されてきた構造モデルであり、"架橋房状ミセル構造"と呼ばれる。この構造では、結晶は網目鎖中の架橋点を避けるために、分散した不連続構造にならざるを得ない。したがって、この構造は本質的に図3.5と同じであり、大幅な強度増大は起こり得ない。つまり、"カーボンブラック充填構造にも、伸長結晶化による補強構造にも、図3.4(c)のような最弱要素と並列する高強度ネットワーク構造の存在が不可欠"ということである。

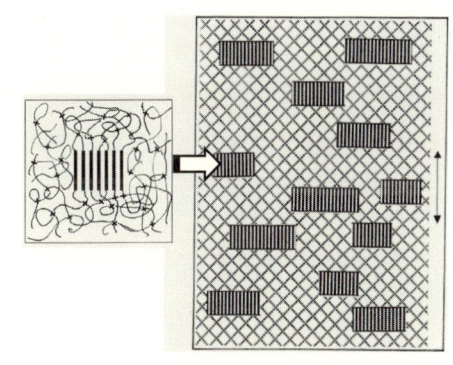

図3.6 ゴムの伸長結晶化による補強構造(従来モデル)

3.2.4 応力集中とは何か

無限の広がりを持つ均一構造の平板や立体では、形状が変化しない限りどの位置でも応力は均しい。ところがこのような均一な系内に段差や開口部、空孔、あるいは異物、異材質の接合面等の形状や構造の不連続性があると、その近傍に大きな応力が発生することは、理論的にも実験的にも確かめられている。これを応力集中という。では、そのような部位ではなぜ不均一な応力状態が生じるかについてわかるためには、流体中の棒を考えるとよい。

図3.7は一様な流れの中に棒が浮いている場合であるが、棒の回りで流線はゆがみ、特に断面ABではBの近傍で流線の間隔が狭くなる(線密度が高くなる)。そこで図3.7を一様な板に円孔が開いている状態(棒の部分が円孔)で、それを横方向に引っ張る場合に置き換える。この時、系の左右を結ぶ応力線が流線に相当する。そのような系では、応力線の一部は元の位置(破線)を保つことができず、円孔の回りを迂回せざるを得ない。この結果、円孔の周辺ABでは応力線(主応力線)が密集するため、単位断面積当りの応力が高くなる。

このように局所的に応力が高くな

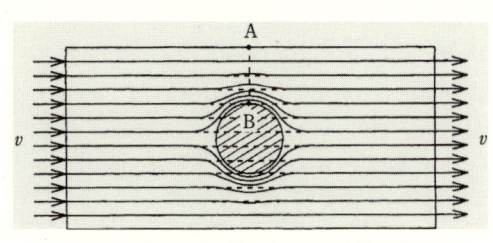

図3.7 流れの中に棒がある時の流線の乱れ

る現象を応力集中と言い，その程度を表すのに「応力集中係数」を用いる．応力集中係数 a は，応力集中源から遠く離れた地点での均一応力を σ_0，応力集中源近傍での応力を σ とする時，$a = \sigma/\sigma_0$ で与えられる．応力集中係数のうち最大のものを最大応力集中係数 a_{max} と呼ぶ．例えば，平板中の円孔や立体中の空孔の縁における最大応力集中係数は，円孔では3.0，空孔で2.05である．応力集中を考える時，どの位置にどの大きさの最大応力が発生するかということが最も重要になる．なぜなら多くの場合，破壊は最大応力点で発生し，その後も最大応力点を追いかけるように進行するからである．

応力集中は物体の広い範囲に及ぶものではなく，応力集中点の近傍に限定され，そこから遠ざかると応力は急激に低下し平均応力に収束する．3次元応力集中は2次元応力集中よりも小範囲に限定される傾向を持っている．これは，2次元応力集中では，応力が拡散する場としての物体の広がりは1次元的(1方向)であるのに対し，3次元応力集中では拡散場が2次元的(面積)であるため，応力拡散が起こりやすいからである．その結果，円孔と空孔の最大応力集中係数に3.0と2.05の差が出てくる．

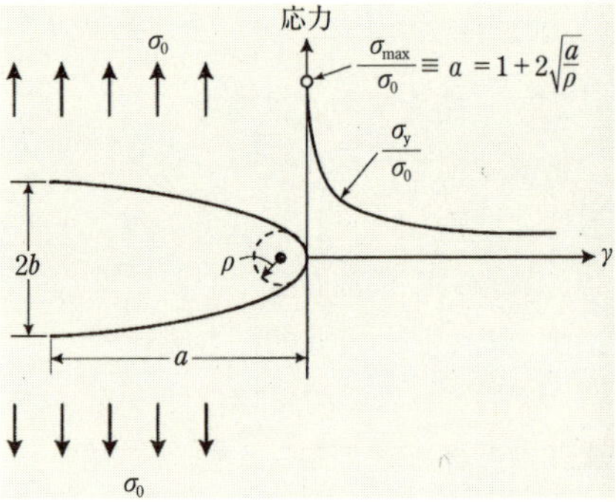

ここで，平板中にある様々な形状の楕円孔に発生する応力集中について Goodier & Field の解析[5]がある．いま，図3.8[5]のような長軸 $2a$，短軸 $2b$ の楕円孔を有する平板の，無限遠での引張り応力が σ_0 の時，長軸端の y 軸方向応力（最大応力）σ_Y は式(3-2)で与えられる．ただし，孔の鋭さを表す曲率（または，曲率半径）ρ は $\rho = b^2/a$ で与えられる．

図3.8 楕円孔突端における応力集中の模式図[5]

$$\sigma_r = \sigma_0 \left(1 + \frac{2a}{b}\right) = \sigma_0 \left(1 + 2\sqrt{\frac{a}{\rho}}\right) \tag{3-2}$$

したがって，応力集中係数 $a(=a_{max})$ は，$a = \sigma_Y/\sigma_0 = 1 + 2(a/\rho)^{1/2}$ となる．そこで式(3-2)を用いて，引張り方向に2倍長い楕円孔の場合の a 値を求めると，$a = 2$ となる．また，引張りと直交方向に2倍長い楕円孔の場合，$a = 5$ となる．楕円孔が引張りと直交方向に長く伸びるほど応力集中は大きくなる．ちなみに，$a = 5b$ では $a = 11$ になる．したがって，クラック（非常に鋭い曲率）の場合，応力集中係数が非常に大きくなることがわかる．

3.2.5 なぜ応力集中は破壊をもたらすか

さて，非常に直感的ではあるが，応力集中がどのように破壊に直結するかを考えてみたい．例えば，応力集中係数が3の場合，そのような応力集中部には他の部分より3倍の応力が発生している．このことは見方を変えれば，そして線形材料であるなら，ちょうどその応力集中部のみは材料の破断強度が$1/3\sigma_b$に低下したと思えばいい．図3.9(a)の灰色部は，円孔の両端に発生したそのような低強度部を示す．

当然，破壊はまずそのような箇所で起こり，円孔は少し細長い楕円孔に成長する．その結果，楕円孔に発生する応力集中は，円孔の場合より少し大きくなり，低強度領域も少し大きくなる．この様子を示したのが図3.9(b)である．このようにして円孔の形状はますます細長い楕円形になり，発生する応力集中部もますます大きくなる[図3.9(c)]．こうして破壊の成長は少しずつ加速される．もちろん，これは非常に定性的な捉え方であり，厳密な解釈は，後ほどの破壊力学で展開される．

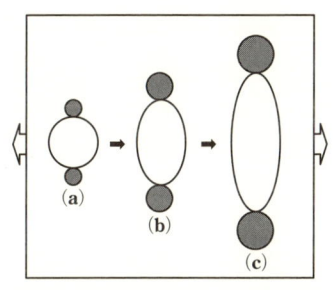

図3.9 応力集中がもたらす破壊の促進効果

応力集中を理解するのに図3.10[6]は示唆的である．図3.10は短冊状試験片の側面に長さcのノッチを入れ，同時にノッチの成長方向前方にノッチと直交する3本のスリット(S_1, S_2, S_3)を入れる（cとスリットS_1および各スリット間隔はδ）．この結果，ノッチ（マクロクラック）の成長がどのように阻害されるかを見たものである．ノッチ単独の場合（①および④）よりスリットが入っている場合（②，③および⑤，⑥）の方が破断強度も破断エネルギー（応力～ひずみ曲線下の面積）も大きくなるのがわかる．

つまり図3.10で，ノッチが入る（①と④）と，ノッチなしの系に比べて破壊ははるかに速く起こるが，それでもノッチ先端でいったん進行方向の

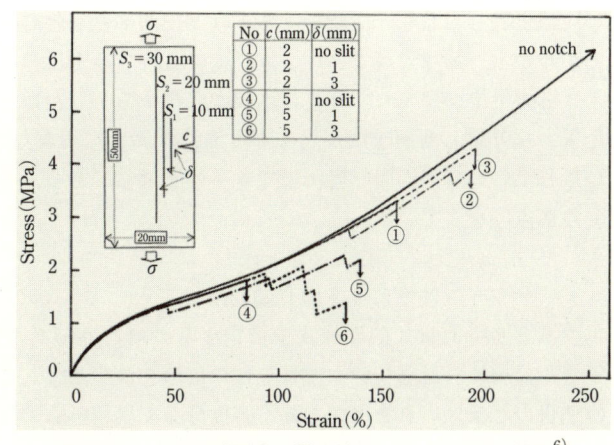

図3.10 ノッチの影響（①，④）を低下させるスリットの効果[6]

応力集中が解除されると、クラックは新たな応力集中点（スリット端部）を求めて移動し、そこから再びクラックは成長する。この結果、破断強度、特に破断エネルギーがかなり大幅に増大することがわかる。

3.2.6 地球規模の応力集中点である活断層

地震が起こるたびに聞かされるのが活断層の存在である。周知のように日本列島と近海はユーラシアプレート上に乗っており、そのユーラシアプレートの下に太平洋プレートが一定速度で潜り込んでくる地殻構造になっている。このためユーラシアプレートの端部は常に地殻内部に引き込まれるように曲げられる。ある曲げ力以上になると、両プレートの摩擦接触部が滑って元に戻ろうとする。ただし岩石では、我々が滑りと称する現象のほとんどは、構造的に弱い部分（応力集中点）が破壊（断層破壊）することによって起こる。そのような断層破壊領域を「活断層」と言う。この時発生する振動が地震動で

図3.11 活断層を生み出した山間部と平地の境界線。点線が活断層ライン

ある。木や竹を曲げていくと、ベキベキと音を立てながら手に振動が伝わってくる。これは木や竹の内部で起こった破壊による変形が、元に戻る時に発生する振動である。我々は大地が割れる時の悲鳴（振動）を地震として感知している。

図3.11は活断層がどんな所に見られるかを示した鳥瞰図である。図上の点線が活断層線を表しており、活断層はちょうど山間部と平地の境界部分に形成されていることがわかる。地球規模であっても、このような地形上の段差があると、その部分に大きな応力集中が発生し、容易に亀裂が発生する。したがって、そのような地形では、今後も繰り返し断層破壊が起こる可能性が高く、"活きた断層"と呼ばれる。これはあかぎれがいつも指の同じ場所にできるのと同じである。そこは、その指における強度上の弱点になっている。

3.2.7 ワイブルプロットの有効利用

ワイブル分布は、破壊様式を推定するのに有効である。W. Weibull[7]が提案したワイブル分布は、最弱リンクが系全体の破壊を決めるとして、故障の起こる確率を3つの独自のパラメータを用いた確率密度分布や累積分布で表したものである。それらのパラメータのうち、分布の形状を決める m は、その値によって故障の起こる時期や

形態を示すので，特に利用される．図3.12は故障発生の確率密度$f(y)$と時間yの関係をmの関数としてプロットしたものである．

$m<1$は，故障が初期に集中的に起こり，その後は急速に減少するケースである．$m=1$は，故障が常に偶発的，ランダムに起こるため，未故障物が時間とともに減少する場合であり，故障確率は指数関数的に減少する．$m>1$は，故障がある時間後に多発するケースであり，摩耗型とも呼ばれる．ワイブルプロットというのは，故障(破壊)を起こすまでの時間に対して，その時間で起こる故障の累積数をワイブル確率紙と呼ばれるものにプロットし，その直線の勾配からm値を求める方法である．

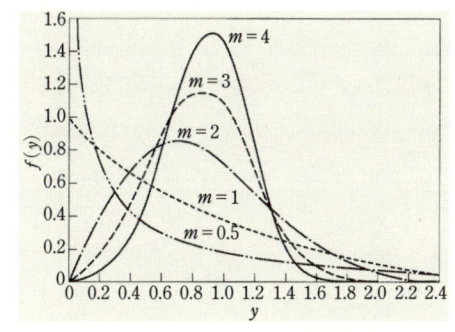

図3.12 ワイブル分布における確率密度関数のm値依存性

図3.13[8]は，Fukumori & Kurauchiが加硫ゴムを用いて，一定伸長下の応力緩和実験における破壊時間のワイブルプロットを行った例である．非充填架橋ゴムではワイブル係数のm値が1であるのに対して，カーボンブラックを充填すると，mは1より大きくなる．つまり，非充填ゴムでは，破壊時間が材質中の欠陥に強く支配される(破壊核が常に偶発的に発生する)ことがわかる．

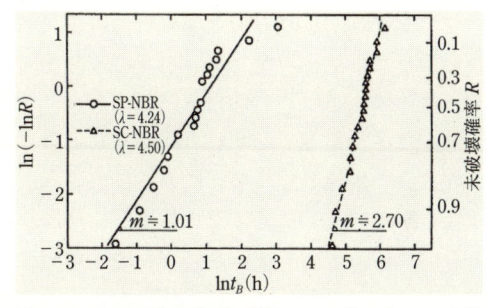

図3.13 NBRの非充填ゴム(○)，カーボンブラック充填ゴム(△)のワイブルプロット[8]

このため脆性的な破壊になるケースが多い．一方，カーボンブラック充填ゴムでは，カーボンブラックによる補強構造の形成(2.5.2参照)と，後ほど詳しく述べるヒステリシスエネルギーロスの増大が破壊の抵抗となり，破壊がずっと遅れて起こることを示している．

3.3 ゴムにおけるクラックの発生過程

3.3.1 想像の域を出ないクラック発生までの過程

図3.14はクラックの成長と時間（または，繰返し数）との関係を示す模式図である．我々が特定クラック（欠陥）の発生として検知できる大きさは，分子レベルから見ると非常に大きい．したがって，どのような過程をどのくらいの時間（または，繰返し数）をかけてクラックがその大きさまで成長したかは，推定するしかない．

一方，すべての材料はある大きさの「潜在欠陥」を持っており，それを起点として破壊が開始，成長するというのも確かであろう．そうでなければ，外力がその材料の破壊レベルに達した時，系の全分子レベルで破壊が同時に起こり，系は完全にバラバラになって砕け散るはずである．しかし，我々が知る限りそのような破壊形態はない．ある部分のみが破壊し，その他の部分は全く無傷というのが一般的な破壊現象である．つまり，平均的に加えられた外力が材料内部で何らかの応力集中を起こし，そこから破壊が開始，成長すると考えるべきである．

後ほど述べる破壊力学は，検知できる大きさに成長したクラックの存在を前提にして展開されており，その成長開始条件を定めるものである．一方，破壊力学は成長開始後の破断に至るまでの長い進展過程は取り扱わない．この領域の理論展開は未着手のままであるが，コンピュータ解析の進展はその解明の一助になると思われる（4.5.4参照）．

図3.15は，ゴムを含む高分子材料の「クラック発生のプロセス」を想像したもので

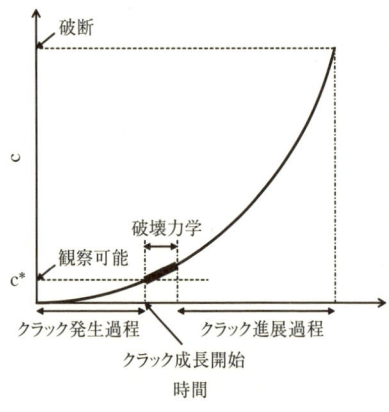

図3.14 クラック長 c と成長時間の関係

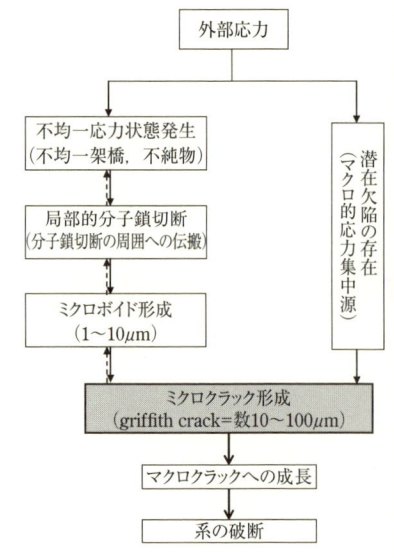

図3.15 クラック発生までのプロセスの想像図

ある.まず,図3.15の左側の流れを説明する.一見,構造的に均一と思える材料にも多くの不均一構造部が存在する.ゴムの場合,不均一架橋や充填物との接着界面がそれに該当する.さて,不均一点が存在すると,必ずその部分に応力が集中する.その結果,最大応力集中点で最初の分子鎖切断が起こると考えたい.次に,切断した隣の分子鎖は切断した分子鎖が担っていた応力まで引き受けることになり,この分子鎖も切断する.こうして1本の分子鎖切断が,分子鎖切断領域(空隙)に拡大する.ただし,この段階までは,系の変形がなくなると空隙は可逆的に消滅する.したがって,このような空隙(ミクロボイド)が存在しても破壊開始にはつながらない.

さて,この段階を過ぎると,破壊開始を引き起こす(不可逆的な成長をもたらす)空隙に成長する.このような破壊開始の分岐点になる大きさの空隙をミクロクラック,または単にクラックとも呼ぶ.後ほど述べるGriffithの名前に因んで「Griffithクラック」とも呼ぶ.一方,図3.15の右側の流れは,系中に潜在的な応力集中源が存在する場合である.このような箇所では,クラック発生までの時間ははるかに短く,引張り応力が加えられるたびにクラックの成長は促進される.

3.3.2 架橋ゴムのクラック発生点

架橋ゴムの場合,ノッチを入れた試験片から外挿された潜在欠陥の大きさは,どのような方法であっても40~50μm程度になる.この潜在欠陥が何に原因するかはほとんどの場合わかっていないが,一般的には試験片表面の傷や凹み,さらには異物の混在ではないかと想像されている.しかし例えば,表面をよく磨いたガラス板を用いても,また混連等に細心の注意を払っても,破断強度の増加はほとんど見られず,同程度の潜在欠陥の大きさに辿り着く.このことは,架橋ゴムには特有の構造的欠陥が存在すると考えるべきであり,2.3で述べたように,非常に不均一な架橋構造,特に架橋相を取り囲む非架橋相が,ゴムにおける潜在欠陥の働きをすると考えた方がよいだろう.

理想的な均一架橋構造がどの程度の強度を持つかは,そのような構造のみを持った架橋ゴムを作り出せないため,何とも答えることができない.ただし,先のLe Camらの実験[9](図2.18,2.20)では,架橋NRにおける架橋相(リガメントに囲まれた円形領域)も架橋SBRの架橋相も破壊に対する抵抗力が低いことがわかる.加えて,この架橋領域には常に加硫促進剤であるZnO(酸化亜鉛)の大きな塊が含まれており,その界面がクラック発生の起点になる(図2.20[9])ことも報告されている.また,ZnOを多量に充填したゴムでは,伸長時の体積膨張が非常に大きいことも報告[10]されており,ZnOがクラック発生の起点の1つであることは間違いない.

これらを総合すると、我々が実際に作り出しうる架橋構造は、予想以上に低強度である可能性が高い。これをたとえれば、均一網目のネットは引っ張ればすぐに破れるが、ネットを丸めて引っ張ると非常に強くなるのに似ている。不均一構造の方が図3.10のケースと同様、応力集中が分散されるからだろうと推定される。

無定形のゴム材料では、そこにミクロレベルの変化が起こっても観察することは非常に難しい。以下に述べる筆者の観察[11]は、ポリウレタンにおける構造崩壊からクラックへの変化過程を検出していると推定され、非常に珍しいケースである。従来、ポリウレタンは、ソフトセグメント(SS、ゴム系の主鎖)中にハードセグメント(HS、ラメラ結晶)が分散する構造モデルで捉えられてきたが、破壊の最弱リンク説から考えると、このような構造では、ポリウレタンの非常に高い弾性率も高強度も全く説明できない。

そこで導かれた結論は、ポリウレタンではSSとHSがランダムに分散しているのではなく、基本単位としては、SS中にHSが多量(45%)に含まれているHS-rich相と、SS中にHSが少量(15%)含まれているHS-poor相に分離されている。そして、系全体としては図3.16の構造モデルに示すように、HS-poor相をマトリックスとして、HS-rich相(体積分率10〜15%)が縄状の連続性クラスター(直径が100〜200nm)のネットワークとして、HS-poor相を補強する構造になっているというものである。

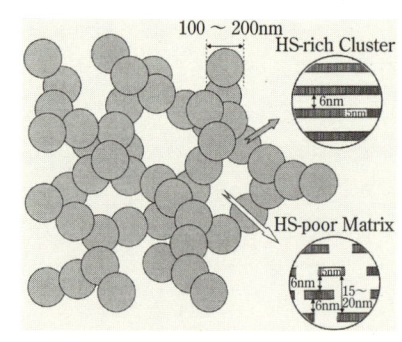

図3.16 連続性クラスターによるポリウレタンの補強構造モデル[11]

図3.17は破断面のSEM(レプリカ)写真であり、白い薄板状のものがHS、HSに挟まれた黒い部分がSSを示している。そこで、このサンプルを若干の樹脂で包埋させた後、OsO_4で染色したTEM写真が図3.18である。図中の白っぽい部分(染色不十分)がHS-rich相であり、黒っぽい部分(染色十分)がHS-poor相である。そこで、少し目を細めて図3.18を見ると、直径100〜200 nmの白っぽい芋虫のようなものが系中にのたうって見える。これが図3.16で示した縄状の連続性クラス

図3.17 ポリウレタン構造のレプリカ法によるSEM写真[11]

ターのネットワークである．こ
こで，白っぽい部分にはHSが
多く含まれている(HS-rich相)
ので染色されにくく，黒っぽい
部分にはHSが少なく含まれて
いる(HS-poor相)ので染色され
やすい．

さて，ポリウレタンを屈曲変
形させると，伸張方向に伸びた
激しい波打ち構造(図3.19)が現
れる．ポリウレタンは非常に高破断強度(50～
60 MPa)であるにもかかわらず，屈曲耐久性は
カーボンブラック充填ゴムに劣る．また，変形増
大に伴ってラメラ結晶(HS)が急激に崩壊するこ
とは，DSC測定[11]で確かめられている．したがっ
て，図3.19は結晶崩壊に伴って不可逆的に起こ
る疲労現象(構造崩壊と再配列)を表していると考
えられる．

図3.18 OsO_4染色によるポリウレタン構造のTEM写真[11]

この状態のTEM写真が図3.20で，系中に灰色
の球体が見られる．これは染色されない包埋樹脂
が造影剤として集中的に入り込んでいる箇所
であり，結晶崩壊部に対応すると考えられる．
これらの領域には，構造破壊が進んでミクロ
クラックにまで成長している箇所(その部分
は抱埋樹脂が完全に侵入するために真白)も
見られる．疲労破壊というのは，このような
現象の繰返しによるクラックの成長過程であ
ろうと推定される．

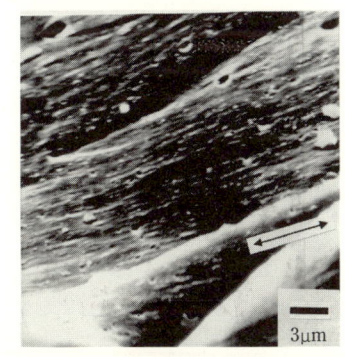

図3.19 200％ひずみで繰返し変形さ
せた後のSEM写真[11]

3.3.3 粒子充填ゴムにおけるクラック発生

図3.21[12]は，シリコーンゴム中に充填した
ガラスビーズ(直径1,200μm)に，伸長を加
えた時の様子を示したものである．ひずみが78％になると，ガラスビーズの表面付

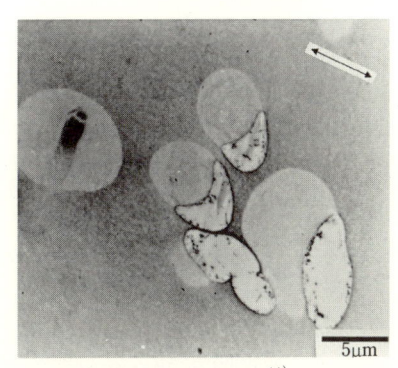

図3.20 図3.19のTEM写真[11]．構造崩壊
部(灰色)とクラック発生部(白)

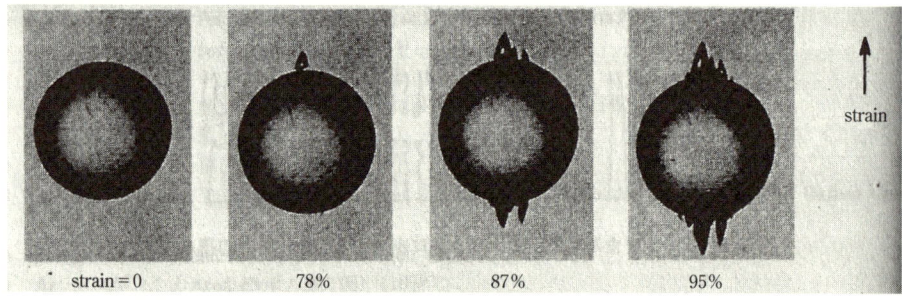

図3.21　ゴム中のガラスビーズ近傍に発生するミクロボイドのひずみ依存性[12]

近(最大応力点)に引張り方向に伸ばされた空隙が発生し，ひずみが大きくなるにつれ空隙の数が増える．ただし，これらの空隙は，ひずみを取り去ると消失してしまい，その後のクラック成長にはつながらないことがわかっている．しかし，2つのガラスビーズが伸張方向に隣接する場合，発生した空隙は，ひずみを0に戻しても消えないで残り，次の伸長ではここが起点となって不可逆的なクラックとして生長する．

図3.22[13] は MT カーボン充填 SBR の各種伸張下における電子顕微鏡写真である．低補強性，大粒径の MT や FT カーボン充填系の場合，伸張方向のカーボン粒子とマトリックスゴムの接着界面近傍で目玉状剥離が発生し，変形が大きくなると，ほとんど全界面が剥離することがわかっている[21]．このことを受けて，低補強性カーボン

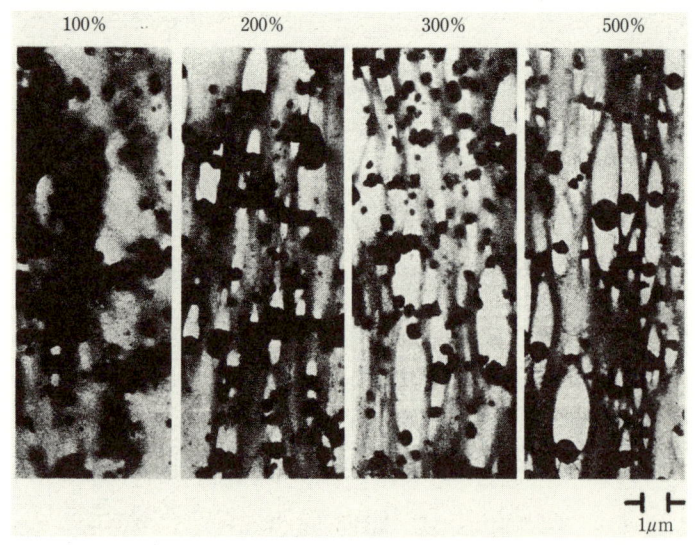

図3.22　伸長下の MT カーボン粒子付近に発生するミクロボイド[13]

充填系の破断強度が低いのは，界面接着強度が低く，目玉剝離が発生するからだと考えるのが一般的である．しかし，ゴムの破壊力学では，破壊をもたらす最小クラック（Griffith クラック）の大きさは 40〜50 μm 程度と見積もられており，図 3.22 に見られる 1 μm 程度の空隙がそのまま破壊の原因になることはない．ただしこのような剝離（ミクロボイド）が多数発生すると，互いに連結して大きなクラックに成長することは十分考えられる．

3.3.4 三軸引張り（負の静水圧）でのクラック発生

図 3.2 で見たように，非常に大きな膨張力が働くと材料内部に大きな空隙が発生するが，これほど極端に大きな膨張力でなくても，ある大きさの膨張圧が生じるとミクロクラックが発生することが Gent ら[12,14)]によって導かれている．いま，ゴム中に存在する球状のミクロボイドが，半径 r_0 から λr_0 に膨張する時の膨張圧 P は，次式で与えられる．

$$P = \frac{E}{6}\left(5 - \frac{4}{\lambda} - \frac{1}{\lambda^4}\right) \tag{3-3}$$

ここで，E はゴムのヤング率で，通常 $E \gg P$ である．式(3-3)により，膨張圧が増加し臨界圧 $P_c (= 5E/6)$ に達すると，どのように小さいボイドでも無限に成長することがわかる．

このようなボイド発生例に，加圧水素ガス中に架橋ゴムを封入した後，室温，大気中に解放すると，ゴム中に溶け込んだ水素ガスが集合し，可視的な空隙に成長する現象がある．図 3.23 は Yamabe & Nishimura の観察結果であり，加圧からの解放が負の静水圧状態を生み出した時に起こる現象である．大きく成長した空隙の近傍に小さなボイドが生まれる様子も写し出している．

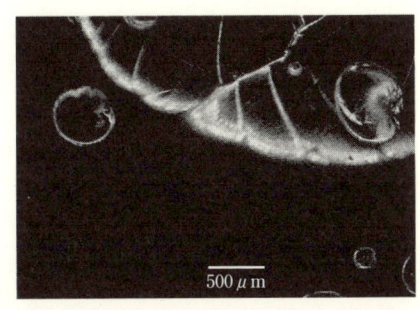

図 3.23 高圧から低圧に戻された時にゴム中に発生する大きなボイド[15)]

3.4 亀裂の成長開始の取扱いと破壊力学

3.4.1 材料力学と破壊力学の違い

従来，構造部材や製品の設計者は材料力学に基づいて許容応力を求め，これに安全率を考慮した形状や材料選択を行ってきた．そこには，材料が潜在的な欠陥を持って

いて，その欠陥が成長するという概念はなく，その代りに，安全率という経験的な値にすべての不可解な部分を封じ込めてきた．ところが，そのようにして設計された構造部材や製品が次々と予期しない破壊事故を引き起こして多くの犠牲者を出した．一方では，外観上はほとんど変化を示していないのに全く突然破壊するという現象が，脆性破壊や環境破壊，さらには疲労破壊でも共通に見られることがわかってきた．こうして，破壊はもはや材料力学の手に負えないものとなった．

このような背景の下に生まれた破壊力学では，"すべての材料は亀裂を含む"と捉える．いったんそう仮定すると，そこに存在する亀裂の大きさとその亀裂によって生み出される応力場(応力状態)の大きさは，破壊を決定付ける因子となる．しかも，そのように設定すれば数学的記述が可能になる．このようにして進展してきたのが現在の(線形および非線形の)破壊力学的取扱いである．

「破壊力学」とは，亀裂を有する材料を定量的に取り扱う工学的手法の1つであり，"亀裂先端の応力状態と材料の破壊開始条件を結び付けることによって，破壊を起こす外的な力学的条件と，材料の持つ固有の破壊抵抗性のバランスを求める学問"である．材料力学では，破壊の推進力を材料に加えられる応力σ(またはひずみε)の大きさと捉えるのに対して，破壊力学では，応力σと亀裂長cの組み合わさった$\sigma\sqrt{\pi c}$を破壊推進力とみなす．

つまり，破壊力学では，σと亀裂長$\sqrt{c}$が同じ重みを持って応力場の強さを支配すると考える．なぜこのような数式の形になるかは，後ほど説明したい．したがって，材料力学では，外力σが材料の破断強度σ_Bより小さければ系は破壊しないのに対し，破壊力学では，たとえσは変化しない(または，σがσ_Bよりはるかに低い値にとどまる)場合でも，系内の亀裂が大きくなって，$\sigma\sqrt{\pi c}$がある臨界値を超えると，系は破壊することになる．これもすべて，破壊は亀裂から成長すると考えるからである．破壊力学では，$\sigma\sqrt{\pi c}$を「応力拡大係数K」と定義し，これを破壊の推進力とみなす．応力集中係数と応力拡大係数は似た言葉であるが，違った概念であることに読者は注意されたい．

一方，Kの値がその材料固有の臨界値K_cを超えた時($K\geq K_c$)，破壊が起こると定義する．したがって，K_cは，亀裂進展に対するその材料固有の破壊抵抗性を示すクライテリオン(敷居値)として，「破壊靱性」と呼ばれる．つまり，高いK_c値を持つ材料ほど破壊までの敷居が高く，破壊が進展し難い．それは，材料力学において，高いσ_B値を持つ材料ほど破壊抵抗力が大きいと考えるのと同じである．

材料力学では，破断時に測定される破断強度σ_B，破断伸びε_Bといったものを，絶対的な強度特性値と考えるのに対して，破壊力学では，そのような値もある大きさ

の亀裂が(潜在的に)存在する系の値であり，一種の偶然に支えられた値と考える．したがって，破壊力学にとっては，その偶然の値をもたらした亀裂の大きさこそが重要な関心事になる．そのため破壊力学で行う材料試験では，常に亀裂長さが既知の試験片を用いる．もちろん，全く亀裂を含まない材料の理想強度としては，材料力学も破壊力学も同じ値に行き着く．

さて，図3.8に示した楕円の短軸が$0(2b=0, \rho=0)$の条件を数学的には亀裂(クラック)と定義する．楕円の曲率半径が限りなく0に近付き，非常に鋭くなった場合である．ただし，実際の材料において，分子レベル以下の分離はないと考えれば，$\rho=0$にはならない．特に，長い分子鎖の集合体である高分子の場合，亀裂先端といえどもかなり大きな曲率半径を持っている．いずれにせよ，式(3-2)に従うと，亀裂先端の応力や応力集中係数は無限大になってしまうため，亀裂先端の応力の評価に応力集中係数を用いることはできない．

Westergaad[16]によると，長さaの亀裂先端のx軸上(図3.8のr軸上)$(y=0)$の応力σ_Yは，亀裂先端のごく近傍$(r \ll a)$では式(3-4)で与えられる．

$$\sigma_Y \fallingdotseq \sigma_0 \sigma_r = \sigma_0 \sqrt{\frac{a}{2r}} \tag{3-4}$$

つまり，x軸上の亀裂先端近傍の応力は，亀裂先端からの距離rの平方根に反比例して小さくなる．そこで，aを亀裂長さcに変換して式(3-4)を書き直すと，式(3-5)の形になる．

$$\sigma = \sigma_0 \sqrt{\frac{c}{2r}} = \frac{K}{\sqrt{2\pi r}} \tag{3-5}$$

こうして，亀裂先端のx軸上($=r$軸上)の応力σは，$K(=\sigma_0\sqrt{\pi c})$と$\sqrt{r}$によって決まることがわかる．

3.4.2 破壊力学の草分けとなった Griffith 理論

上に見てきたように，亀裂が存在すると，亀裂先端$(r=0)$の応力は無限大になるため，数式上はどんなに小さな負荷を与えても物体は破壊してしまう．しかし，実際の物体はそれほど簡単には破壊しない．しかも，物質によって破壊の仕方は大きく異なっている．これは，実際の物体では破壊を推進する力だけでなく，破壊に抵抗する力も働いていて，両者のせめぎ合いによって破壊が決まるということを意味する．そのように考えたのがA.A.Griffithである．破壊力学はGriffith理論(1921)[17]に始まった．

いま，図3.24(a)に示すような亀裂のない板を引っ張ると，図3.25(a)のような応力～ひずみ曲線を描くとする．ひずみε_0の時，応力がσ_0であり，系に蓄えられる弾

性ひずみエネルギー W_0 は応力～ひずみ曲線下の面積 (ΔOAH)で与えられる．さて，ひずみを ε (ε_0 を一般化して)に保ったまま図3.24(a)に長さ $2c$ の亀裂を入れると，亀裂が開くことによって発生する空間は，弾性ひずみエネルギーの切り取られた領域と捉えることができる[図3.24(b)]．

そこで，この空間の大きさを，概略，亀裂を囲む円形領域(直径 $2c$ の円)と仮定すれば，この部分の弾性ひずみエネルギー W_E は簡単に式(3-6)で与えられる．ここで，E は弾性率．

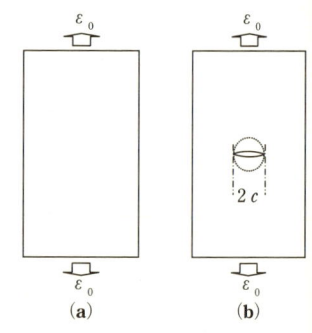

図3.24 伸長下でクラックのない時 (a)とある時(b)の模式図

$$W_E = \frac{\sigma\varepsilon}{2}\pi c^2 = \frac{\sigma^2}{2E}\pi c^2 = \frac{\sigma^2 \pi c^2}{2E} \tag{3-6}$$

ただし，詳細な解析[18)]によると，$W_E = \sigma^2\pi c^2/E$ となる．つまり，この試験片に亀裂がなかった時，系内に貯えられた弾性ひずみエネルギー W のうち，亀裂を入れることにより $W_E (= \sigma^2\pi c^2/E)$ が失われた(解放された)ことを意味している[図3.25(b)]．

一方，亀裂の導入により2つの表面が形成されるので，長さ $2c$ の亀裂が生み出す2つの面の表面エネルギーが新たに生み出される．そこで，単位面積当りの表面エネルギーを γ とすれば，亀裂発生による表面エネルギーの増大は $W_\gamma = 4c\gamma$ で与えられる．この様子を模式的に示したのが図3.26の一点鎖線(W_E)と点線(W_γ)である．なお，弾性ひずみエネルギーの変化は，系から解放されるエネルギーなので，W_E にマイナスを付けて表す．

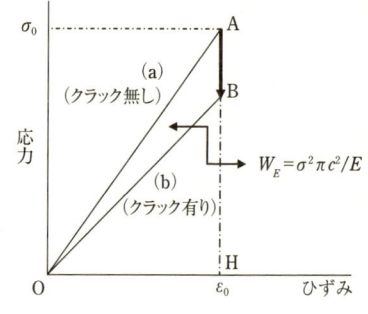

図3.25 図3.24に対応する応力～ひずみ関係の模式図

Griffith は，"亀裂が成長する条件は亀裂の微小増加に伴う系全体の自由エネルギー変化 ($\partial W/\partial c$)が負になる"ことと考えた．すなわち，自然の法則として，自由エネルギー変化が負になるような変化は自発的に進行すると考えれば，破壊の条件として式(3-7)が成

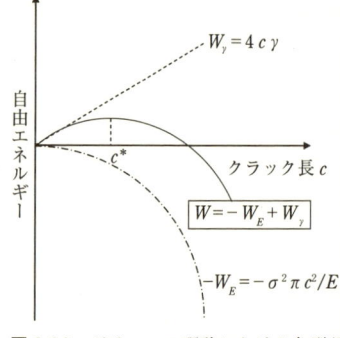

図3.26 グリフィス理論における亀裂長と自由エネルギー変化の模式図

り立つ.

$$\frac{\partial W}{\partial c} = \frac{\partial(-W_E + W_\gamma)}{\partial c} \leq 0 \qquad (3\text{-}7)$$

$\partial W/\partial c = 0$ は図 3.26 における $W(=-W_E+W_\gamma)$ の描く実線の頂点(平衡点)に当たるので, この頂点に対応する臨界亀裂長を c^* とし, c^* を Griffith クラック長と呼ぶ.

図 3.26 を見ると, 亀裂長さが c^* より小さい時, 亀裂成長は系の自由エネルギー W の増加をもたらすので, 破壊は進行しない. 一方, 亀裂長が c^* より大きくなると W は低下し, 破壊は自発的に進行する. したがって, 亀裂が安定して存在できる臨界条件 $[\partial(-W_E+W_\gamma)/\partial c=0]$ は, 式(3-8)で与えられる.

$$\sigma_c = \sqrt{\frac{2E\gamma}{\pi c}} \qquad (3\text{-}8)$$

こうして, 式(3-8)によって初めて強度 σ_c が材料特性(E, γ)と直接結び付いたことになる. また, 線形材料であれば, いったん破壊が始まると, その破壊は無限大の速度で進行すると捉えるので, $\sigma_c = \sigma_b$ となる.

当然, 平衡点での臨界亀裂長 c^* は式(3-8)によって $c^* = 2E\gamma/(\pi\sigma c^2)$ となり, γ の大きい材料ほど c^* が大きくなる. ただし, 理想的な線形材料でない限り, γ は理論的な表面エネルギー値に対応しない. 実験的に求められる実際の材料の γ 値には, 大なり小なり非線形性(例えば, 塑性変形エネルギー, ヒステリシスエネルギー等)が含まれており, 理論値よりもかなり大きい値になる.

こうして, $-\partial W_E/\partial c(=-2\sigma^2\pi c/E)$ は破壊を成長させる推進力であり, $\partial W_\gamma/\partial c(=4\gamma)$ は破壊を止める抵抗力となる. $\partial W_E/\partial c$ は, σ や c 等の破壊条件に支配される関数であり, σ の2乗と c の1乗に比例するというのは, K が σ と $c^{1/2}$ に比例するのと似ている. 一方, $\partial W_\gamma/\partial c$ は材料固有の値(線形材料では理論的表面エネルギー)である.

このような見方に立てば, $-\partial W_E/\partial c$ は, 破壊推進力として系内から解放されるひずみエネルギーの量を表す最も重要な指標となる. そこで, 破壊力学では $-\partial W_E/\partial c$ を「ひずみエネルギー解放率」と呼び, Griffith の名前に因んで $G=-\partial W_E/\partial c$ で表す. G の単位は J/m^2 であるが, N/m とも表すことができるので, G を単位長さ当りの亀裂を拡大するのに必要な力と考えて, 「亀裂拡大力」と呼ぶこともある.

一方, G がある臨界値 G_c に達した時に破壊が起こると定義すれば, G_c は K_c と同様に亀裂成長に抵抗する力であり, G_c を「亀裂進展抵抗力」と呼ぶこともある. 当然, G や G_c は, K や K_c に直接関係付けられ, 例えば, 平面応力(面板に発生する応力)の場合, $G = K^2/E$, $G_c = K_c^2/E$ となる. こうして, G_c もまた破壊靱性と呼ばれる. 破壊

力学では，この G, G_c や K, K_c をいかに求めるかが最重要課題になる．

3.5 ゴムにおける亀裂成長開始の取扱い

3.5.1 ゴムの破壊力学を開いた Rivlin & Thomas 理論

プラスチックを含む一般固体の破壊力学では，Griffith 理論を基礎にして数学的解析手法を取り入れ，線形破壊力学として確立された．また，そこからの拡張としての非線形破壊力学(J 積分)へと展開された．一方，破断時の変形が桁違いに大きい架橋ゴムでは，亀裂先端の形状も鋭い亀裂にはならないので，最初から線形弾性的な応力拡大係数の取扱いが成り立つはずはないという諦めがあり，異なる発展を遂げざるを得なかった．

Rivlin & Thomas[19]は，架橋ゴムの引裂き破壊に関して，架橋ゴムに新しい破面(表面)を形成するのに必要なエネルギーとして次の式(3-9)を定義し，T を引裂きエネルギーと名付けた．

$$T = -\left(\frac{\partial W}{\partial A}\right)_l = -\left(\frac{1}{d}\right)\left(\frac{\partial W}{\partial c}\right)_l \tag{3-9}$$

ここで，W は破壊開始時にゴム中に蓄えられたひずみエネルギー，A は亀裂断面積，d は試験片の厚さである．明らかに，ここで定義された T は，Griffith 理論で線形材料に対して求められた表面エネルギー(γ)のことであり，これを非線形性の強いゴム材料に拡張した概念である．したがって，ここで言う引裂きエネルギーは，材料固有の破壊のクライテリオンを意味している．

さてここでぜひ読者に注意していただきたいのは，引裂きエネルギーという定義の曖昧さと混雑についてである．Rivlin & Thomas が "Rupture of Rubber" の第1報 (1953)[19]で最初に定義したのは，正しく上のとおりである．したがって，この考えを線形破壊力学論(およびその後の J 積分)と比較した場合，この T は G_c(または，J_c)に対応する．このことに気付いたのか，Thomas は，第2報[19]では破壊開始の臨界値として次のように定義し直している．

$$T_c = -\left(\frac{\partial W_E}{\partial A}\right)_l = -\left(\frac{1}{d}\right)\left(\frac{\partial W_E}{\partial c}\right)_l \tag{3-10}$$

ここまでなら問題はなく，例えば，後ほど登場する E.H.Andrews や A.N.Gent らはこの定義に従って論を展開している．

ところが，これ以降に迷走が始まった感がある．Thomas やその共同研究者の Greensmith[20]は，第3報以降では表示としては再び T_c を T に戻し，おまけに T を入

力条件としてのひずみエネルギー解放率に拡大してしまった．そして現在では，Thomas をはじめ多くの研究者が，引裂きエネルギー≡ひずみエネルギー解放率としている場合が多い．これでは逆の意味を持つ物理量を同一の名称と記号で表示することになり，絶対に避けなければならない．

したがって，本書では T の代わりに G を用い，改めて次のように定義したい．ゴムにおけるひずみエネルギー解放率 G を，

$$G = -\left(\frac{\partial W}{\partial A}\right)_l \tag{3-11}$$

と定義し，G が臨界値 G_c を超えた時破壊が開始するとして，G_c をゴムにおける引裂きエネルギーと呼ぶ．当然，G_c はゴム材料に2つの破壊表面を作り出すのに必要な破壊エネルギー(破壊靱性)である．したがって，本書では，筆者の責任において，引用する原報文に書かれている記号を，その意味するところを汲んで G や G_c に書き直していることを読者にはあらかじめご承知いただきたい．

さて元に戻り，G や G_c は亀裂長を変化させた時の応力～ひずみ曲線から得られるひずみエネルギー W の微分量 $\partial W/\partial c$ として求める必要があるが，Rivlin & Thomas は，次のような簡易法を提案した．例えば，短冊状で側面に長さ c の小さなノッチを持つ試験片[図 3.27[19](a)]を伸長する場合，G は式(3-12)で与えられる．

$$G = 2kcW \tag{3-12}$$

ここで，k は伸張比の関数として与えられる数値定数である．

一方，図 3.27(b)のような純せん断型試験片の場合，未伸張時のグリップ間距離を l_0 とすれば，G は式(3-13)で与えられる．

$$G = l_0 W \tag{3-13}$$

さらに，ズボン型引裂き試験片[図 3.27(c)]では，試験片の幅を b，厚さを t とすれば，G は式(3-14)となる．ここで，W はズボンの足部に蓄えられたひずみエネルギーである．

$$G = \frac{2F\lambda}{t} - bW \tag{3-14}$$

ただし，幅 b を十分大きくすれば，同じ力 F に対して足の伸びは限りなく小さくなるので($\lambda \to 1$, $W \to 0$)，式(3-14)は式(3-15)で近似できる．

$$G \simeq \frac{2F}{t} \tag{3-15}$$

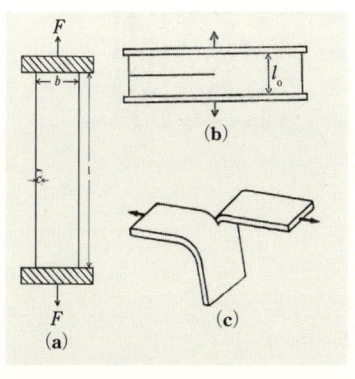

図 3.27 ひずみエネルギー解放率 G を求める引裂き試験片形状 [19]．(a)引張り型，(b)純せん断型，(c)ズボン型

これらの簡易式(3-13), (3-15)を見ると, 読者は不思議な感じを持たれるかもしれない. なるほど式(3-12)には亀裂長 c と入力エネルギー W が等価の意味で含まれており, 破壊力学における入力条件として理解できる. ところが式(3-13), (3-15)には亀裂長 c が入っていない. これは用いた試験片の特殊性による. 例えば, 純せん断型試験片[図2.27(b)]では, 長いノッチ先端部より後方部(図の左側)は応力0であり, 前方部は常に純せん断状態(引張り方向に単純伸長状態)なので, その応力値はノッチの長さに関係なく, 応力 σ (つまり, エネルギー密度 W)で決まる. また, 図2.27(c)の幅 b が十分広いズボン型試験片では, 引張り力 F は亀裂先端にのみ働き(足の部分は変形しない), 直接, 亀裂を進展させる力になるので, ノッチ長に関係ない式(3-15)で与えられる.

さて, これらの各種試験片で得られた, 架橋SBRにおける G_c の速度依存性を示したのが図3.28[21]である. 試験片の形状によらず, ほぼ同一の G_c 値が得られている. こうして引裂きエネルギー G_c は, 試験片形状に関係なく, そのゴム材料に固有の破壊抵抗力(破壊靱性値)とみなされるようになった.

ところで, 実験上, 亀裂の成長開始をどのように検知するかという点に関して, 一般には次の方法が有効である. 例えば, 図3.27(a)の試験片の場合, まずノッチ部を若干開いた状態でその上下面に墨(またはインク)を塗る. この試験片を伸長し, ある伸長比で亀裂成長が始まると, 墨面の底が割れて新しい面が現れる. この様子を顕微鏡かカセトメータで観察し, 新面が現れた時を亀裂成長開始と捉え, その時の応力やひずみエネルギーから引裂きエネルギー G_c を求めればよい.

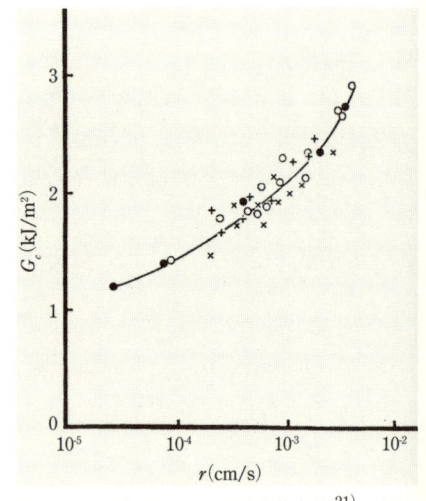

図3.28 架橋SBRの G_c の速度依存性[21]. ズボン型(×), 純せん断型(+), その他(○, ●)

3.5.2 ゴムの引裂きエネルギーの実測値

図3.29[20]は, 架橋SBRの引裂きエネルギー G_c の温度, 速度依存性(一点鎖線)を3次元の図に表したものである. G_c 値は, 低温または高速になるほど高くなっており, 低温, 高速下での G_c 値は, 高温低速下での値に対して2桁以上も高くなっている.

これは，ゴム状高分子のような粘弾性体の T_c 値が，粘弾性効果（エネルギー散逸の温度，速度依存性）に強く支配されていることを示している．

図3.29には，FTカーボンブラック(30phr)充填SBRにおける，G_c の温度，速度依存性（実線）もプロットされている．SBRに比べると全体的に G_c 値が嵩上げされているが，特定の温度，速度領域でその効果がさらに強く現れることを示している．これがカーボンブラック充填効果であり，一般の高補強性カーボンブラック充填ではその効果はもっと顕著になる．

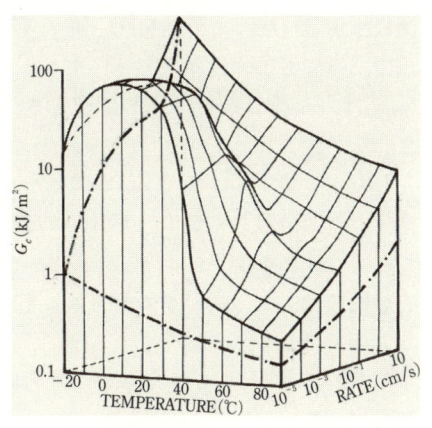

図3.29 SBRの引裂きエネルギーの温度，速度依存性[20]．非充填系（一点鎖線），カーボンブラック充填系（実線）

3.6 ゴム破壊を支配するヒステリシスエネルギーロス

3.6.1 エネルギーロスのない理想ゴムの引裂きエネルギー

ゴムにおける引き裂きエネルギー G_c は，非常に温度，速度依存性が大きいことを図3.29は示している．すべての高分子材料が粘弾性効果に大きく左右されるということは，変形時の分子鎖の滑りに伴う摩擦効果と摩擦熱の発散（発熱）によると考えてよいが，それにしてもゴム材料の G_c の温度，速度依存性は異常に大きい．したがって，ゴム破壊の本質を捉えるには，この点の解明が極めて重要であることがわかる．

ところでLake & Lindley[22]は，繰返し変形を与えた時，亀裂進展が起こる最小の G_c 値（それ以下では亀裂が成長しない）として約 $50\,\mathrm{J/m^2}$ を得た．また，膨潤ウレタンゴム[23]を，ほとんど平衡条件に近い高温，低速度下で測定して得られた値も約 $50\,\mathrm{J/m^2}$ であり，種々の架橋度を持つBR[24]での測定値も $40\sim80\,\mathrm{J/m^2}$ である．このような実測 G_c の最小値に対する理論的な解を与えたのがLake & Thomas[25]であり，粘弾性効果が働かない時に架橋ゴムは最小の G_c 値をとると考えた．

彼らは，架橋ゴムをエントロピー弾性鎖とした時，架橋網目で1つのC-C結合が破断するには，その架橋点間の他のすべてのC-C結合も破断点近くまで伸長していることが必要と仮定した．こうして得られた理論値 G_0 は約 $20\,\mathrm{J/m^2}$ となり，G_c の実

測最小値 50 J/m² にかなり近い値である．たぶん，この差は，実測ではどのような方法であっても粘弾性効果を 0 にすることはできないからだと思われる．いずれにしろ，G_0 値は，架橋ゴムで一般的に測定される G_c 値 $10^3 \sim 10^4$ J/m² に比べるとはるかに小さい．

したがって，もし G_c と G_0 の関係を式(3-16)の形で表現できれば，係数Φは，温度 T，速度 v の関数として数 10〜数 100 の値になる．

$$G_c = \Phi G_0 \tag{3-16}$$

一般的には，この高いΦの値を単に粘弾性効果として片付けているが，それほど単純な問題ではない．なぜなら，粘弾性効果は，弾性効果を示す貯蔵弾性率 G' に対して損失弾性率 G'' として与えられ，両者の比が $\tan\delta\,(=G''/G')$ である．室温における架橋ゴムの $\tan\delta$ は，充填材の有無にかかわらず 1 以下の値であり，ガラス転位温度付近でも高々 3 程度の値である．したがって，ゴム破壊における粘弾性効果とは，単に粘性が弾性を修飾する働きとは全く異なった，何か独自のメカニズムとして作動していることを示唆している．

3.6.2　エネルギーロスの役割を理論化した Andrews 理論

ところで，Griffith 理論や線形破壊力学はもとより，Rivlin & Thomas 理論や J 積分においても，材料の応力〜ひずみ関係にヒステリシスロスは含まれない．つまり，応力が決まればひずみは一義的に決まる（またはその逆）と仮定している．しかし，現実のすべての材料は，大なり小なり加荷(loading)時と除荷(unloading)時では応力〜ひずみ関係が異なり，いわゆるヒステリシスループを描く（図 2.4 参照）．

すなわち，変形が増大する条件では，応力は加荷曲線に従って増大するが，変形を戻す場合，応力は加荷曲線より低い除荷曲線に従って低下する．こうして描かれる両曲線の差が，変形によって蓄積されたエネルギーの一部が熱に変換され，系外に散逸（消費）されるエネルギーとみなされている．一般には，我々の持っているヒステリシスループの概念はここまでである．ところが，"外的には加荷であろうと一定負荷であろうと，亀裂が進展する時には，亀裂近傍では常に加荷の状態の箇所と除荷の状態の箇所が出現する"ということが，Andrews[26,27]によって指摘された．少しややこしいが，考え方が非常に画期的であり，ゴム破壊の特殊性を理解するうえで極めて重要な提言なので，読者には我慢して読んでいただきたい．

いま，亀裂近傍の応力場を見ると，例えば図 3.30[27]に見られるように，亀裂先端を最大応力（頂点）とする応力分布（図 3.30 では応力分布がひずみエネルギー密度分布に換算されている）が発生するが，この時，"極大応力の尾根（図中の点線）"が現れる．つ

3.6 ゴム破壊を支配するヒステリシスエネルギーロス   61

まり，図の横方向(亀裂進展方向)で見ると，この応力の尾根を境にして亀裂先端の前方(図中の右側)でも後方(左側)でも，尾根から離れるにつれ応力が低下する．

このことを模式的に表したものが図3.31であり，亀裂先端を通る応力の尾根 M_1 と，M_1 が亀裂先端から微小距離 Δy だけ Y 軸方向に移動(亀裂進展)した時の尾根 M_2 が表示されている．一方，図3.31における曲線 M_1 上の任意の位置をbとし，bより右側の点(尾根より前方)をc，左側の点(尾根より後方)をaとした時，a, b, c点における応力の大きさを，模式的に表したものが図3.32の曲線 M_1 上の a, b, c である．

そこで図3.32において，亀裂が Y 軸方向に Δy だけ進展し，極大応力の尾根が M_1 から M_2 に移動したとすると，c点の応力は尾根が近付くために増加し，一方a, b点の応力は尾根が遠ざかることによって a', b' へと低下する．つまり，亀裂の先端の応力場(図3.31)は，極大応力の尾根(M_1)を境にしてその前方が加荷場，その後方(図中ハッチング部)が除荷場に分割される．当然，亀裂が微小量だけ進展する時，加荷場にある全要素の応力〜ひずみ関係は前出の図2.4の加荷曲線に従い，除荷場にある全要素は除荷曲線に従う．このように，"Andrews 理論[26,27]では，亀裂を取り囲む応力場を加荷場と除荷場に分け，その両方の場におけるひずみエネルギー解放量を分離して捉える"ところに本質がある．

さて材料が弾性体(ヒステリシスなし)の場合，応力〜ひずみ関係における加荷曲線と除荷曲線は同一なので，応力場が加荷場と除荷場に分割されていても異なった応力〜ひずみ曲線を用いる必要がない．その結果，亀裂を含む系全体に蓄えられるひずみエネルギーは，加荷曲線が持つ高いひずみエネルギー状態にあるため，亀裂進展に伴

図 3.30 亀裂先端におけるひずみエネルギー密度分布図[27]．点線は応力の尾根

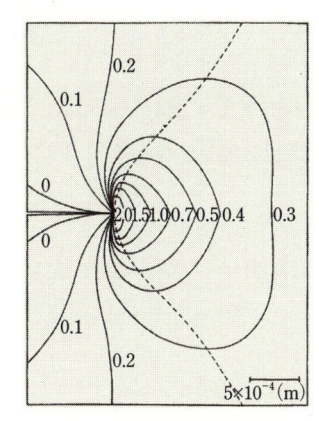

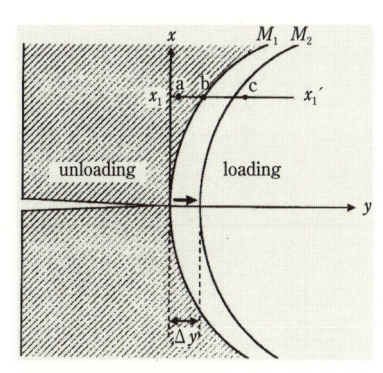

図 3.31 図 3.30 の模式図．M_1, M_2 は応力の尾根を表す

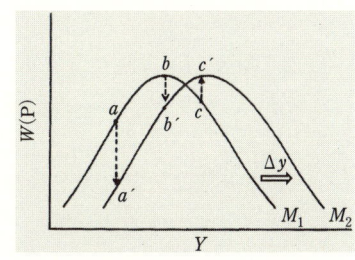

図 3.32 図 3.31 に対応するひずみエネルギーの変化

うひずみエネルギーの解放量も大きい.

一方,粘弾性体の場合,除荷場ではヒステリシスエネルギーの分だけ応力〜ひずみ曲線が低い(蓄積されるひずみエネルギーも低い)ので,亀裂進展に伴うひずみエネルギーの解放量も小さい.このため加荷場と除荷場の合計のひずみエネルギー解放量は,(すべての要素が加荷曲線に従う)弾性体に比べて低くなる.このことを模式的に示したのが図3.33であり,外部からは加荷曲線に従う亀裂推進力($G = -dW/dc$)を加えたとしても,粘弾性体に発生する有効な亀裂進展力($G^* = -dW^*/dc$)はそれよりかなり小さくなることを意味している.

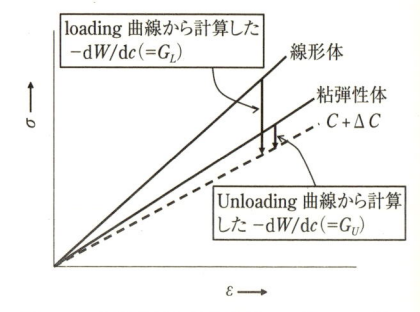

図3.33 加荷曲線と除荷曲線から求めたひずみエネルギー解放率の違い

これが,"架橋ゴムのような粘弾性体ではヒステリシスロスの大きさに応じて亀裂成長が遅くなる"理由である.Andrews理論の結論は,例えば,側面にノッチを持つ試験片[図3.27(a)]の場合,式(3-16)におけるΦが,除荷効果を考慮しないで求められた$G_c(1) = k_1(\varepsilon)cW$と,除荷効果を考慮して求められた$G_c(2) = k_2(\varepsilon)cW$の比になることが理論的に導かれる.

$$\Phi = \frac{G_c(1)}{G_c(2)} \equiv \Phi(T, v, \varepsilon) \tag{3-17}$$

こうして,粘弾性ゴムの引裂きエネルギーG_cは式(3-18)で与えられ,

$$G_c = \Phi(T, v, \varepsilon)G_0 \tag{3-18}$$

ロス関数と名付けられた$\Phi(T, v, \varepsilon)$は,温度T,速度v,ひずみεの関数として示された.$\Phi(T, v, \varepsilon)$は,ヒステリシス比hと正相関の関係にあり,hの増大に伴い急激に増大する関数である.この$\Phi(T, v, \varepsilon)$の値がパラメータ(T, v, ε)に応じて数10〜数100になるのである[式(3-16)].

3.6.3 Andrews理論が示唆するゴム破壊の特殊性

これまで,実在架橋ゴムの破壊靭性値G_cが理論値G_0より桁違いに大きくなるのはなぜかということを探ってきたが,もしAndrews理論が正しいなら,ゴムの破壊においては加荷場より除荷場の役割がはるかに大きいことを示唆している.一般的に破壊力学をはじめとする破壊解析では,亀裂進展推進力として加荷場(亀裂先端)のみに着目する.破壊は,加荷場の応力状態(応力集中係数aや応力拡大係数K,ひずみエネルギー解放率G)によって決まると考えるからである.

ところが，ゴム材料ではそのような亀裂進展に対する抵抗性(G_c)が，隣合せの除荷場に支配されるというのは極めて重要なことである．では，ゴムにおいて除荷場の影響が非常に大きいとはどのようなことであろうか．図3.34[27]は側面にノッチを入れ，表面に正方格子を蒸着した試験片を縦方向に伸長した時の格子の変形状態を示す写真である．

亀裂先端は，これまでの一般的概念(亀裂は非常に鋭い)と違い，丸まっているというか，伸び切っていることがわかる．それは，応力集中が金属等のような非常に微小な領域への集中ではなく，かなり広く分散していることを示している．また除荷場が縦方向に長く伸びているのがわかる．つまり，応力の尾根(図中の一点鎖線)が亀裂先端から縦方向(引張り方向)に長く伸び，除荷場が大きく広がっている．

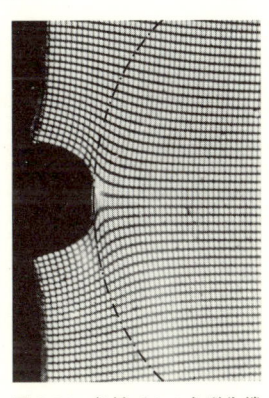

図3.34 架橋ゴムの亀裂先端部の形状[27]．一点鎖線は応力の尾根を示す

破壊は非常に局地的な現象であり，例えば，ガラス等では，ほんの小さな傷があるだけでそこから破壊が起こる．しかし，上に述べたようにゴムの破壊は，亀裂先端の非常に限定された領域で起こる現象というより，その周囲のかなり広い領域を巻き込んだ力学現象と捉えるべきである．このことは，ゴムでは大変形でも体積一定(微小変形ではポアッソン比=0.5)が成り立つということと密接に関係している．ゴム分子鎖の自由な動きは，たとえ局地的な破壊現象であっても，それをできるだけ系全体に拡散して引き受けることを可能にすると考えてよい．

3.7 架橋ゴムのガラス転移点における弾性-粘性転移

多くのゴム製品，例えば，タイヤ，防振ゴム，免震ゴム等が実際に受ける変形速度は10 m/sのオーダである．ところが，市販試験機の引張り速度は最大でも10^{-2} m/sにすぎず，そのような試験機を用いて得られる一般的な破壊データと，実際の製品が受ける変形速度の差($10^3〜10^4$)は常に問題とされてきた．なぜなら，冬季の寒冷地で高速条件になると，粘弾性を有するゴムは多かれ少なかれガラス転移の影響を受けるからである．したがって，これらの物性変化がゴムの破壊にどのような影響を及ぼすかは重要な意味を持っている．

3.7.1 高速度領域で見られる不思議な破壊現象

今から50年以上前，高速条件下でのゴムの破壊現象に興味を持ったGreensmith[20]

は，手製の装置を駆使して，低速から高速に至る幅広い変形速度におけるゴムの引裂き破壊挙動を調べた．図3.35[28]は，ひずみエネルギー解放率Gに対する引裂き速度Rの変化を示した模式図である．一般的には，Gが増加するとRも単調に増加すると思われていたのに，全体が3つの領域に区分されている．

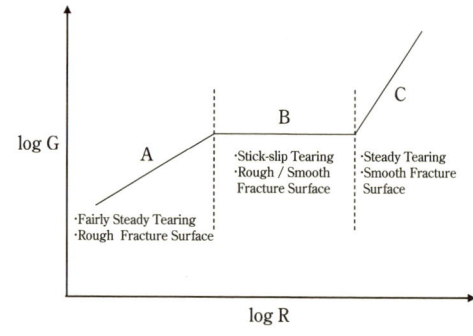

図3.35　ひずみエネルギー解放率Gの引裂き速度R依存性の模式図[28]

Greensmith によると，まずGの小さい領域ⅠではGの増加に伴いRは単調に増加し，その破断面は非常に凹凸が大きい．Gの大きい領域ⅢでもRはGの大きさに従って単調に増加するが，破断面は非常に滑らかである．問題は，領域Ⅰと領域Ⅲの間に平坦領域Ⅱが現れることである．領域Ⅱでは，亀裂成長はスティックスリップ的変動（鋸歯状の応力変動）を伴っており，破断面には凹凸の激しい所と滑らかな所が混在する．当時，この現象は非常に注目され，様々な方面から研究されたが，結局，その本質に迫ることはできなかった．

図3.35は，見方によっては，同じGの値に対して亀裂成長速度が突然増加する速度ジャンプともとれるし，逆に引裂き速度Rが増加してもGが増加しない停留現象ともとれる．その後の研究[28]では，この模式図で表される領域Ⅲはガラス転移温度T_gに密接に関係していることがわかった．高いガラス転移温度（したがって，低いガラス転移速度R_g）を持つゴムほど，領域Ⅲは低R側にシフトする．別の研究[29]では，粘弾性が大きいゴムほど平坦領域Ⅱの現れるG値は高く，また，R軸上の平坦領域の幅は広くなることが指摘された．例えば，良溶媒で膨潤された，または高架橋密の低減衰ゴムでは，領域Ⅱがほとんど消失し，領域Ⅰと領域Ⅲが直接連結されることが指摘された．

3.7.2　架橋ゴムのガラス転移温度付近で起こる弾性-粘性転移

最近，Fukahoriらは，この現象を"架橋ゴムに特有な，ガラス転移温度（またはそれに対応するガラス転移速度）付近で現れる破壊の転移現象"として「弾性-粘性転移」と命名し，初めてその実態を明らかにした．プラスチックでは「脆性 - 延性転移」が知られているが，破壊様式がある温度を境にして脆性破壊（低温）から延性破壊（高温）へ変化する現象を指している．一方，弾性 - 粘性転移は，架橋ゴム特有の現象であり，

3.7 架橋ゴムのガラス転移点における弾性-粘性転移

ゴム弾性体が粘性体に変わるガラス転移点近傍で起こる破壊の転移現象である.

この現象を解明するため，重量物が自然落下する時の加速度効果を利用する落垂試験機を作製し，試験片破壊時の力～時間曲線から，亀裂開始時の G の変化速度 $\dot{G}$ とその時のひずみエネルギー解放率 G_{tip} を直接求め，これらの値を実際の亀裂先端におけるひずみエネルギー解放率と亀裂成長速度とみなした(図3.36[30]). なぜなら，従来の $G\sim R$ の測定値は，破壊時の平均的なひずみエネルギー解放率と平均的な破壊速度であるため，実際の亀裂先端における亀裂成長条件を表しているとは限らないからである. また，$\dot{G}$ は直接には速度を表していないが速度と密接に関係しており，亀裂成長速度変化を正確に知るために最も適したパラメータといえる.

図 3.37[30] は非充塡架橋 SBR (SBR-0) と HAF カーボン (50phr) 充塡 SBR(SBR50)で，架橋密度の低い系(S1)と，架橋密度の高い系(S3)の組み合わさった4種類の配合ゴムについて，G_{tip} と亀裂成長速度 $\dot{G}$ の関係を示す. 図3.35に対応する3つの領域Ⅰ, Ⅱ, Ⅲ が見られる. カーボンブラック充塡によるエネルギーロスの増大により，領域 Ⅰ, Ⅱ の G 値が増大し，同時に平坦領域Ⅱの幅が増加する. 図3.38[30] は NR 系に関するもので，

図 3.36 亀裂先端におけるひずみエネルギー解放率と亀裂成長速度 $\dot{G}$ の求め方[30]

図 3.37 亀裂先端におけるひずみエネルギー解放率の亀裂成長速度依存性(SBR)[30]

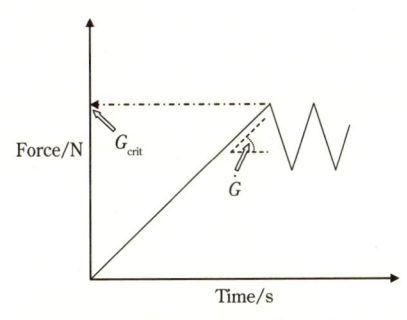

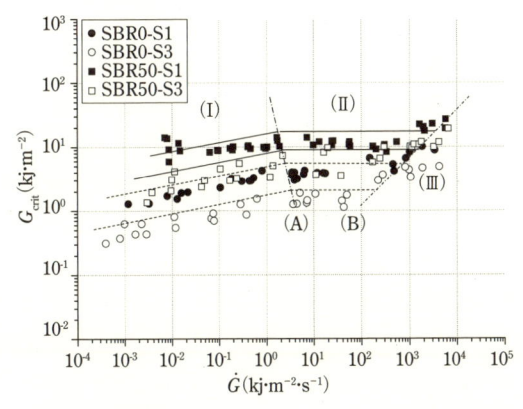

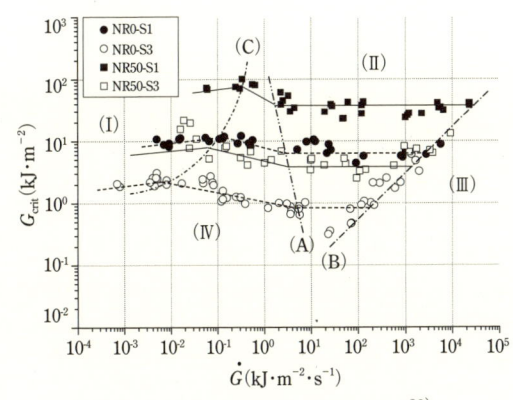

図 3.38 図 3.37 と同様. ただし NR 系[30]

SBR 系と同一の傾向を示している．ただし，SBR 系と違って NR 系では，伸長結晶化の影響を示す領域Ⅳが新たに現れ，低速度領域Ⅰの G を嵩上げする効果を果たしている．

3.7.3 深堀の弾性 – 粘性転移図

そこで Fukahori ら[31] は，これらを総合して図 3.39[31] に示すような「弾性-粘性転移図」を提出した．架橋されたゴム（ここでは伸長結晶化の効果は除外している）では，ガラス転移温度 T_g （または，対応するガラス転移速度 R_g）付近でそのゴムの粘弾性特性に応じて 3 つの領域が出現する．なお，ここでは亀裂先端におけるひずみエネルギー解放率は G_{tip}，亀裂成長速度は $\dot{G}$ に代えて R_{tip} に統一されている．R_g より亀裂成長速度のはるかに遅い弾性域（Ⅰ）では破壊様式は弾性的応答を示し，G 増加に対する R 増加は大きい．R_g より亀裂成長速度のはるかに速い粘性域（Ⅲ）では破壊も粘性的に起こり，G 増加に対する R 増加は小さい．

弾性域（Ⅰ）から粘性域（Ⅲ）に移る時，その材料の粘弾性特性に応じて弾性-粘性転移域（Ⅱ）が出現する．弾性-粘性転移域（Ⅱ）の挙動は，ガラス転移温度付近の粘弾性効果に敏感に反応する．カーボンブラック充填ゴム等の高粘弾性体の場合（図 2.7 参照），弾性-粘性転移域の幅が広がり，G 値も高い．このことが図 3.39 のライン（c）に反映されている．一方，高架橋密度や膨潤等によって低粘弾性化したゴムでは，ライン（a）のように転移域の G 値が低下し，転移域の幅も非常に狭くなる．

図 3.39 に示された弾性 – 粘性転移図で特徴的なことは，弾性域や粘性域では入力 G に対して亀裂成長速度 R は安定，単調に増加するのに対し，転移域では亀裂成長が不安定なスティックスリップ的変動を起こすことである．図 3.40[31] は，各種 SBR 系において，亀裂進展に伴う応力変動を 3 つの領域に分けて記録したものである．弾性域（Ⅰ）でも鋸刃状の応力変動が見られるが，その周期は数 100 ～ 1,000 秒のオーダであり，一般の測定ではこのような長周期は測定されない．粘性域（Ⅲ）では周期的変動は起こらない．転移域（Ⅱ）では明らかな応力の周期的（スティックスリップ的）変動が見られ，その周期は約 0.2 秒（4 ～ 5 Hz）である．つまり，転移域に入ると，系が不安定になり，応力が周期的に変動することを示している．

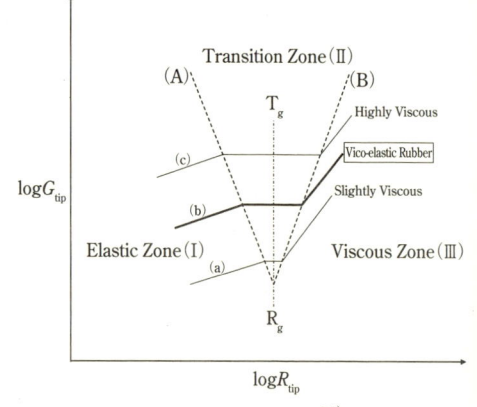

図 3.39　架橋ゴムの弾性-粘性転移図[31]

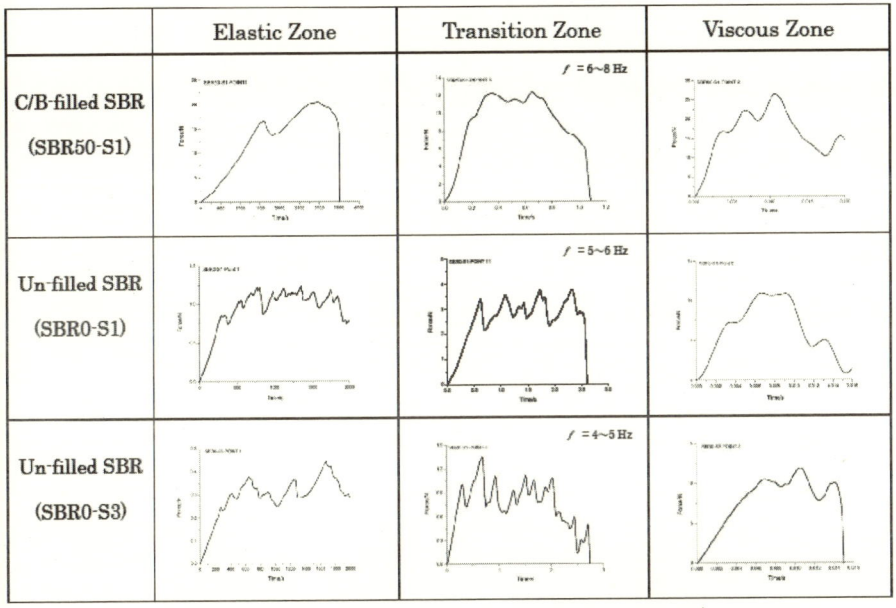

3.7 架橋ゴムのガラス転移点における弾性-粘性転移　　67

	Elastic Zone	Transition Zone	Viscous Zone
C/B-filled SBR (SBR50-S1)		$f=6\sim8\,Hz$	
Un-filled SBR (SBR0-S1)		$f=5\sim6\,Hz$	
Un-filled SBR (SBR0-S3)		$f=4\sim5\,Hz$	

図3.40　SBRの亀裂進展に伴って3つの領域で発生する振動[31]

当然，これらの挙動は破壊様式の変化としても現れる．図3.41[31]は，高架橋密度のSBR0-S3のSEM写真である．弾性的，脆性的な破壊様式を伴う弾性域（Ⅰ）の破断面は凹凸の激しい脆性破断面であるが，粘性的，延性的な破壊様式である粘性域（Ⅲ）の破断面は滑らかな延性的破断面である．弾性-粘性転移域（Ⅱ）では，両者の混合した破断面を呈する．いずれにせよ，実際のゴム製品の受ける高速度変形域ではこのような破壊

Material	Zone	Fracture Surface
SBR0-S3	Elastic	
	Transition	
	Viscous	500μm

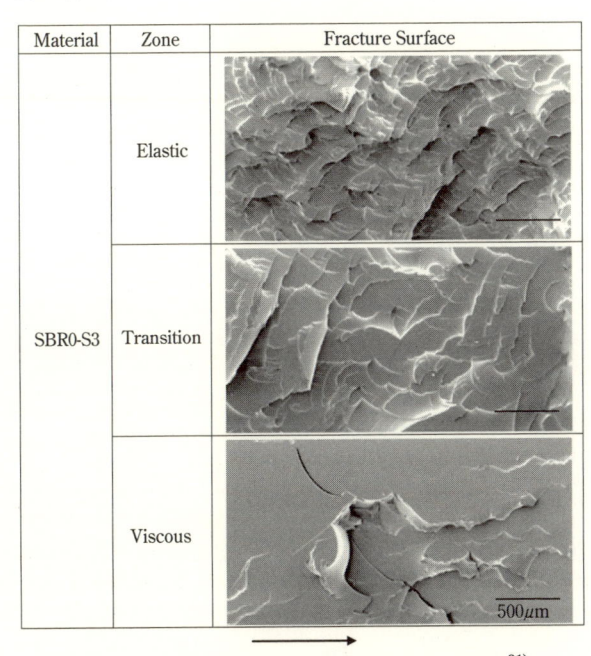

図3.41　非充填SBRの3つの領域に見られる破断面[31]

の転移現象が起こるため，温度変化，速度変化に非常に敏感になる．このことは，性能変化に加え，安全性確保の点からも注意を要する点である．また，転移領域で発生するスティックスリップ振動は，タイヤ走行時の摩擦係数や摩耗にも影響する可能性がある．

参考文献

1) A.N. Gent and P.B. Lindley：*Proc. Roy. Soc.* A., 249, 195, 1958.
2) K.H. Meyer and H. Mark：Der Aufbau der Hoch Pal. Ohg. Naturstoffe, 153, 1935.
3) J.H. de Boer：*Trans. Farad. Soc.*, Polymer and Condensation, 10, 1935.
4) F.T. Peirce：*J. Text. Inst.*, 17, T355, 1926.
5) J.N. Goodier and F.A. Field：Fracture of Solid, p.103, Inter. Pub., 1963.
6) Y. Fukahori：*Polymer*, 51, 1621, 2010.
7) W. Weibull：*J. appl. Mech.*, 18, 293, 1951.
8) K. Fukumori & T. Kurauchi：*J. Mater. Sci.*, 19, 2501, 1984.
9) J.-B. Le Cam, et al.：E.C.C.M.R.(Ⅳ), p.115, 2005. ; *Macromolecules*, 37, 5011, 2004.
10) S. Cantournet, et al.：Constitutive Model for Rubber Ⅳ, p.599, 2005.
11) 深堀美英：設計のための高分子の力学, p.356, 技報堂出版, 2000. ; Y. Fukahori: *Rubber Chem. Technol.*, 80, 777, 2007. ; ゴムの弱さと強さの謎解き物語, p.161, ポスティコーポレーション, 2011.
12) A.N. Gent & ByoungkyeuJpark：*J. Mater. Sci.*, 19, 1949, 1984.
13) W.M. Hess, F. Lyon and K.A. Burgess：*Kaut. Gummi Kunst.*, 20(3), 135, 1967.
14) A.N. Gent & D.A. Tompkins：*J. Appl. Phys.*, 40, 2520, 1969.
15) J. Yamabe & S. Nishimura：*Int. J. Hydrogen Energy*, 34, 1977, 2009.
16) H.M. Westergaard：*J. Appl. Mech.*, A, 49, 1939.
17) A.A. Grifith：*Phil. Trans. Roy. Soc.*, London, A221, 163, 1921.
18) C.E. Inglis：*Trans. Instn. Nav. Archit.*, 55, 219, 1913.
19) R.S. Rivlin & A.G. Thomas：*J. Polym. Sci.*, 10, 291, 1953. ; A.G. Thomas：ibid., 18, 177, 1955.
20) H.W. Greensmith & A.G. Thomas：*J. Polym. Sci.*, 18, 189, 1955. ; H.W. Greensmith：ibid., 21, 175, 1956.
21) G.J. Lake and A.G. Thomas：Engineering with rubber, 2nd Ed., Ed. by A.N. Gent, p.99, Hanser, 2001.
22) G.J. Lake & P.B. Lindley：*J. appl. Polym. Sci.*, 9, 1223, 1965.
23) H.K. Muller & W.G. Knauss：*Tran. Soc., Rheol.*, 15, 217, 1971.
24) A. Ahagon & A.N. Gent：*J. Polym. Sci.*, phys. Ed., 13, 1903, 1975.
25) G.J. Lake & A.G. Thomas：*Proc. Roy. Soc.*, 300, 108, 1967.
26) E.H. Andrews：*J. Mater. Sci.*, 9, 887, 1974.
27) E.H. Andrews & Y. Fukahori：*J. Mater. Sci.*, 12, 1307, 1977.
28) A. Kadir & A.G. Thomas：*Rubber Chem. Technol.*, 54, 15, 1981.
29) K. Tsunoda, et al.：*J. Mater. Sci.*, 35, 5187, 2000.
30) K. Sakulkaew：PhD Thesis, Queen Mary, University of London, 2012.
31) Y. Fukahori, K. Sakulkaew and J.J.C. Busfield：*Polymer*, 54, 1905, 2013.

第4章　高分子の疲労現象

4.1　疲労とは何か

4.1.1　疲労とは何か

　疲労とは，ある動作を繰り返すうちに特定の機能が目的とする性能レベルに達しなくなる現象であり，"目が疲れた"，"足が疲れた"等もその類である．ただし，身体の疲れは時間が経てば回復（可逆）するのに対し，力学における疲労は不可逆的に蓄積，増幅される．疲労という現象には，本来，かなり広範囲の物理的変化が含まれる（例えば，クリープ，弾性率変化等）が，金属等の分野では，従来から破壊が最大の関心事となってきたため，静的，動的な荷重や変形によって起こる破断特性の低下を「疲労」または「疲労破壊」と呼び，疲労による最終的な破断を「寿命」と捉えるのが一般的である．

　どのような材料であってもその材料の破断強度や破断伸びより大きい負荷を与えると，1回の変形で破断する．では，破断強度や破断伸びより小さい負荷を与えるとどうなるだろうか．材料力学では，理論的に言えば，それらの負荷をどれほど繰り返し加えても破断は起こらないと考える．破断強度や破断伸びを破壊を起こす厳密な臨界値と考えると，そうならざるを得ない．しかし実際には，臨界値よりはるかに低い負荷であっても，それを繰り返し加えると材料が破断してしまうことを我々は経験的に知っている．

　これは，たとえ目に見えなくとも，材料の内部では破断に至るプロセスが着々と進行したことを物語っている．図4.1[1]は，車のギアボックス用ゴムマウント（両端を金属板に固着）の側面にノッチを入れ，繰返し引張りひずみを加えた時のクラックの進展状態を観察したものである．繰返し変形によって破壊は徐々に進み，製品の反対側まで横切ったことを示している．一般的には，破壊は材料内

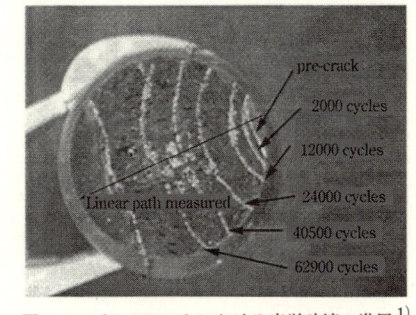

図4.1　ゴムマウントにおける疲労破壊の進展[1]

部で起こるため、その発生も成長も観察することが難しいが、間違いなく同様のプロセスが材料内部で起こっていると考えてよい．

4.1.2 構造設計における安全率の設定

従来，構造部材を設計する場合，材料力学に基づいて許容応力を求め，これに安全率を考慮して形状や材料が選択されてきた．そこには，材料が潜在的な欠陥を持っていて，その欠陥が成長するという概念はなく，破壊は負荷が臨界値に達した時に突然起こるという考え方が基本になっている．ただし安全のために，「安全率」という経験的な値を持ち込み，破壊の不可解な部分をすべてこの数値の中に封じ込めてきた．当然，設計上は，大きな応力集中を引き起こすノッチや穴をできるだけ作らないような努力を行ってきた．

ちなみに，現在でも土木建築の領域のように安全率を5～8にとるものもある．一方，航空機の安全率は1.5程度である．一見，高い安全率を設けたものほど安全性を重視しているという印象を与えるかもしれないが，そうとは限らない．ある種の土木建築では破壊は主要課題になっていないため，とりあえず大きな安全率を設けておこうとするのである．言うまでもなく，航空機では安全が最優先課題である．ところが，安全率をこれ以上に厳しくすると，機体が重くなりすぎるなどの様々な問題を引き起こす．そこで，各種の飛行条件に対する構造体の破壊と強度の計算を徹底的に行い，その妥協点として安全率1.5が定められている．それでも，時々悲惨な事故が起こるのは，やはり破壊問題の複雑さであろう．

4.2　S-N曲線の重要性と限界

4.2.1　疲労耐久性の指標となるS-N曲線

どの分野であれ，ある現象の発生と初期の成長過程を正確に追いかけることは至難の業である．そこで，疲労破壊では，破壊進展の途中過程を無視し，破断が起こった時点までの繰返し変形数(N)と，負荷の大きさ(severity)の関係を取り出すことが行われてきた．負荷の大きさを変化させた時の，破断までの繰返し数の変化をプロットしたものを「S-N曲線」と呼び，材料の疲労特性を知る最も直接的な情報になっている．設計者は，S-N曲線があれば，対象となる製品に求められる負荷(応力やひずみ)に対し，その材料が十分な疲労寿命を持つかどうかを即座に判断できるからである．

一方，S-N曲線は，最終結果(破断までの繰返し数)を示すが，破壊がどのように進んだかについては何らの情報も与えない．当然ながら，材料が繰返しの負荷によって

破断したということは、たとえ目には見えなくとも、材料内部ではクラックが発生, 成長し, 系全体を横切った証拠である。したがって、破壊原因の追及はもとより、疲労破壊のメカニズムを知るためには、最終破断情報(S-N曲線)だけでは全く不十分である.

図4.2の$c=a_0$曲線は、応力を変化させた時のS-N曲線の模式図であり, S-N曲線上の各点は、各々の応力条件下でクラックが試験片の幅(a_0)を横切った最終結果(破断)である. 当然, 負荷が破断応力σ_Bの時, $N=1$であり, 応力が小さくなるにつれN値はS-N曲線に沿って増加する. ところで, もし我々が試験片中で成長するクラックの長さCを順次測定することができて(図4.1), C_1, C_2, ……, C_9, $C_{10}(=a_0)$となる時の繰返し数を求めることができるならば, 各応力における同じクラック長C_1, C_2, ……, C_9を連結した途中経過のS-N曲線を得ることができるはずである. 図4.2には, そのような特定クラック長の曲線群も記入されている.

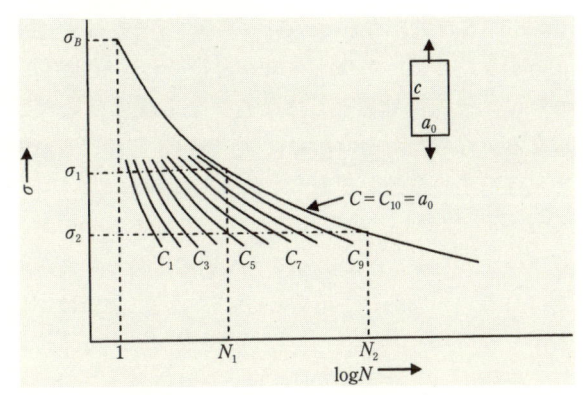

図4.2 S-N曲線($c=a_0$)とクラック成長経過のS-N曲線群($c=c_1 \sim c_9$)の模式図

そこで図4.2のプロットを変換し, 各応力におけるクラック長の増加を繰返し数に対してプロットしたのが図4.3である. 当然, 同じクラック長に達するのに高応力の方が低応力より少ない繰返し数になる. そこで, この曲線に接線を引くと, その勾配(dc/dN)はクラックの進展速度を表す. 負荷が大きいほど接線の勾配も大きくなる. また、クラック長が増加するにつれ応力拡大係数K値が大きくなり(3.4参照), クラック成長速度も大きくなるので, 図4.3の曲線は上に凹の加速型になる.

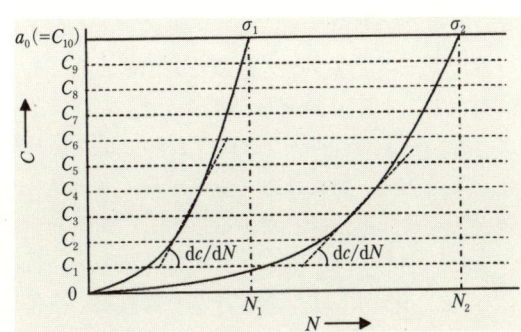

図4.3 応力σ_1, σ_2におけるクラック長cと繰返し数Nの関係の模式図

4.2.2 S-N 曲線から dc/dn〜負荷（σまたはε）曲線へ

いずれにせよ，クラック成長過程における dc/dn 値を N の関数として実験的に求めれば，その積分値として破断に至る繰返し数 N が求まる．もちろんそのためには，図 4.3 における曲線を正確に求める必要がある．こうして負荷 σ_1, σ_2, ……, σ_N に対して得られた N を，対応する σ に対してプロットすることによって S-N 曲線を得ることが可能になる．一般的に，応力 σ やひずみ ε（または，エネルギー W）の関数として得られた dc/dn は式(4-1)の形で表され，係数は実験的に定められる．

$$\frac{dc}{dn} = f(\sigma, \varepsilon, W) = k_1 \sigma^x (\text{または}, k_2 \varepsilon^y, \text{あるいは } k_3 W^z) \quad (4\text{-}1)$$

ここで悩ましいことは，負荷を何にするかによって材料の評価が混乱することである．例えば，図 4.4[2)] は NR に対するカーボンブラック充填効果を dc/dn のひずみ依存性として表したものである．充填量増加によってクラック成長速度が遅くなるのは，ひずみがかなり大きい時（50％以上）であり，それ以下のひずみでは，むしろカーボンブラック充填によってクラック成長速度が大きくなる．当然，この結果は，ゴムのカーボンブラック補強効果を考えると奇異に見える．しかし負荷をひずみで表すなら（そのような負荷条件なら），これはこれで正しい評価である．一方，負荷に応力やひずみエネルギーを選んだ場合，事情は一変する（図 4.11 参照）．

また，注意すべきは，ゴム材料の dc/dn〜負荷（σ, ε, W）曲線は，ある特定の負荷域で交差する点である．図 4.5 は，ほとんど同じ弾性率を持つ 3 種類のゴムにおける dc/dn〜ひずみ関係のプロットである．この図からわかることは，ひずみの大きさが 20％程度以上であれば，NR は BR や SBR に比べてクラック成長速度は小さい．した

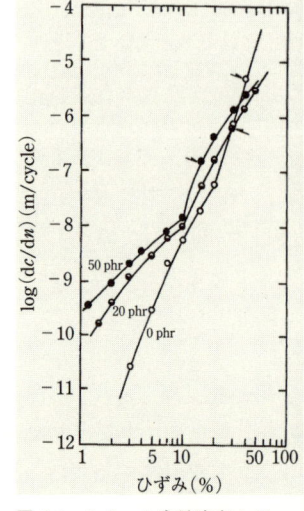

図 4.4　クラック成長速度 dc/dn〜ひずみ ε 関係におけるカーボンブラック充填効果[2)]

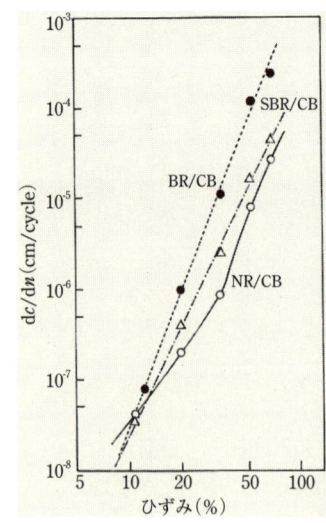

図 4.5　図 4.4 同様．ただし，ゴム種の比較

がって，大変形を求められるゴム製品にはNRを主とする配合物が有効である．一方，10％程度以下の小ひずみの場合，むしろBRのクラック成長速度が小さい．

つまり，どのゴム材料も，相対的に自分の得意とする（クラック成長速度の遅い）負荷領域と，不得意とする（クラック成長速度の速い）負荷領域を持っており，dc/dn〜負荷（σ，ε，W）曲線からその概要がわかる．例えば，摩耗を重視するタイヤトレッドゴムのように微小ひずみで使用される製品では，BRが多く用いられる．このことは，ある負荷範囲で使用される特定製品の材料を選択する時，決め手になる重要な情報でる．

4.2.3 負荷が変動する時の残存寿命の捉え方（マイナー則）

ところで，図4.2で示したS-N曲線は，ある一定の負荷で繰返し変形させた時の破断までの寿命を表している．ところが，多くのゴム製品では，負荷が変動する場合が多い．例えば，タイヤや自動車用防振ゴム等の車部品は，道路条件によって受けるひずみや応力が様々に変化する．免震ゴムも地震の大きさや周期特性によって受けるひずみの大きさが変化する．そうなると，一定負荷の条件で得られたS-N曲線から，変動負荷による寿命をどのように予測するかが問題となる．そのような時，有効な手法とされるものにマイナー則[3]というのがある．

これは，Minerによる「重複被害の経験則」と呼ばれるものであり，"異なった負荷の下で経験した疲労はすべて加算され，全疲労（寿命率）の和が1になると破断が起こる"というものである．いま，負荷σ_1における破断までの回数をN_1とした時，いったんn_1回繰り返して変形を止める（この間にクラックは$C=C_7$まで進展）と，この試験片にはまだ残りの傷長（$a_0 - C_7$）の有する$N_1 - n_1$の寿命が残っている（図4.6）．つまり，$n_1 + (N_1 - n_1) = N_1$なので全体をN_1で割ると，式(4-2)が得られる．

$$\frac{n_1}{N_1} + \frac{N_1 - n_1}{N_1} = 1 \quad (4\text{-}2)$$

これは，n_1/N_1を消費寿命率，$(N_1 - n_1)/N_1$を残存寿命率と呼ぶとすると，両者の和が1（寿命）になることを意味している．

そこで，続いてこの試験片に$\sigma = \sigma_2$で繰返し変形を与えたら，n_2回で破断が起こった（この間にク

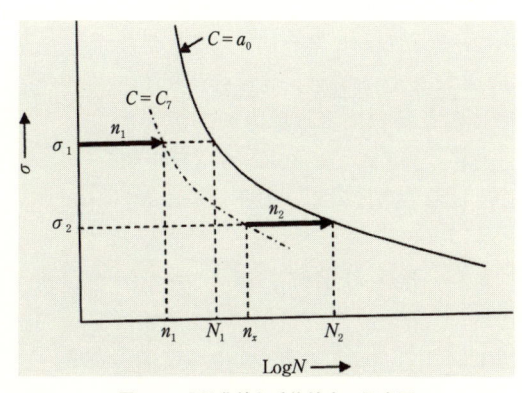

図4.6　S-N曲線と重複被害の概念図

ラックは残りの長さ $a_0 - C_7$ を進展)とすると,

$$\frac{n_1}{N_1} + \frac{n_2}{N_2} = 1 \tag{4-3}$$

となる.これを一般化して, $\sigma = \sigma_1$ で n_1, $\sigma = \sigma_2$ で n_2, $\sigma = \sigma_3$ で n_3, ……として寿命となった場合,次の式(4-4)が成り立つ.これを「マイナー則」と言う.

$$\frac{n_1}{N_1} + \frac{n_2}{N_2} + \frac{n_3}{N_3} + \cdots\cdots = 1 \tag{4-4}$$

マイナー則が成り立つかどうかについては,材料ごとにいろいろな報告例があり,概ね成り立つとの見方が多い.厳密に言えば,異なった応力条件下で得られる残存寿命率を式(4-2)や式(4-3)により予測できるのは, C と N の関係が負荷の大きさにかかわらず一定の関係式(例えば, $C = \sigma N^k$, k は定数)で表される時である.そうでなければ, σ_1 における n_1 回の繰返しによって,傷長が C_7 まで拡大した後の残存傷長 $(a_0 - C_7)$ と,式(4-3)における残存寿命率 n_2/N_2 が同じ意味を持つとは限らないからである.

ゴム材料ではマイナー則が成り立たないという報告の方が多いが,成り立つというもの(牛田&杉浦[4])もある.図4.7[4]は,2種類の応力条件,すなわち,高応力で測定後,低応力に移行するケースと,逆に低応力で測定後,高応力に移行するケースであり,各々連続の疲労試験を行い,破断に至る合計 $(n_1 + n_2)$ の繰返し数(縦軸の実測値)を求めたものである.一方,横軸は,前もって得られたS-N曲線から,式(4-3)に従って n_2 を計算で求めた結果である.このデータは,実測値と計算値が一致することを示している.さらに図4.7は,低負荷→高負荷でも高負荷→低付加でもマイナー値が1になる報告例である.ただし,ヒステリシスロスの大きいゴム材料の場合,高負荷→低付加では応力緩和による応力低下が大きいため,両方のプロセスでマイナー値が1になるのは難しいと推定される.

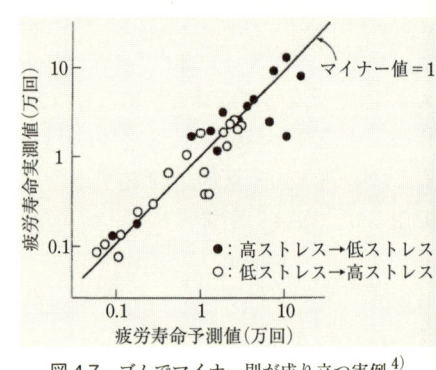

図4.7 ゴムでマイナー則が成り立つ実例[4]

4.3 破壊力学における dc/dn～G 曲線の取扱い

4.3.1 ゴムにおける dc/dn～G 曲線表示

材料力学的取扱いでは,式(4-1)のfを負荷(σ, ε, W)の関数として求めること

4.3 破壊力学における dc/dn〜G 曲線の取扱い

によって，材料のクラック成長速度の負荷依存性(S-N 曲線における寿命の過酷度依存性に対応)を知ることができる．ただし，クラックを持つ材料の，試験片形状や負荷様式の違いによって種々に異なる $f(\sigma, \varepsilon, W)$ 値が得られるため，それらを包括してクラック進展挙動を取り扱うことはやさしいことではない．そこで，破壊力学的取扱いでは，負荷にひずみエネルギー解放率 G (または，応力拡大係数 K)を用い，繰返し変形下での dc/dn を求める研究が盛んである．

ゴムの疲労破壊に関して Lake[5]を中心に詳細な研究が行われた．彼らはノッチを入れた試験片に幅広い変形量の負荷を加える試験を行い，クラックの成長速度 dc/dn とひずみエネルギー解放率 G の間には，試験片の形状によらず式(4-5)の関係があることを見出した．なお，A は定数である．

$$\frac{dc}{dn} = \frac{1}{A} G^\beta \qquad (4-5)$$

図 4.8[5]は，架橋 NR と架橋 SBR の dc/dn〜G 曲線であるが，直線の勾配 β が NR では $\beta=2$，SBR では $\beta=4$ であることを示している．

Lake らの詳しい研究によると，dc/dn〜G 曲線には 4 つの異なる領域のあることがわかっている (図 4.9[5])．① $G \leq G_0$ は，繰返し変形によるクラック成長が起こらない領域であり，G_0 の値としては約 $50\,\mathrm{J/m^2}$ が得られている．ただし，オゾンが作用すると，この領域でもクラック成長が起こる．② $G_0 \leq G \leq G_1$ では，dc/dn は $G-G_0$ に比例する．③ $G_1 \leq G \leq G_2$ では，dc/dn は G^β に比例する．この領域が一般的に研究の対象となっており，式(4-5)の成立する領域である．④ $G \geq G_2$ では，急激（カタストロフィック）な破壊が起こる．図 4.9 では G_0 値が定められているが，これはもし試験片の周囲に特別なオゾンが存在しなければ，G_0 以下の繰返し変形では破壊が成長しないことを示しており，金属等で見られる疲労限界

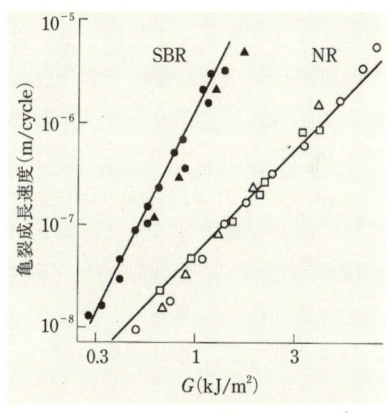

図 4.8　NR と SBR の dc/dn〜G 曲線[5]

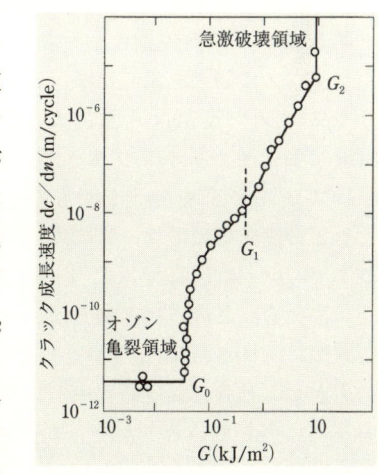

図 4.9　ゴムの dc/dn〜G 曲線における 4 つの基本領域[5]

と同じである.

オゾンが存在すると，ゴム材料では，G_0 以下の領域でもオゾン濃度に依存してクラック成長速度が増大する．図 4.10[5]は，2 種類のオゾン濃度(0.3 pphm，20 pphm)雰囲気中で行われた繰返し変形試験における $dc/dn \sim G$ 曲線である．疲労限界となる G_0 値は両者同じだが，それ以下の G における dc/dn はオゾン濃度が高いほど大きくなる．これはオゾン劣化によってゴム表面に形成される脆い劣化層の影響であり，この劣化層に発生するクラックを起点として破壊が進むことを示している(5.6.2 参照)．一方，図 4.10 では，力学的入力(G)が大きくなってクラック成長が速くなると，ほとんどオゾンの影響は現れない．これは，オゾンクラックの効果が劣化表面の浅い部分にとどまり，その後の主たるクラック成長は，劣化されていないゴム内部で起こることを示していると思われる．

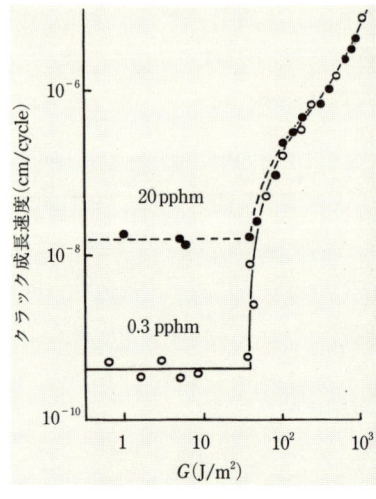

図 4.10 架橋 NR の疲労限界域におけるオゾン濃度の影響[5]

4.3.2 ゴムの $dc/dn \sim G$ 曲線におけるヒステリシスエネルギーロスの役割

第 3 章でゴムの破壊におけるヒステリシスエネルギーロスの効果を論じたが，疲労現象でもヒステリシスロスの役割は非常に大きい．図 4.11[5]は，SBR におけるカーボンブラック充填効果(高ヒステリシスロス付与)を測定したものであるが，少なくともこの測定領域では，常にカーボンブラック充填ゴムの方が未充填ゴムに比べて低い dc/dn 値となっている．この点は，例えば，一定ひずみの繰返し試験における結果(図 4.4)と異なっており，図 4.11 の方がゴム補強におけるカーボンブラック充填効果を正当に表している．ただし本質的には，dc/dn を G の関数として表したからではなく，dc/dn をひずみエネルギー(W)の関数として評価したからである．

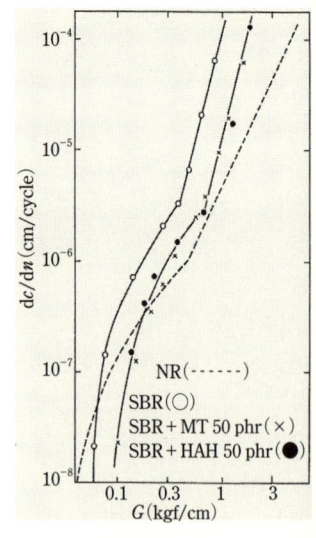

図 4.11 架橋 SBR の $dc/dn \sim G$ 曲線におけるカーボンブラック充填効果[5]

図 4.12[6]は，高ヒステリシスロスの熱可塑性ゴムに対する架橋導入の効果を表している．ゴムにおける架橋密度の増加は，系のヒステリシスロスを大幅に低下させ，クラックの成長速度を増大する効果を持っており，そのことが如実に表れている．一方，架橋がなければ，ゴムの強度はほとんど発現しない．この点が架橋ゴムの破壊を考えるうえで悩ましい問題であり，注意を要する．

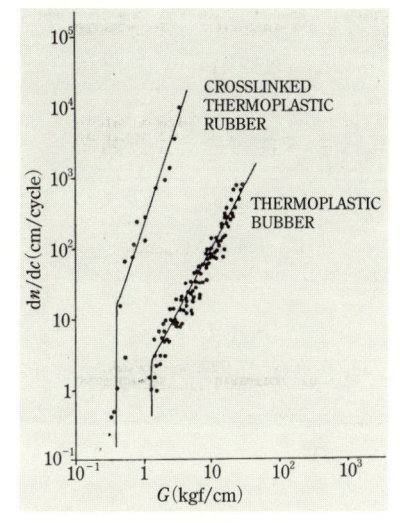

図 4.12　$dc/dn \sim G$ 曲線におけるヒステリシスロスの効果[6]

4.4　S-N 曲線と $dc/dn \sim G$ 曲線をつなぐ理論解析

4.4.1　S-N 曲線と $dc/dn \sim G$ 曲線をつなぐ深堀の理論解析

S-N 曲線は破断に至るメカニズムについては何ら情報を与えないため，$dc/dn \sim G$ 曲線を用いた解析が必要になってくる．ところが，どのゴム材料も固有の $dc/dn \sim G$ 曲線を持っており，異なった材料の $dc/dn \sim G$ 曲線はある負荷値（G 表示であれ，応力やひずみ表示であれ）で交差する．つまり，大変形において得られる結果と小変形における結果はしばしば逆転する．このことは，異なった材料の S-N 曲線も，またある大きさの負荷を境に交差することを意味している．

従来，S-N 曲線と $dc/dn \sim G$ 曲線を結び付ける研究はほとんどなされなかったために，$dc/dn \sim G$ 曲線は重要な破壊研究の対象にはなっても，定量的な材料設計や構造設計に生かされることはほとんどなかった．この点において，筆者の行った理論的取扱い[7]は，両者の相互関係を知るうえで，また S-N 曲線および $dc/dn \sim G$ 曲線の本質を探るためにも役立つと考える．そこで，$dc/dn \sim G$ 曲線の理論解析から導かれる S-N 曲線の全体像表示，およびその時に得られる傷長〜寿命重ね合せ則を含めて少し詳しく説明したい．

クラックの成長速度 dc/dn とひずみエネルギー解放率 G の間には，式(4-5)の関係

第4章 高分子の疲労現象

があることは前に見たとおりである．また，側面に長さ c のノッチを持つ試験片の場合，ひずみエネルギー解放率 G は，式(3-12)で与えられるので，両式から式(4-6)が導かれる．

$$dN = A(2kcW)^{-\beta} dc \tag{4-6}$$

したがって，クラックが Griffith 長 c_0 から破断時の c まで成長するのに要する繰返し数 N は，$c_0 \ll c$ を考慮すると，式(4-6)を積分して式(4-7)で近似できる．

$$N = \frac{A}{(\beta-1)(2kW)^\beta} \cdot \frac{1}{c_0^{(\beta-1)}} \tag{4-7}$$

さらに，実際のゴム材料のひずみエネルギー W は，ガウス鎖理論式(2-1)から導かれる $W = (E/2)(\lambda^2 + 2/\lambda - 3)$ を，疲労破壊で取り扱うひずみの大きさでは適用できる．したがって，式(4-7)は，伸張比 λ の関数として式(4-8)に置き換えられる．なお，E は弾性率，k は伸張比 λ の関数で，$k \fallingdotseq 3/\lambda$ で近似される．

$$N = \frac{A}{(\beta-1)\left\{kE\left(\lambda^2 + \dfrac{2}{\lambda} - 3\right)\right\}^\beta} \cdot \frac{1}{c_0^{(\beta-1)}} \tag{4-8}$$

したがって，両辺の対数表示により，伸張比 $\lambda \sim \log N$ で表示される S-N 曲線の理論式は次の式(4-9)となり，$\log N$ は λ に依存する右辺第1項と λ に依存しない右辺第2項の和として式(4-9)で与えられる．

$$\log N = -\beta\left[\log k + \log\left(\lambda^2 + \frac{2}{\lambda} - 3\right)\right] + [\log A - \log(\beta-1) - (\beta-1)\log c_0 - \beta \log E] \tag{4-9}$$

式(4-9)から $\lambda \sim \log N$ 曲線を求めるには，最初は λ の関数である第1項のみ取り出し，λ に関係しない右辺第2項を無視する(その結果，右辺第1項が $\log N$ となる)．そのようにして描かれる $\lambda \sim -\beta\{\log k + \log[\lambda^2 + (2/\lambda) - 3]\}$ 曲線は，$\lambda \sim \log N$ 曲線の形状を β の関数として表すことになる．この場合，右辺第1項が0となる λ，すなわち $\lambda \fallingdotseq 1.41$ の点ですべての曲線は交わる．この様子を示したのが図 4.13[7] である．

図 4.13 は，S-N 曲線と $dc/$

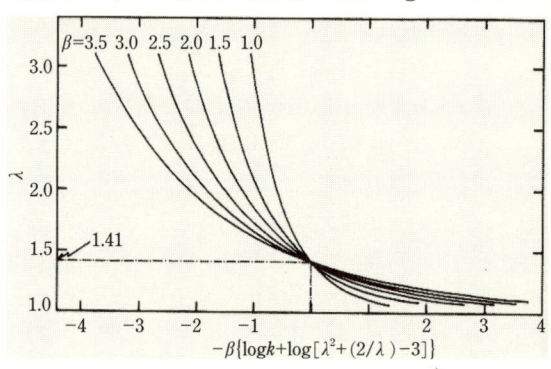

図 4.13　β 値と S-N 曲線の形状の関係[7]

dn〜G 曲線を結び付けるいくつかの重要点を教えてくれる．まず，$\lambda \fallingdotseq 1.41$ の点ですべての曲線は交わるということは，β 値が異なるすべての S-N 曲線は，どの大きさかの λ で必ず交わるということである．ただし，どのような λ 値で交わるかは，式(4-9)の第 2 項に依存する．次に，式(4-5)における β 値が大きくなるほど，S-N 曲線の勾配が小さくなることである．つまり，β 値が大きい材料ほど大変形で短寿命，小変形で長寿命になる傾向がある．図 4.8 における β 値が NR で 2，SBR で 4 ということは，これを S-N 曲線に置き換えると，NR は SBR に比べて大変形で長寿命だが，小変形では逆に短寿命になることを意味する．

一方，図 4.9 で dc/dn〜G 曲線の分割された 4 領域における曲線の勾配を，図 4.14[7] のように G の小さい方から β_1，β_2，β_3，β_4 と置けば，"ゴムの S-N 曲線は β 値に応じて，図 4.15[7] の基本形状を持つ"ことになる．したがって，ゴムの S-N 曲線を詳細に測定すれば，β_2 と β_3 の領域に分割されるとともに，寿命軸にほぼ平行な β_1 領域と β_4 領域が存在するはずである．ゴムにおける疲労限界は，β_1 以下の負荷領域で起こると考えてよい．

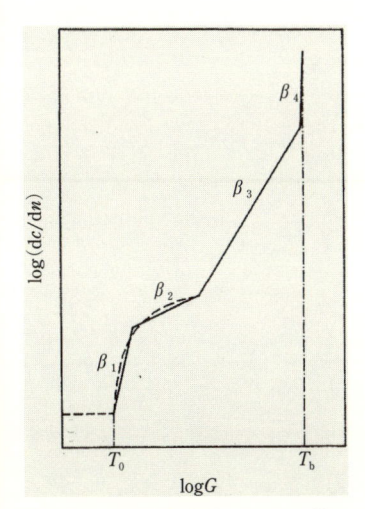

図 4.14 4 つの基本領域における β 値の割振り[7]

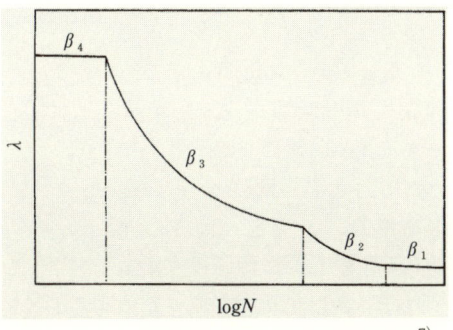

図 4.15 4 つの基本領域における S-N 曲線の形状[7]

4.4.2　S-N 曲線における傷長 - 寿命重ね合せ則

S-N 曲線における寿命の定量値は，式(4-9)における第 1 項と第 2 項の和で与えられるが，S-N 曲線の形状を決める第 1 項は $\lambda \fallingdotseq 1.41$ で log$N$ が 0 になるので，$\lambda = 1.41$

における寿命の絶対値は，そこからのシフト量として第2項で与えられる．ところが，第2項にはβ値とともにA, c_0, Eという物質定数が含まれている．特に，式(4-5)におけるAの物理的意味や各材料におけるA値の違いについて，従来検討されてこなかったために，このままでは寿命の理論値を求めることができない．そこで筆者が行った取扱いは，次の実験である．

図4.16[7]は，架橋NRを用いた1 cm幅の短冊状試験片の側面中央に長さcのノッチを入れた時の，S-N曲線に対するノッチ効果を示している．ノッチを入れないS-N曲線($c = c_0$)に比べ，ノッチ長cのあるS-N曲線は，その長さが大きくなるほど低寿命側へシフトするのがわかる．そこで，ノッチのあるS-N曲線を高寿命（矢印）側へ水平移動させ，ノッチのないS-N曲線に重ね合わせた合成S-N曲線が図4.17[7]である．ノッチ長が大きくなるほど低伸張比における寿命が大幅に短くなるので，短時間の測定によって低伸張比での寿命も容易に求まる．こうして得られた図4.17こそ，高伸張比から低伸張比までをカバーするS-N曲線になる．

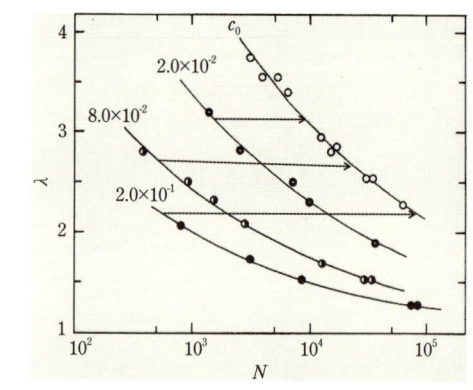

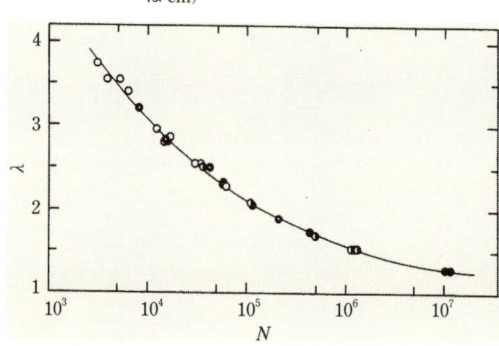

図4.16 架橋NRによるノッチ長の異なるS-N曲線群のノッチなしS-N曲線(c_0)への重合せ（単位はcm）[7]

図4.17 図4.16の重合せによって得られる合成S-N曲線[7]

そこで，ノッチ長がc_0, c_iの時の寿命をN_0, N_iとし，両者の寿命差（寿命軸上のシフト量）をa_iとすれば，式(4-9)の右辺第2項から次の式(4-10)が成り立つ．

$$a_i = \log N_0 - \log N_i = (\beta - 1)(\log c_i - \log c_0) \tag{4-10}$$

図4.18[7]は，a_iと$\log c_i$の関係を架橋NR，カーボンブラック充填NRを含む5種類のゴム材料についてプロットしたものである．両者の間に見られる直線関係の勾配から$\beta (= \beta_3)$が求まり，直線とc_i軸の交点がc_0値を与える．これらの結果をまとめたのが表4.1[7]であり，材料中の潜在欠陥の大きさ（Griffithクラック長）が30～60 μm程度であることがわかる．

一方, これらの物性値とは別途に β と A の関係式(4-11)を実験的に求めた[7].

$$\log A = 5.5\,\beta + 6.5 \qquad (4\text{-}11)$$

これに表 4.1 の物性値を加えて式(4-9)に導入することにより, 理論 S-N 曲線が求まる. 図 4.19[7] は, 架橋 NR における実測値(図 4.17)と理論値の比較で, 若干の不一致はあるが, 概ね両者は一致するとみなしてよいだろう. 以上の結果は, 少なくともゴム材料では, "材料力学における S-N 曲線と破壊力学における dc/dn〜G 曲線が相互変換可能"であることを示している.

ただし, 次の点は間違えやすいのでぜひ注意していただきたい. 破壊力学における式(4-5)は, ある長さのクラックを含む系で, クラックが成長を開始する時の破壊速度を定める. つまり, 式(4-5)中の dc/dn 値は, その後, クラックが成長して破断に至るまでの成長速度の変化(β 値の変化)については何も言及しない. 一方, 式(4-6)から式(4-7)を導く時, β がクラック長 c によらず一定としている. これを受けて, 図 4.18 における直線外挿も β =一定を前提にしている.

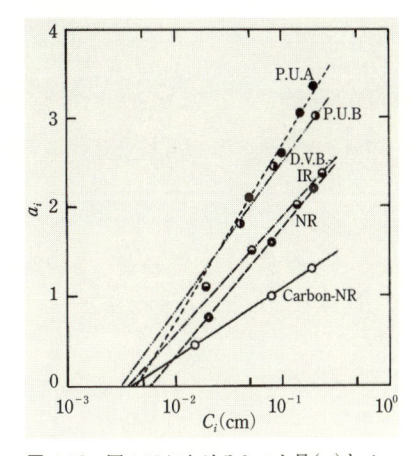

図 4.18 図 4.16 におけるシフト量(a_i)とノッチ長(c_i)の関係[7]

表 4.1 図 4.18 から得られた β 値と c_0 値[7]

	E(MPa)	β	$c_0(\mu m)$
NR 非充填	0.43	2.42	58
カーボンブラック充填 NR	4.1	1.78	50
ポリウレタン A	4.0	3.00	44
ポリウレタン B	5.0	2.64	30
DVD 補強 IR	8.2	2.30	37

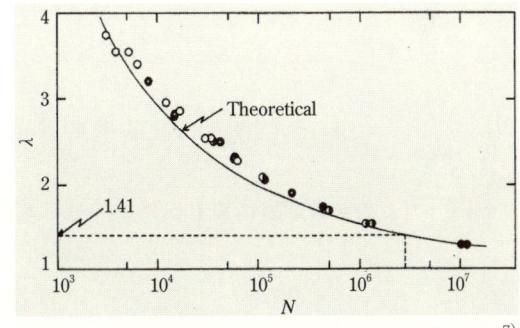

図 4.19 合成 S-N 曲線(図 4.17)と理論 S-N 曲線(実践)の比較[7]

しかしながら, 前述したように, dc/dn〜N 曲線が図 4.3 のような加速型の関係にあるならば, クラック長が大きくなるにつれて β 値も大きくなるはずである. それにもかかわらず, 図 4.19 のような理論 S-N 曲線が導かれるということは, 多分, クラック成長に伴う β 値の増加とそれに伴う A 値の増加[式(4-1)]によって, 式(4-5)がうまくバランスさ

れているのではないかと想像する．したがって，図4.19における理論値と実験値の若干の不一致は式(4-11)の精度に起因するのかもしれない．

4.4.3 傷長‐寿命重ね合せによる低負荷 S-N 曲線の実験的求め方

多くのゴム製品の使用条件である5～20%のひずみ範囲において，ゴム材料の屈曲寿命は10^6～10^8回に及び，1点のデータを得るにも非常に長期間の実験が必要になる．したがって，そのような低負荷における寿命を推定するためには，上に述べた傷長-寿命重ね合せは実験法としても有用である．ただし，この実験では，次の点に留意すべきである．

① データのバラツキを考えると，ノッチ長の異なる S-N 曲線が3本以上必要であり，重ね合わせるための寿命軸も2桁以上が必要である．
② 試験片幅を a，ノッチ長を c とした場合，$c/a \leq 1/10$ が適切である．そうでないと試験片の側面の変形がクラック先端の応力場を乱すからである．
③ ノッティテアを起こす条件下では重ね合せが難しい．
④ ノッチ長が小さい場合，ノッチ先端の鋭さや形状のバラツキが大きく，寿命のバラツキを大きくする．

組成の異なったゴムの疲労評価を行うのに，大変形で行った測定値のみを用いて判断しようとする文献も見られるが，異なった材料の S-N 曲線はどこかの負荷領域で交わるため，大変形の寿命から小変形の寿命を予測することは難しい．一方，小変形での屈曲寿命は非常に長い．言うまでもなく，定量的な材料設計や構造設計にとって，使用条件下での屈曲寿命は不可欠の情報であり，このような要請に対して傷長-寿命重ね合せは極めて有用な実験法であると考える．

4.5　ゴムにおける破壊の進展過程と破断面凹凸の形成

4.5.1　ゴムの破壊進展に関する Fukahori & Andrews の提案

これまで何度も述べているように，破壊開始時点のエネルギー条件に焦点を当てる破壊力学では，破壊開始後にクラックがどのような経路を経て系全体を横切るかについては一切触れない．一方，S-N 曲線における寿命(N)は，破断が試験片の一端から他端まで通過するのに要した繰返し数であり，それに要した破壊の進行距離は，破壊開始時のクラックの大きさに比べて格段に長い．つまり，疲労寿命は，初期クラックの発生過程より，むしろクラック進展過程に強く支配される．そこで，実験的ではあるが，筆者らが行った研究を以下に紹介する．これは，実際に破壊が進展した経路を

4.5 ゴムにおける破壊の進展過程と破断面凹凸の形成

辿ることによってクラックの進展過程を推測しようとする試みである．

クラック先端に発生する引張りの最大応力は，常に系の引張りと直交方向に発生する(図3-30参照)．一方，クラックは目前の最大応力点を追いかけるように進むので，破壊は直線的に進み，破壊の痕跡(破断面)は完全な平面を形成するはずである．ところが，図4.20に示されている架橋NRの破断面を見ると，他の材料に比べても凹凸の激しい様相(深さ1mmの凹凸も珍しくない)を呈している．これは，ゴムではクラック先端の局部ひずみが500％レベルに達しているにもかかわらず，破断後はほぼ元の状態に戻るからと考えてよい．しかし，そのようなゴム材料といえども，破壊進行という点では他の材料と同じであり，均質材料中にあるクラックはその突端に発生した最大応力点を追いかけて移動するため，やはり完全な平面となるはずである．では，なぜゴムの破断面は激しい凹凸を示すのであろうか．このことに関し，Fukahori & Andrews[8]は，Smekalのアイディア(1936)を拡張し，ゴムの破断面形成のメカニズムを提案した．

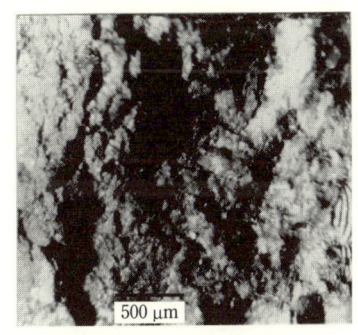

図4.20 凹凸の激しい架橋NRの破断面

一般の破壊力学では，第3章で詳しく見たように，均一場におけるマクロ(主)クラックの成長開始条件のみが破壊進展の有無を決めると考えたのに対し，Fukahori & Andrewsは，"成長を開始した主クラックはミクロ(二次)クラックとの合体を繰り返しながら進展する"と捉えた．そこで，図4.21[8]を用いてこのことを説明する．いま，主クラックが左側から右側へ進んでいるとして，その前方に(ただし，主クラック線上にない)欠陥が存在すると仮定する(a)．このような欠陥(ミクロボイド)は，系中に無数に存在すると考えてよい．

さて，系の平均応力状態の中にあったこれらの潜在欠陥に主クラックが近付くと，主クラックの先端に広がる強い引張り応力場の影響を受けた欠陥は，その応力場の強さに応じ独自に成長を開始する(b)．こうしてある大きさに成長してミクロクラックとなった欠陥は，主クラックと，たとえ両者が同一平面上にない場合でもせん断力によって合体する．この結果，主クラックの進行経路が直線から逸脱する(c)．

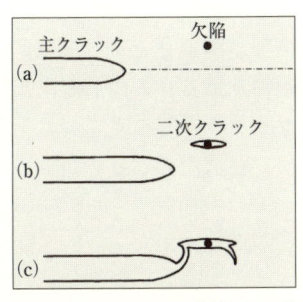

図4.21 主クラックと成長した2次クラックの合体による破断面凹凸形成の模式図[8]

図 4.22 は，ウレタン発泡体を用いた大変形のモデル実験であるが，主クラック先端付近には既に成長した数多くの二次クラックが存在することを示している．一方，図 4.23 は，左下から進んできた主クラック(矢印)がその先端付近にある空隙と合体しながら進展し，特に大きな空隙がある場合，大幅に方向を変えてもそれと合体することを示すモデル実験である．実際のゴムの破壊においても，主クラック(亀裂)の先端付近では，潜在欠陥が既に十分な大きさの二次クラックに成長していて，主クラックはそれらと合体しながら進むと考えてよい．

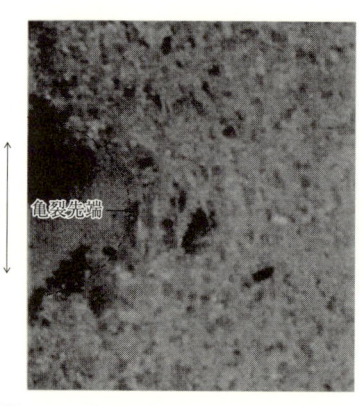

図 4.22　図 4.21 をイメージさせるウレタン発泡体のクラック先端(点線部)と成長した空隙

図 4.23　空隙と合体しながら進展するクラック

図 4.24[9)]は，ポリエチレンのクラック先端にクレーズ(スポンジ構造)が発生し，時間と共に成長する様子を示している．クレーズはクラック先端に形成され，クラックの前兆構造としてクラック進展を先導する．ゴムの場合と少し違った現象(ゴム状態の架橋構造体とガラス状態の非架橋構造体の違いによる)であるが，主クラックの突端に形成される構造変化と空隙形成の一例である．ちなみに，Kambour の計算[10)]は，クラック進展に先立ってクレーズが発生する系では，見かけの表面エネルギーのうち，クレーズ中の空孔の(真の)表面エネルギーが 1.5%，クレーズ形成のための塑性仕事が 11～16% で，残りの部分はクレーズ変形の粘弾性仕事に費やされることを示している．

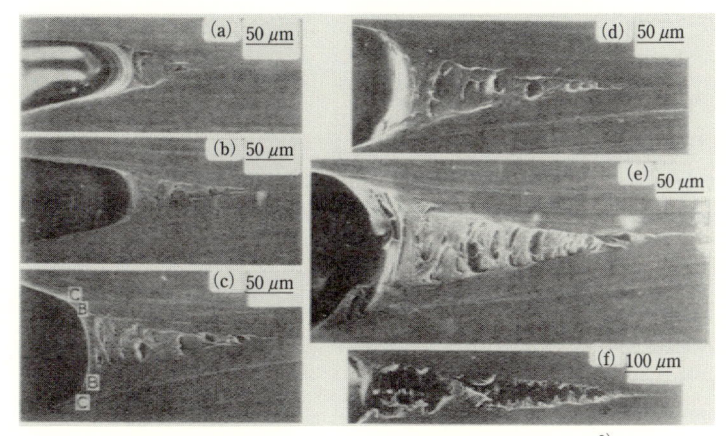

図 4.24 ポリエチレンのクラック先端に発達したクレーズ[9]

4.5.2 破断面凹凸形成に関する Fukahori & Andrews の式

上に述べたクラック進展のメカニズムにおいても,二次クラックの成長開始条件は,Griffith 理論の考え方に基づいている.ただし,主クラックと二次クラックの合体条件がそれに加わると考えてよい.そこで,Fukahori & Andrews[8]はこれに続いて,破断面の凹凸の大きさ(合体の痕跡)がゴム材料の物性と密接に関係することを明らかにした.図 4.25 は,架橋 SBR の破断面であり,非常に凹凸の激しいことがわかる.一方,図 4.26 は,HAF カーボンブラック (50 phr) 充填 SBR の破断面である.図 4.25 に比べ

図 4.25 凹凸の激しい架橋 SBR の破断面

図 4.26 滑らかなカーボンブラック充填 SBR の破断面

て滑らかな，凹凸の少ない破断面を呈する．何がこのような破断面凹凸の違いをもたらすか．以下に述べる取組みはこのことへの回答であり，さらにゴム破壊の進展過程を推定するヒントを与える．

破断面凹凸形成に関する彼らの実験は，次のようなものである．ゴム的な軟らかさを示し，かつヒステリシスロスの大きく異なる 4 種類の材料（架橋 SBR，架橋 EPDM，低密度ポリエチレンおよび可塑化 PVC）を選び，左端にノッチを入れた試験片を用いて温度，速度を大幅に変えた引裂き試験を行った．得られた破断面に，その凹凸度を相対的に示す数字（Roughness Index；RI）割り振り，RI の数字が大きいほど破断面の凹凸が激しいことを表した．一方，別途，これら 4 種類の材料のヒステリシス h（= ヒステリシスエネルギー／入力エネルギー）を上と同一の温度，速度条件で測定し，得られた RI と h の関係をプロットしたのが図 4.27[8] である．両者の間に反比例関係（RI × h = 一定）が成り立ち，ヒステリシス比の大きい材料ほど凹凸度が小さいことを示している．

このことを説明するため，彼らは次の提案を行った．図 4.28 は，クラック先端付近のひずみエネルギー解放率 G の分布を模式的に示したものであり，クラック突端で最大の $G(= G_1)$ となり，突端から離れるに従い G 値が減少する（$G_1 > G_2 > \cdots\cdots > G_5$）．いま仮に，この引張り条件で潜在欠陥が二次クラックとして成長を開始する G を G_c とし，図 4.28 では G_3 が G_c に対応するとした場合，G_3 の描く楕円内の応力条件は，すべて破壊開始条件を満たしている．つまり，楕円内のすべての潜在欠陥は，二次クラックに成長していることになる．

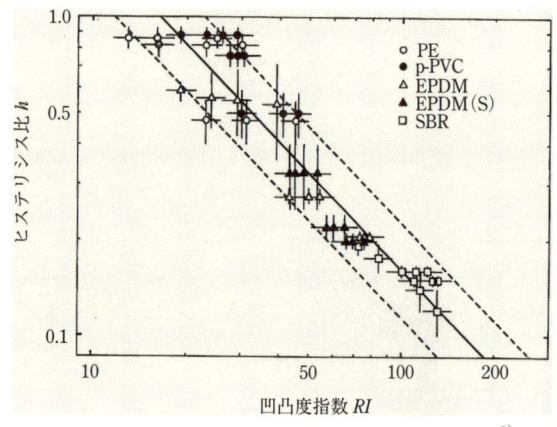

図 4.27　ヒステリシス比 h と破断面凹凸指数 RI の関係[8]

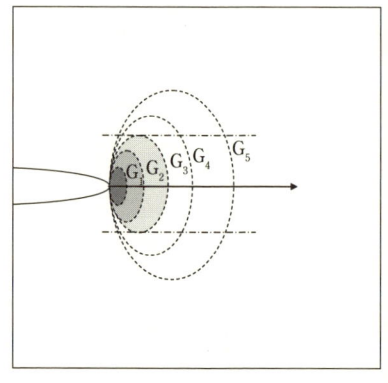

図 4.28　クラック先端近傍のひずみエネルギー解放率分布（模式図）

一方，G_3 の描く楕円の外の領域では，G が G_c に達していないので，潜在欠陥は成長しないままにとどまっている．この結果，主クラックがクラック軸に沿って矢印方向に進む時，G_3 楕円に引かれた 2 本の接線（一点鎖線）に挟まれた領域内の潜在欠陥は，容易に主クラックと合体すると考えてよい．

ところで，3.4.1 で見た式(3-4)によると，クラック先端近傍の応力は，クラック先端からの距離 r の平方根に反比例して小さくなる．そこでいま，長さ c_1 の主クラックの応力場にある長さ c_2 の二次クラックを考える．主クラックから遠く離れた地点のひずみエネルギー密度を W_0 とすると，主クラック先端から距離 r 離れた地点のひずみエネルギー密度 W は，次の式(4-12)で与えられる．

$$W = \frac{kc_1 W_0}{r} \tag{4-12}$$

一方，二次クラックが主クラック先端から $r=R$ の距離に入った時，成長開始状態になるとすれば，二次クラックの成長開始条件を満たす G_c 値は式(3-12)で与えられるので，式(4-12)と組み合わせることにより式(4-13)が成り立つ．

$$R = \frac{kc_1 c_2 W_0}{G_c} = \frac{kc_1 c_2 W_0}{G_0 \Phi} \tag{4-13}$$

式(4-13)は，系中に含まれる主クラックや二次クラックが大きいほど，入力エネルギーが大きいほど，またロス関数 Φ が小さいほど，破断面凹凸は大きくなることを示している．もちろん，R は Roughness Index (RI) そのものではないが，両者は密接な正相関の関係にあると考えてよい．

この結論は，Griffith 理論を前提に考えると，一見，奇異に思えるかもしれない．なぜなら，Griffith 理論に従えば，大きな表面積を有する（すなわち，凹凸の激しい）クラック面を形成するには，それだけ多くの表面エネルギー（破断面形成エネルギー）が必要である．つまり，破断面形成エネルギー（G_c）の大きい（Φ の大きい）材料ほど凹凸の激しい破断面を作るだろうと予想されるからである．しかし，それは，ひずみエネルギー解放率と破断面形成エネルギーのせめぎ合いによって主クラックの成長開始が決まるという時の話である．一方，クラック進展を主クラックと二次クラックの合体によって決まるプロセスと捉えるなら，"クラックの進行路に残された破断面凹凸の大きさは成長した二次クラックの位置的な広がり"を意味している．

図 4.29 は，非充填 SBR の破断面凹凸（図 4.25）を説明する模式図である．ヒステリシス比が小さい（$h=0.16$），したがって低 Φ の SBR 純ゴムでは，主クラックの進行経路からかなり離れた所まで二次クラックが成長しているため，それらと主クラックの合体によって形成される破断面は，凹凸の大きいものになる．一方，図 4.30 は，ヒ

ステリシス比の大きいカーボンブラック充填 SBR ($h=0.42$) の破断面凹凸 (図 4.26) を表しており，二次クラックとして成長できる領域は，主クラックの進行経路に非常に近い所に限定される．このため，凹凸の小さい滑らかな破断面となる．このように，ゴムでは，破壊開始のみならず，破壊進展過程 (疲労) を支配するのもヒステリシスエネルギーロスということである．

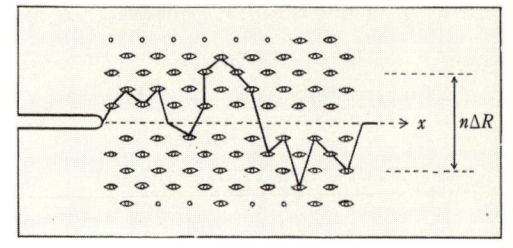

図 4.29　凹凸の激しい破断面 (図 4.25) 形成の模式図

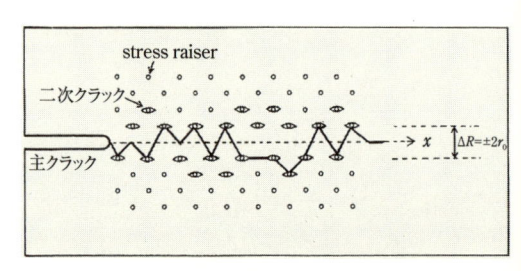

図 4.30　滑らかな破断面 (図 4.26) 形成の模式図

4.5.3 破断面凹凸形成のFEMシミュレーション

上に述べたように，クラックの進展は，主クラックと発達した二次クラックの合体によると考えてよい．この点をもう少し定量的に解析するには，FEMによるシミュレーション解析が有効である．そこで，主クラックと二次クラックの接近によって起こる応力場の変化と，そこに形成される破断面凹凸の基本的大きさを見積もった Fukahori & Seki[11] の大変形 FEM 解析を以下に紹介する．

いま，半径 r_0 の円孔 (二次クラック)，および先端半径 r_0，長さ $10\,r_0$ の主クラックを含む板状ゴム (図 4.31[11]) の y 軸方向に，一様ひずみ ε_0 ($=150\%$) を加えた系を考える．主クラックと円孔間の距離 l は，円孔を x 軸に 45°方向および x 軸に平行方向から近付けることによって変化させている．ここでは主クラックの先端部および円孔は，各々 10 分割および 20 分割されており，$P_1 \sim P_5$ および $S_1 \sim S_5$ と割り振っている．当然，主クラック単独で存在する場合，極大ひずみは P_1 で発生し，一方，円孔単独で存在する場合，極大ひずみは S_1 で発生する．

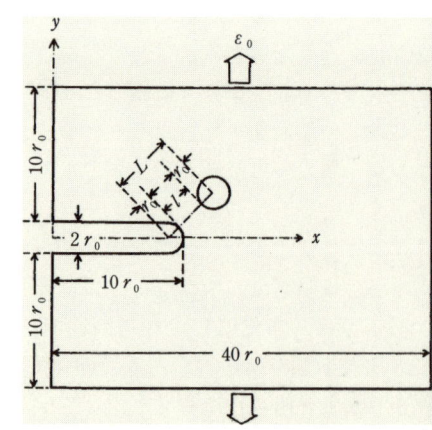

図 4.31　主クラックと円孔のある計算モデル図[11]

4.5 ゴムにおける破壊の進展過程と破断面凹凸の形成

さて,図4.32[11]は,円孔と主クラック間の距離が円孔直径の20％に接近した時の変形状態であり,引張り方向に引き伸ばされた両クラックの様子がわかる.さらに図4.33[11]は,図4.32における主ひずみ状態を未変形の格子上に再現したものである.ここでは,極大ひずみが両クラックが最短距離で向き合うP_3点とS_3点に移動したことを示している.図中の矢印は引張り主ひずみの方向とひずみの大きさを表しており,両クラック間に大きなせん断変形が発生していることがわかる.そこで,適当な破壊開始のクライテリア(G_c)値を設定してやれば,最大G値の点からクラック成長が始まる.この状態を表すのが図4.34[11]である.

詳細な計算によれば,両者間の距離が円孔の直径程度になると,両者は合体する方向に進み,その結果,破断面凹凸の基本深さΔR(x軸からの距離)は,二次クラックの半径〜直径程度の大きさになることがわかる.このことを模式的に示したのが図4.35[11]である.ここで言う二次クラックの大きさがGriffithクラックに相当するとすれば,そして,現在考えられているゴムにおけるGriffithクラックの大きさがおよそ50±20μm(表4.1)とすれば,概略,この値が破断面凹凸の基本深さΔRに匹敵するとみなしてよいだろう.ちなみに,図4.25,4.26における凹凸は,ほぼこのレベルの大きさにあると考え

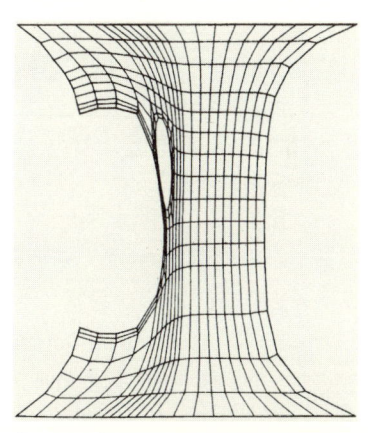

図4.32 主クラックと円孔間の距離が円孔直径の20％に近付いた時の変形状態(平均ひずみ＝50％)[11]

図4.34 成長を開始した主クラック先端部[11]

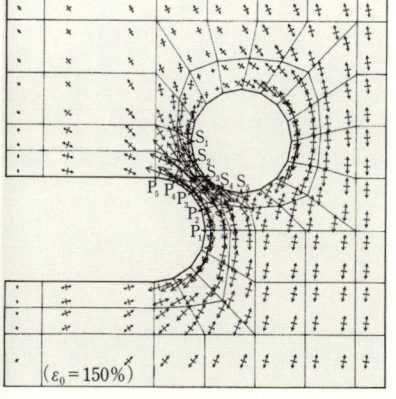

図4.33 未変形格子上に表された図4.32の主ひずみ分布[11]

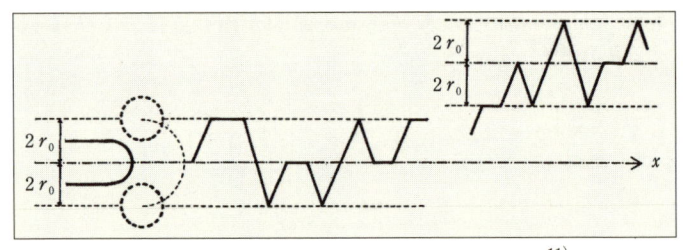

図4.35　破断面凹凸の基本深さ $\Delta R(=2r_0)$ の模式図[11]

られる.

　こうして初めて,ゴム破壊における破断面凹凸の大きさが,Griffith理論の想定するクラック成長開始(二次クラックの成長開始)条件と定量的に結び付いたことになる.それは当然,Fukahori & Andrewsの提案したクラック進展のメカニズムや式(4-13)の正当性を裏付けることをも意味する.したがって,このような主クラックと二次クラックの合体を繰り返しながらゴムの疲労破壊は進展し,やがて最終破断のS-N曲線に辿り着くということである.それは取りもなおさず,4.4で行ったS-N曲線とdc/dn~G曲線を結び付ける理論的取扱いが有効であることを示している.

　ところで,$50\pm20\mu m$のc_0値は鋭いクラックに換算した時の外挿値であり,一般の異物はもっと丸みを帯びた(応力集中係数の小さい)形状であることが多い.図4.36は,架橋ゴム中に含まれる異物の大きさと屈曲寿命の関係を示す柴田[12]の実験結果であり,ここでは屈曲寿命に影響を及ぼす異物の大きさは100~数$100\mu m$と推定される.また,SBRがNRよりも異物の大きさに対して敏感であることがわかる.これは図4.8に見られた両者のdc/dn

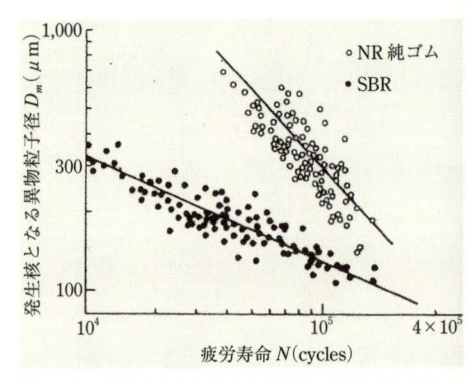

図4.36　架橋ゴム中に含まれる異物の大きさと屈曲寿命の関係[12]

の違いにも反映されており,SBRの大変形における破壊特性の低さを現している.

　なお図4.35では,主クラックの進行経路上に何らかの原因(大きな異物や空孔等の応力集中点等)があると,進行経路がジャンプするような段差を作り,そこで再びΔRの凹凸を形成することを示している.例えば,図4.23における大きな空隙はその1例であり,図4.20ではそのような段差が随所に存在することを示している.いずれ

にせよ，実際のゴム材料では，これらの様々な要因を含んだ状態でゴムの疲労破壊は進展すると考えてよい．

4.6 ゴムのフラクトグラフィー

4.6.1 破損事故解析に不可欠なフラクトグラフィー

　航空機等の墜落事故の時，それが構造設計のミスによるものか，特殊な環境(雷や突風等)条件が発生したものなのか，あるいは既に寿命を過ぎた問題部品の整理不備によるものなのか等によって，とるべき対策が全く異なってくる．特に航空機事故のように関係者の証言が得られにくく，破損品の全回収が難しい場合，破壊が起こった後にその原因に辿り着くのは至難の業である．このことについては，第 7 章で事例を引きながら詳しく見ていくことにしたい．

　フラクトグラフィー(Fractography)というのは，破断面形態解析のことであり，破断面に残された特徴的な模様に注目して，破壊のプロセスを探る，あるいは破損事故の原因を推定する方法である．破断面解析では，前もって，負荷様式，破壊環境，材料特性等の違いによって破断面模様がどのように変化するかを解析しておく．そして，実際に破損事故が起こった時，破損部位の破断面模様と既に得られていた破面模様を照し合せることによって，破壊の起点からの成長過程や破損原因を探る手法が取られる．

　一方，フラクトグラフィーの弱点は，それが破壊過程の直接的な観察ではなく，破断後に残された痕跡の観察であるという点にある．このため，破壊時に起こった現象がそのままの状態でそこに残されているとは期待できない．特にゴムの場合，破断時には 500% 以上にも伸ばされていた部位が，破断面写真に捉えられた時には再び 0% に戻った後の模様である．

　このような制限の下で事故解析の精度を上げるためには，むしろフラクトグラフィー以外の情報(環境条件，使用条件，使用頻度，材料特性等)が重要であり，それらに破面観察結果を重ね合わせることによって初めて，破損原因を総合的に判断することできる．しかしそうではあっても，徹底して犯行現場を調べるというのが犯罪捜査の基本であるならば，破断面写真はまさに破壊(犯罪)の起こった現場での貴重な物的証拠であり，そこからどれだけの情報を引き出せるかが，破損原因解明の成否を決めることになる．

4.6.2 高分子の破断面解析における基礎知識

a. 破壊開始の起点を示す模様　　最初に高分子材料に共通的に見られる破断面模様

のうち，解析の手がかりになる最も基本的なパターンを説明したい．まず，破壊がどこで始まったかを知ることが破損原因解明の第一歩になる．この場合，次の2種類の模様に着目すべきである．一つは破壊の起点部から放射状に広がる模様で，クラックの進行方向を示す．もう一つはこの放射条痕にほぼ直交するように起点を環状に取り巻く模様であり，破壊の進展過程で応力状態が変化し破壊様式が変わった時や，破壊の進行速度が著しく変化した時に現れる．このことを模式的に表したのが図4.37である．

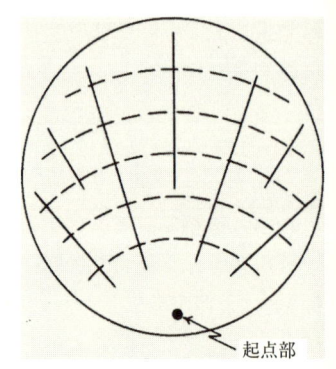

図4.37 クラック開始と進展方向の目印となる破断面模様の模式図

前者は，山形模様またはシェブロンパターンと呼ばれ，放射状に発散した方向から逆方向に辿ることにより，起点に到達する重要な目安となる．一方，後者は，円弧状ストライエーション（周期的条腺）と呼ばれる．代表的な脆性破断面写真が図4.38[13]である．脆性破壊では，破断面が丸味のない尖った形（ごつごつした）の模様を与える．ただし，この円弧状ストライエーションは，後で述べる疲労破壊によるストライエーションと混同される場合も多く，注意を要する．一般の架橋ゴムでは，多くの場合，脆性破断面が見られる．

図4.38 脆性破壊のクラック開始点付近[13]

破壊が生じるまでに大きな塑性変形が起こる延性破壊では，せん断力による材料の滑り変形によって空隙を生じ，これらを結合して破壊が進行する．プラスチックでは，ほとんどの条件下で多かれ少なかれ延性破壊が起こり，特に高温，低速変形では延性破壊になりやすい．延性破壊の場合，全体的に丸みを帯びた（滑らかな）破断面を呈する（図4.39[13]）．破壊起点では，脆性破壊同様の放射状模様の見られることが多い．

b. **破壊の進行方向を示す模様**　最も代表的なものがリバーパターン（River pattern）である．こ

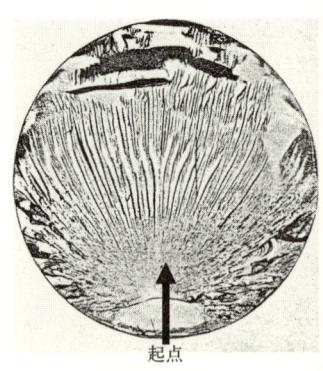

図3.39 延性破壊のクラック開始点付近[13]

れは，クラックの進行方向に直角に発生した段差が，破壊の生長につれて互いに合体し，川に似た模様を作ったものである．川が下流に行くにつれて合流するのと似ていて，リバーパターンと呼ばれる．図4.40[14]はリバーパターンの一例で，川下に向かっていくつかの支流が合体して川幅を増し，本流に成長する様子を示しており，その方向（矢印）に破壊が進展したことを意味している．リバーパターンは，破壊進行方向を判定する最も有力な証拠の1つになる．

脆性破面でも延性破面でも同じであるが，主クラックの前方で発達した二次クラックが，主クラックと合体する時には特徴的模様が現れる場合が多い．図4.41[15]は，図の上方から下方に向かって主クラック先端が速度Vで進み，同時に同じ速度Vで二次クラックも円状に成長した結果，両者の合体によって放物線模様が形成される模式図である．

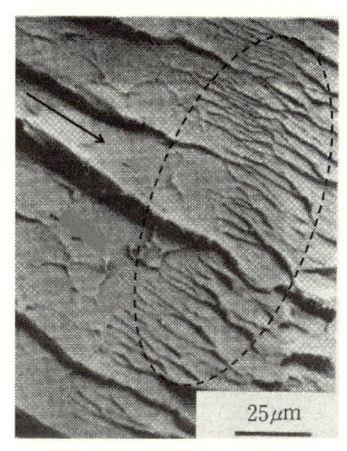

図4.40 クラック進展方向の目安となるリバーパターン（点線内）[14]．矢印はクラック進展方向

主クラックの成長が二次クラックの成長速度と同じ時は，縦方向に長い楕円模様になる．図4.42[16]はその実例であり，破壊（主クラック）が図の上向から下方に向かって（矢印方向）進んだことを示している．一方，主クラックの成長が二次クラックの成長よりはるかに速い時は，閉じた円状模様になる．したがって，このような破断面模様から破壊の進行方向と両クラックの相対成長速度が推定できる．

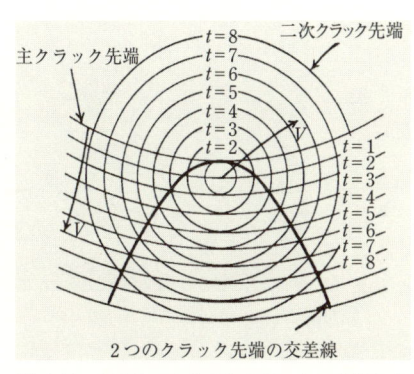

図4.41 主クラックと2次クラックの合体による放物線模様形成のメカニズム[15]

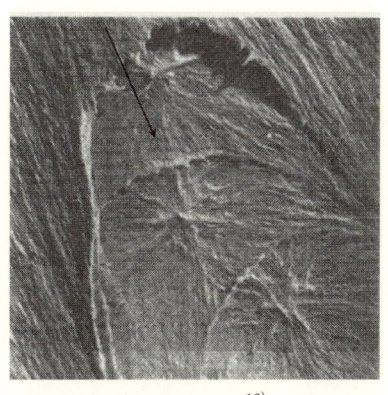

図4.42 放物線模様の実例[16]．矢印は主クラック進展方向

4.6.3 ゴム破断面の特徴的模様

a. **大変形破壊** ゴム材料の破壊起点部には2種類の模様が現れる．一つは十分架橋されたゴムで見られ，その模式図が図4.43(a)[8] (SBR型)である．破壊起点部が激しい凹凸を示し，破壊が進むにつれて凹凸の小さい破断面に変化する．この SBR 型は，プラスチックではほとんど観察されない模様であり，架橋効果を示すものであろう．もう一つは，起点部のミラー域から成長に伴って凹凸の大きいハックル域へと変化する延性破断面模様 [図 4.43(b)[8]] (EPDM 型)である．これは材料内に大きなヒステリシスロス(不可逆変形)を生み出す機構がある場合に見られ，エチレン含量の多い EPDM やスチレン含量の多い SBS 熱可塑性ゴム等に見られる．高減衰免震ゴムでもこのような破断面が現れる(図8.26参照)．

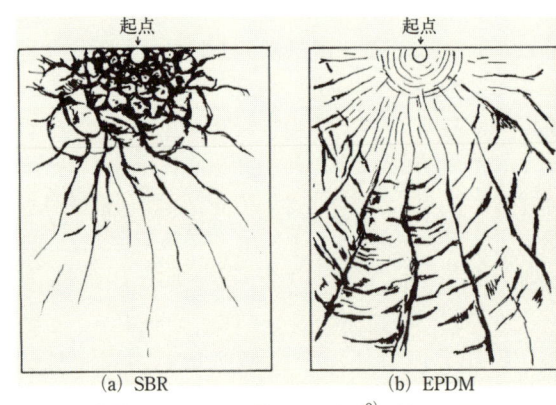

図 4.43 架橋ゴムにおける2種類の破断面[8]．(a) SBR 型脆性破断面，(b) EPDM 型延性破断面

加硫ゴムが脆性破壊しやすいことを裏付けるものにウォルナーラインの存在がある．ウォルナーラインとは，脆性材料において伝播するクラック先端と弾性衝撃波の干渉によってできるとされている．破壊開始時，衝撃や弾性エネルギーの突然の解放によって発生した周期的な繰返しの弾性波が，破壊速度よりはるかに早く伝搬し，物体の表面や他の物体との接触界面で反射して戻ってきたものが，進行するクラック先端と干渉してできた周期的模様である．図 4.44[17] は，加硫 SBR に見られるウォルナーラインであり，互いに交差する周期模様が見られる．

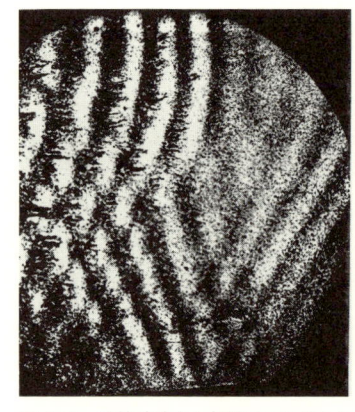

図 4.44 脆性破壊する架橋ゴムに見られるクラック進展と弾性波の干渉が生み出すウォルナーライン[17]

ところで，試験片をある程度伸長した状態で，カミソリ刃を当ててクラックを発生させると，応

4.6 ゴムのフラクトグラフィー

力が鋸刃状に変動するスティックスリップ運動が起こる．このスティックスリップ運動に呼応して，破断面上には周期的なストライエーションが形成される（図4.45[18]）．このストライエーションと，次に述べる疲労破壊におけるストライエーションとは区別が難しいので注意を要する．

b. 繰返し疲労破壊　多くの材料において，繰返し変形による疲労破断面には，ストライエーションの縞模様がクラック

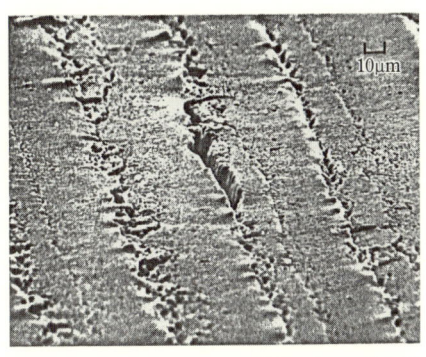

図4.45　スティックスリップ運動によって生み出されたストライエーション[18]

の進展方向に直行するように現れる．このストライエーションは，クラックの伝搬方向に突き出した緩やかな凸形の曲線（弓形）になっていることが多く，クラック伝搬方向の目印になる．また，ストライエーション間隔は伸長ひずみが大きくなるほど大きくなる．ただし架橋ゴムでは，疲労破断面にストライエーションが残されにくい．

　図4.46は，架橋SBRを100%の伸長ひずみで繰返し変形させた時の疲労破断面写真で，左端のノッチからクラックが成長したケースである．架橋SBRでは，図4.43(a)で見たように，疲労破壊でもクラック進展初期には凹凸の激しい破断面が形成されている場合が多い．図4.46ではストライエーションは見られないが，三角形（逆くの字）模様の頂点がクラック進展方向に向かうように繰り返し現れている．

　一方，図4.47[19]は，架橋NR（100%の繰返し伸長ひずみ）の疲労破断面写真である．何種類ものパターン間隔のストライエーションが見られ，破壊速度と破壊方向が複雑に変化している様子がわかる．この場合，ストライエーションの凸形曲線の方向から，

図4.46　架橋SBRの疲労破断面．矢印はクラック進展方向

図4.47　架橋NRの疲労破断面に見られるストライエーション[19]．矢印はクラック進展方向

基本的に破壊は画面の左から右に進んだ(矢印)が，局部的には材料内の不均一構造等に影響され，進展方向が様々に乱されたと考えてよい．なお，ストライエーションが伸長結晶化の起こるNRで形成され，伸長結晶化しないSBRでは形成されないのは，伸長結晶化が構造的な不可逆的変形を誘発するからではないかと推定されるが，詳細はわかっていない．

ゴム製品で見られる疲労破壊の実例をR.W.Smith[20]の報告から紹介する．図4.48[20]は，加硫用ブラダーで起こった破損部の写真である．なお，ブラダーとは，タイヤを加硫する際，タイヤに加える内圧を保持するためのゴムの袋で，1回の加硫に1回の高圧を加えて膨らます．図4.48では，高圧の繰返し伸長によって発生した2つの大きいストライエーション模様(マークA，マークBあたり)が疲労破壊の進んだことを示している．一方，図4.49[20]は，重ダンプトラックタイヤのトレッドと内部のカーカス(コードで補強されたケースゴム)とのセパレーション面に残された疲労破面である．図4.50[20]は破断面に見られたストライエーションであり，矢印方向に疲労破壊が進んだことを示している．

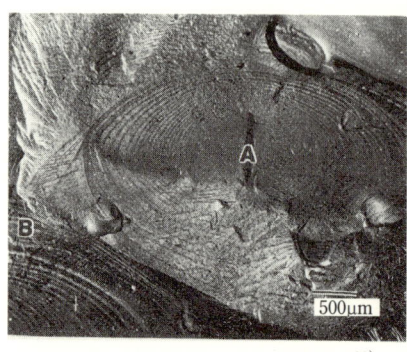

図4.48　加硫用ブラダーの剥離破断面[20]

ゴムの疲労破壊では，金属等のように1回の繰返し変形によって1個のストライエーションが形成されることは稀である．多分，何回かの繰返し変形によって1つのストライエーションが生み出されると推定される．いずれにせよ，疲労破壊の実証(ストライエーションの判定)は，その破損事故が1回の大変形で起こった突発的なものか，

図4.49　重ダンプトラックタイヤのセパレーション破断[20]

図4.50　図4.49に見られる疲労ストライエーション[20]

もっと小さい変形の繰返しで起こった疲労破壊であるかを判断する重要な決め手になる．

参考文献

1) I.C. Papadopoulos：PhD Thesis, Queen Mary, University of London, 2006.
2) Y. Fukahori & H. Yamazaki：*Wear*, 188, 19, 1995.
3) M.A. Miner：*J. Appl. Mech.*, 12, A-159, 1945.
4) 牛田洋子，杉浦弘：豊田合成技報, 27 (3), 97, 1985.
5) G.J. Lake, et al：Use of Rubber in Engineering (1966), Ed, P.W. Allen et al, Maclaren & Sons, p56；G.J. Lake：*Rubber Chem. Technol.*, 45, 309, 1972.；G J. Lake & A.G. Thomas：Engineering with Rubber (2nd Ed.), Ed. A.N. Gent, Hanser, p99, 2001.
6) R.E. Whittaker：Elastmers Criteria for Engineering Design, Ed. C. Hepbum & R.J.W. Reynolds, Appl. Sci. Pub., p79, 1979.
7) 深堀美英：日ゴム協誌, 58, 645, 1985.；深堀美英，大崎俊行，案西司朗：ブリヂストンタイヤ研究報告, 研 73-25, 1973.
8) Y. Fukahori & E.H. Andrews：*J. Mater. Sci.*, 13, 777, 1978.
9) X. Liu & N. Brown：*J. Mater. Sci.*, 25, 411, 1990.
10) R.P. Kambour：*J. Polym. Sci.*, A2, 3, 1713, 1965.；ibid., A2, 4, 349, 1966.
11) Y. Fukahori & W. Seki：*J. Mater. Sci.*, 29, 2767, 1994.；Y. Fukahori：Fractography of Rubbers, Ed. A.K. Bhowmick & S.K. De, Elsevier Appl. Sci., p71, 1991.
12) 柴田豊：日ゴム協誌, 42, 812, 1969.
13) G. Jacoby & C. Cramer：*Rheological Acta*, Band 7, 23, 1968.
14) R.P. Kusy & D.T. Tuner：*Polymer*, 18, 391, 1977.
15) C.E. Fletner：*Univ. Illinois, Theoretical and Applied Mechanics Report*, 224, August 1962.
16) R.J. Bird, G. Rooney & J. Mann：*Polymer*, 12, 742, 1971.
17) E.H. Andrews：*J. Appl. Phys*, 30, 740, 1959.
18) G.J. Lake & O.H. Yeoh：*Inter. J. Fracture*, 14, 509, 1978.
19) C. Bathias, et al：*Fatigue and Fracture Mechanics*, 27, 505, 1997.
20) R.W. Smith：Fractography of Rubbers, Ed. A.K. Bhowmick & S.K. De, Elsevier Appl. Sci., p277, 1991.

ゴム風船の奥は深い

　ゴム風船を膨らませるのは案外，難しい．胸と口いっぱいに吸い込んだ空気を風船の中に吹き込もうとしても，ちょっと吹き込みを止めると，吹き込んだ空気が風船から吐き出され，それ以上にはなかなか膨らまない．この挙動を，吹き込む圧力と風船の半径の関係としてプロットすると，半径が1.38倍まで膨らむ間は大きな抵抗力が発生するが，その点を極大として，その後は膨らむにつれて抵抗力はむしろ低下する．

　球状の風船が3次元的に均等に膨らむ場合，ゴム膜は2軸方向(直行する2つの周方向)に均等に伸ばされるため，ゴム膜の厚さは半径の2乗に反比例する．したがって風船を膨らませるには，最初は大きな力が必要であるが，膨らみが大きくなると膜厚が急激に薄くなり，小さな力でも十分に膨らむことになる．これは輪ゴムを伸ばす時，常に伸びに比例した力が必要なのとは違っている．したがって，風船を膨らませるコツは，一方の手で風船の吹き口を口に当て，もう一方の手で風船の底を引張りながら(予め膜厚を薄くして)空気を吹き込むと，案外，簡単に膨らむ．

　一方，膨らませた風船を針で刺しても割れないようにするには，風船の表面に粘着テープを貼っておき，その上から針を突き刺すとよい．膨らんだ風船に針で穴をあけると破裂するのは，非常に薄くなるまで引き延ばされたゴム膜が，元の状態に戻ろうとして一気に穴の大きさを広げるからである．粘着テープが貼ってあると，穴があいてもその部分のゴムの動きはテープで拘束されているので，風船は破裂しない．その後，風線内の空気は針の穴から徐々に漏れ出し，最後は萎んでしまう．

　このようにゴム風船の科学は案外，奥が深い．子供たちに父親の威厳(？)を示すにも，また手品としてとしても使えそうなので，一度，試してみませんか．もちろん，十分な予行演習を行ったうえで．

第5章　高分子の劣化現象

5.1　高分子の環境劣化

5.1.1　高分子劣化の特徴

　静的，動的な力学的負荷が加えられると，どのような材料にもクラックが発生，成長し，やがて疲労破壊に至る．加えて，高分子の多くは，たとえ力学的な負荷を掛けなくとも，室温で長期間放置する間に力学特性(例えば，弾性率，破断強度，破断伸び等)が変化する．これは，高分子鎖に対する大気中の酸素やオゾン，紫外線の作用によってもたらされる化学反応現象とみなすことができる．このため，力学的負荷によってもたらされる疲労(fatigue)と区別し，力学的負荷を掛けなくても起こる構造や物性変化を環境劣化(degradation)，または単に劣化と呼ぶ．

　さて図5.1[1]は，イギリスのペルハム橋で約40年間使用されたNRゴム支承回収品(ゴムの厚さは400 mm)の，製品の両表面から内部へかけての結合酸素量の分布，および弾性率分布を示したものである．橋脚と橋桁の間に挿入されたゴム支承(振動防止)は，通行する車両による負荷変動を受けたものの，当地の交通事情を考慮すると，その影響はそれほど大きくない．したがって，図5.1にあるような物性の変化は，主に環境劣化によるものと考えてよい．

　図5.1を見ると，40年間にゴム中に取り込まれた酸素(結合酸素)の濃度は，表面から50 mm程度の深さで特に高くなっている．これに応じて，100%ひずみにおける応力(100%弾性率)は，表面から50 mm程度の深さまでは内部よりかなり高くなっている．一方，図5.2[1]は，破断強度の変化で，酸素侵入領域では破断強度の低下も著しい．破断伸びの変化もほとんどこれと同一の傾向を示す．

　このような物性変化は，その初期

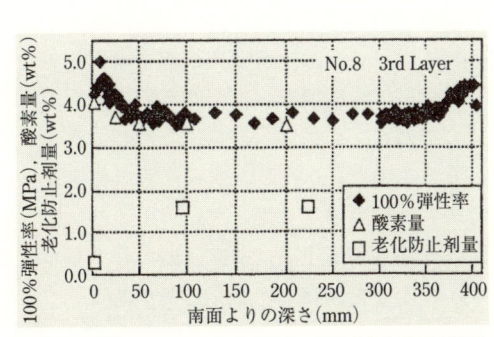

図5.1　40年使用NRゴム支承における吸収酸素量と弾性率分布[1]

値がわからないために定量的な解釈は難しいが，40年間にわたってゴム表面から浸透した酸素と，ゴム分子鎖との化学反応によるものと考えてよい．ただし表面部における急激な特性変化には，オゾンや紫外線の影響も含まれていると思われるが，表面クラック等がほとんど観察されていないので，その影響は大きくないと考えてよいだろう．

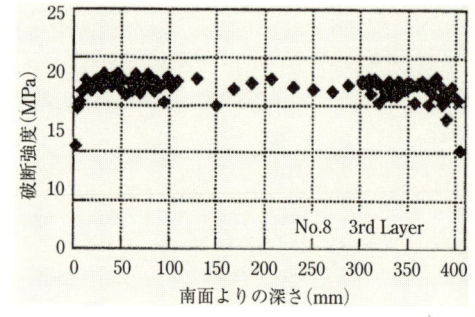

図5.2　図5.1と同様．ただし，破断強度分布[1)]

5.1.2　供給されるエネルギーレベルの違いが生み出す環境劣化の違い

　力学疲労では，加えられた力学エネルギーは系に全体的な変化をもたらさないで，スポット（欠陥）に集中的に供給される．このエネルギーが欠陥部の分子鎖を切断し，クラックとして成長させる．その半面，欠陥部以外の部位は，ほとんど無傷のまま残る．これらのクラックは，特別な応力集中点がない限り空間的には均一（統計的分布で）に発生する．一方，環境劣化の場合，加えられたエネルギーは，まずは材料表面に間断なく供給され，表面に存在する分子鎖に均一な連鎖的化学反応をもたらす．

　環境劣化では，加えられたエネルギーレベルの違いによって表面状態の変化が著しく異なる．例えば，酸素のような低エネルギー源の供給では，酸素の浸透に伴って分子鎖の架橋，または切断がゆっくりした速度で進み，材料の表面から内部に向かって系全体がほぼ均一に変化していく．これに対して，オゾン，紫外線，放射線等の高エネルギー源の供給では，最初に材料表面に特殊な劣化層が形成される．この劣化層は非常に脆く，深さ方向には限定的な厚さにとどまる．

　例えばオゾン劣化では，最初に表面が硬くて脆い層に覆われ，この層が小さい引張りひずみでも破壊し，表面クラックを形成する．紫外線劣化では，表面がさらに脆い相で覆われ，これらが粉状に分解してチョーキング現象を示したり，表面白化をもたらす．このため，オゾン劣化や紫外線劣化では，まずこの表面劣化層の役割が重要で，その特性に応じて劣化が進む．つまり，同じ環境劣化と言っても，酸化劣化とオゾン劣化や紫外線劣化は，劣化反応の起こる領域も劣化のメカニズムも大きく異なる．まずこのことを認識しておく必要がある．

5.2　高分子の酸化劣化

5.2.1　熱劣化と酸化劣化

　高分子に限らず有機物を高温にさらすと，熱分解を起こして低分子物質に変化する．熱分解の起こる温度は分子構造によって異なるが，一般には250℃以上になると熱分解が起こると言われている．熱劣化では，初期の熱分解によって発生したラジカルを起点として，2種類の切断反応が進行する．一つは，分子主鎖のランダムの位置でラジカルが発生し主鎖が切断するタイプであり，熱分解による揮発生成物(モノマー)は少ない．もう一つは，分子主鎖の末端が次々に反応し，その部分が主鎖から分離，揮発していく．そのため揮発物が多い．

　どちらの反応が起こるか，あるいは両方が同時に起こるかは，高分子の種類，温度，開始剤等に依存しており，ゴムの場合は，ほとんど後者のプロセスで分解すると考えてよい．二重結合を持たないフッ素ゴム，シリコーンゴム等は耐熱性に優れるが，NR等の二重結合を持つものは耐熱性が低いうえに，弱いC-H結合を持つために酸化されやすく，高温では劣化しやすい．例えば，NRの場合，100℃で56日，125℃で14日までは物性低下は比較的少ないが，180℃で8時間熱劣化させると，全く実用に耐えなくなる．

　実際のゴムの劣化反応では，熱と酸素の両方が影響する．一般にゴムが使用される低温(室温かそれよりやや高温)でのゴムの劣化は，酸化反応が主になる．したがって，長期間の室温劣化を予測するための高温空気槽中の劣化試験は，あくまで酸化反応の熱による促進試験に限定されるべきである．二重結合を持つゴム材料では，その限界温度は100℃程度とみなされている．それ以上の高温になると，酸化劣化に熱劣化が加わり，反応形態が室温で起こる酸化反応とは異なってくるからである．

5.2.2　酸化劣化とは何か

　図5.3[2)]は，高温空気槽中で行った架橋NRの劣化実験(Mott & Roland)であり，破断ひずみ，破断強度ともに，高温になるほど短時間で物性低下が起こる様子を示している．そこで例えば，破断ひずみの曲線群を時間軸に沿って水平移動させると，1本の合成曲線(図5.4[2)])が得られる．つまり，この実験に用いた温度範囲内では，同一の劣化反応が均一に起こったことを示している．また，空気中の変化に比べ，酸素遮断効果の大きい水中の変化が小さいこともわかる．したがって，これらの物性変化は緩やかな酸化反応によるもので，高温になるにつれ促進されることを意味している．

一般的に言えば，架橋ゴムは，ゴム分子鎖のモノマーユニット100当りおおよそ1ぐらいの割合で化学架橋点が存在し，有効網目を形成している．ただし，この数字は全体を均一網目とした時の平均値で，実際の架橋ゴムでは，非常に不均一な網目が形成されていることは前に述べたとおりである(2.3参照)．このため，劣化によってゴムの分子主鎖の一部あるいは架橋点のいずれが切断しても，また新しい架橋点が形成されても，その影響は大きく，ゴムの物理的，力学的性質は大きく変化する．例えば，NRの場合，架橋点間重合度が100であるなら，その中にC-C結合が400個存在するので，1個の切断反応の影響は無視できない．

一方，プラスチックの場合，T_g以下の温度での分子内，分子間結合点の数，あるいはT_g以上での結晶間結合(タイリンク)の多さを考えると，分子鎖の動きを制限する結合点の数が架橋ゴムよりはるかに多い．このため，プラスチックでは，酸化劣化による1個の分子鎖の切断や架橋による影響が，架橋ゴムよりはるかに小さい．いずれにせよ，酸化劣化は，局部的な構造や物性の変化ではなく，有効網目鎖数の変化が系の平均的な力学特性の変化をもたらす均一的な現象と捉えることができる．

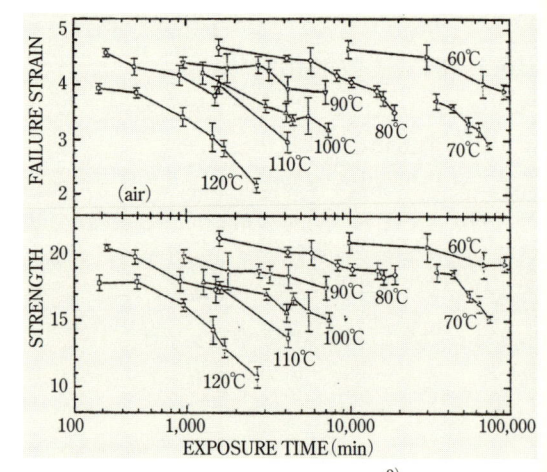

図5.3 架橋NRの空気中での高温促進劣化[2]．破断伸び(上)，破断強度(下)

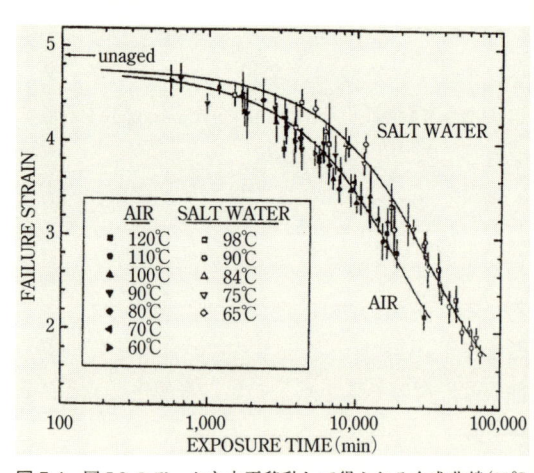

図5.4 図5.3のデータを水平移動して得られる合成曲線(90℃基準)[2]

5.2.3 酸化劣化のメカニズム

酸化劣化反応に入る前に，ラジカル(radical)という化学的状態を知る必要がある．通常，原子や分子の軌道を回る電子は，2個ずつ対になって安定な物質を形成している．ところがここに熱エネルギーや光エネルギーが加えられると，特定の電子が高エネルギー状態になって対を飛び出し，その結果，対にならない2つの電子(不対電子)が生まれる．この不対電子をラジカルと呼び，化学記号としては(・)で示す．ラジカルは非常に反応性が高いため，生成後すぐに他の原子や分子と反応し，安定な別の原子や分子になる．ところが，そこに酸素が存在すると，事情は変わってくる．と言うのは，一般的に空気中の酸素は，熱や紫外線によってかなりの部分がラジカル状態になっているからである．

そこで図5.5の模式図を使ってゴムの酸化劣化反応を説明したい．水素原子を側鎖に持つゴム分子鎖RHを考える(ほとんどのゴム分子鎖はそうである)時，これに熱が加えられると，ゴム分子鎖から水素原子がラジカルとして引き抜かれ，その結果，高分子鎖ラジカルR・と水素ラジカルH・ができる(図5.5のⅠ)．水素ラジカルは，直ぐに他のラジカルと反応し，安定化する．ここに酸素が加えられると，酸素ラジカルが高分子鎖ラジカル(R・)と反応し，高分子鎖ラジカル(ROO・)が生成される(図5.5のⅡ)．このラジカルが，今度は別のゴム分子鎖R'Hから水素を引き抜き，新たな高分子鎖ラジカル(R'OO・)を作るとともに，自らはヒドロペルオキシド(ROOH)として安定化する(図5.5のⅢ)．

ゴム分子鎖の酸化劣化とは，熱と酸素の介入によって次々に新しいゴム分子鎖のラジカルが形成される連鎖反応で，いったん反応が開始されると，連続的に進む自動酸化反応である．この反応はゆっくり開始するが，ヒドロペルオキシドが生成するにつれ速度が増大し，やがて劣化物に変化すると速度が減少する．したがって，反応物生成は反応時間に沿ってS字型の増加を示す．

高分子の酸化されやすさは，その高分子の主鎖からどのくらい水素原子が引き抜かれ(脱水素)やすいかに依存する．一般に，分子主鎖中のC-H結合の結合エネルギーが小さいものほど脱水素が起こり，反応の起点になりやすい．例えば，ポリエチレン($-CH_2-CH_2-$)に比較すると，主鎖に二重結合やCH_3等の大きな側鎖が付いているも

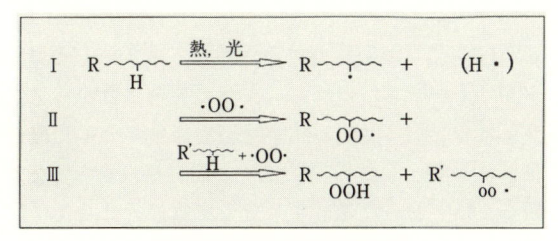

図5.5 高分子の酸化劣化反応

のは酸化されやすくなる．逆に主鎖に水素原子が入っていないと，酸化されにくい．そこで，ポリエチレンの脱水素性を基準に，これより脱水素性が大きいものから脱水素性の小さいものまで並べると図5.6のようになる．フッ素樹脂(-CF$_2$-CF$_2$-)は，非常に安定な高分子である．

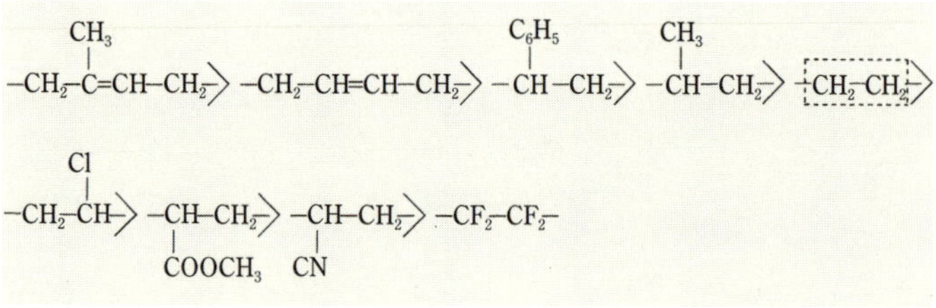

$$-CH_2-\underset{CH_3}{C}=CH-CH_2- \Rightarrow -CH_2-CH=CH-CH_2- \Rightarrow -CH_2-\underset{C_6H_5}{CH}- \Rightarrow -CH_2-\underset{CH_3}{CH}- \Rightarrow -CH_2-CH_2-$$

$$-CH_2-\underset{Cl}{CH}- \Rightarrow -CH_2-\underset{COOCH_3}{CH}- \Rightarrow -CH_2-\underset{CN}{CH}- \Rightarrow -CF_2-CF_2-$$

図5.6 高分子材料における脱水素の起こりやすさ(左側ほど脱水素が起こりやすい)

酸化反応は，ゴム分子鎖の切断または架橋を生み出すが，切断と架橋の競争反応として力学的性質が決まる．例えば，分子鎖切断が優先すると系は軟化し，架橋が優先すると硬化する．一般に，分子鎖切断は，高温および高酸素濃度下で優先的に起こる．また，分子鎖切断と架橋のどちらの反応が優先するかは，ゴムの分子構造に依存しており，例えば二重結合を持つゴムのうち，NRが主として主鎖のランダム切断を生じるのに対し，BRやSBRでは，主鎖のランダム切断と共に架橋も多く生じると報告されている．

ゴムの酸化されやすさは，NRが最も激しく，酸化されやすさの順序は，概略，次のようである．NR＞SBR＞NBR＞ポリイソブチレン＞CR＞塩酸ゴム≫シリコーンゴム．二重結合を持たないオレフィン系エラストマー(EPR, EPDM, フッ素ゴム，シリコーンゴム)の酸化劣化は，非常に小さい．また一般的に，酸化されやすい分子鎖ほどオゾン劣化や紫外線劣化も受けやすいと考えてよい．

5.3 高分子酸化劣化の化学反応速度論的取扱い

5.3.1 化学反応における活性化エネルギーとは何か

高分子が酸素との反応によって初期状態から劣化状態へと変化していくプロセスは，ラジカルを媒体とする化学反応であり，その変化過程は，化学反応速度論を用いて解釈され得る．ところで，化学と聞けば，"ありゃ，化け学だ，亀の甲のまじないだ"と騒ぐご仁もおられるはず．そこで本節では，化学反応についてその核心部分のみをお話ししたい．化学反応と言っても，本質はいたって簡単である．

今，高度の違う2地点(高地と低地)を考えてみる．もし2地点間で水を流すと，水は高地点から低地点に向かって流れる．これは，自然現象が系のエネルギー(ここでは，水の位置エネルギー)を低下させる方向に自発的に進むからである．化学反応でも同様に，系のエネルギーを低下させる方向に反応が進むというのが原則である．いま，A_2分子とB_2分子を反応させて2AB分子を作る反応($A_2 + B_2 \rightarrow 2AB$)を考える．この時，$A_2 + B_2$の自由エネルギー(I)が2ABの自由エネルギー(III)より高いとして，これを模式的に示したのが図5.7である．したがって，無限に近い長時間を考えれば，反応は間違いなく自由エネルギーを下げる(I)の状態から(III)の状態へ向かって進む．

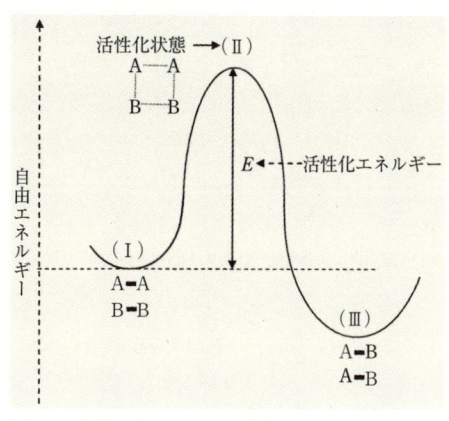

図5.7 化学反応をもたらす自由エネルギー変化と活性化エネルギー(模式図)

ところが，我々が直面するもっと短時間の反応では，もう1つの現象が表面化してくる．(I)と(III)の間に障壁(II)が存在していて，それが反応の進行を妨げるのである．ちょうど高地点と低地点の間に小高い山があるようなもので，水が高地点から低地点に流れるにはこの山が邪魔になる．したがって，水が流れ下るためにはこの山を乗り越えなければならず，山が高ければ高いほど流れは阻害される．化学反応の特徴は，"反応物($A_2 + B_2$)と生成物(2AB)の中間に障壁が存在し，この障壁を乗り越えて初めて反応が進む"という点にある．このエネルギー的障壁は，化学反応における「活性化エネルギー」と呼ばれ，これが図5.7における(II)の状態を作り出すためのエネルギー的高さである．

つまりA_2分子とB_2分子が反応を開始する時，A_2とB_2が突然原子Aと原子Bに分解してABになるのではない．A_2とB_2が接近すると，各分子はまず分子内結合力の緩んだ状態(A⋯A，B⋯B)になって互いに向かい合い[(II)の状態]，続いて新たな結合AB(III)へと変化する．この(II)のような不安定な分子状態を「活性化状態」と言い，活性化状態になるには，A_2とB_2の分子内結合力を弱めるためのエネルギーが必要になる．このエネルギーが活性化エネルギーである．

5.3.2 活性化エネルギーの分子論的解釈

そこで，化学反応の速度を支配する活性化エネルギーがどのようにして生み出され

るかを考えてみたい．化学反応で分子，原子の組換えが起こるためには，異種の分子や原子の活発な出会い（衝突）がなければならない．当然，分子や原子の飛び回る速さが速いほど衝突（反応）のチャンスも多くなる．ところで，ある温度で各分子の持つ運動エネルギー（飛び回る速度）は同一ではなく，ある分布を持っている．図5.8[3)]は，温度を定めた時，その分子集団の中である特定の運動エネルギーを持つ分子の数がどれほどであるかを表したものである．

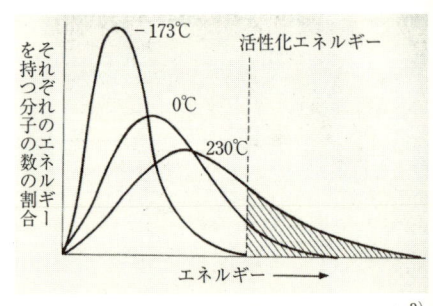

図5.8　各温度で分子の持つ運動エネルギー分布[3)]

どの温度の曲線においても，大小様々な運動エネルギーを持つ分子が幅広く分布しており，その分布形態は，正規分布に比べてピークがかなり低エネルギー側に偏っている．例えば，高温（230℃）になった時の分布図を他の低温における分布図と比べてみると，ピークの位置が高エネルギー側にシフトするとともに，ピークより高エネルギー側の裾野が大きく広がっている．つまり，高温では低エネルギーを持つ分子の数が激減し，高エネルギーを持つ分子数が大幅に増えることがわかる．このような非対称の分布は，Maxwell-Boltzmann分布と呼ばれる．

ところで，同じ温度条件（同じ供給エネルギー）であるのに，なぜ各分子の持つ運動エネルギー（速度）が異なるかについては，次のように考えればよい．例えば，A分子が同方向に走るB分子に衝突されると，A分子の速度は増加するが，B分子は減速する．逆に正面方向から衝突すると，両分子とも大きく減速する．したがって，膨大な数の分子が膨大な仕方の衝突を繰り返すと，各分子の持つ運動エネルギーは図5.8のような分布になるというのがMaxwell-Boltzmann分布の意味するところである．

さて，図5.8で縦に引かれた点線は，ある特定のエネルギーを仮定したもので，このエネルギー以上の大きさを持った分子の数（斜線部）は，温度が高いほど急激に大きくなる．そこで，この特定エネルギーを活性化エネルギーと考えれば，温度が高いほど活性化エネルギーを超える大きさのエネルギーを持つ原子，分子の数が急激に増えることがわかる．

Boltzmannによると，温度T（絶対温度）で活性化状態にある分子数nは，最初の未反応状態にある分子数をn_0とした時，次式の関係で与えられる．

$$\frac{n}{n_0} = e^{-\frac{E}{kT}} \tag{5-1}$$

ここで，$k'(=R/N)$はBoltzmann定数，Eは活性化エネルギー，Rは気体定数，Nは

1モル当りの分子数．式(5-1)から，活性化状態の出現，つまり化学反応の起こりやすさは，温度Tと活性化エネルギーEによって決まり，温度が高いほど，活性化エネルギーの値が小さいほど急激に大きくなることがわかる．

いま，酸素と水素から水ができるという反応を考えると，室温で酸素ガスと水素ガスを混合しても，爆発を伴う水への変換は起こらない．室温では，この反応の活性化エネルギー以上のエネルギーを持つ酸素分子も水素分子も非常に少ないからである．ただし，電気火花やマッチの火等を近付けると，火花の近くにいる酸素分子や水素分子が加熱されて(活性化エネルギー以上のエネルギーを得て)，酸素と水素の結合が起こる．いったん結合が起これば，その際，大量の熱を発生するため，その周囲に連鎖的に反応が伝搬し，爆発に至る．

5.3.3 酸化劣化の化学反応速度論的な取扱い

高分子が酸素との反応によって初期状態から劣化状態へと変化していく酸化劣化は，ラジカルを媒体とする化学反応であり，その変化過程は，化学反応速度論を用いて解釈され得る．つまり，酸化劣化とは，エネルギー障壁(活性化エネルギー)を越える大きさの熱エネルギーを得た分子鎖で起こるラジカル生成と，それに連なる連鎖反応によって，初期状態のゴムが劣化ゴムに代わる化学反応と捉えればよい．ラジカル反応の第1段階は，活性化状態になるために外部からエネルギーを吸収する反応であり，ゆっくりした速度で進む．第2段階は，エネルギー障壁を越えた後の発熱を伴う反応であるため，非常に速く進む．

いま，ある高分子材料の特性(例えば，架橋密度や弾性率)が最初Aであったのに，酸化反応を受けるうちに徐々に変化しBの特性(劣化後の架橋密度や弾性率)になったとする．この変化を定量化するため，"物性変化をあたかも化学反応における量の変化"に置き直す．"そんな馬鹿な！"と思われるかもしれないが，ここがミソである．つまり，最初($t=0$)にX_0であったAの濃度(Aの特性)が，t時間後にはAの濃度(Aの特性)の一部XがBに変化した(劣化特性に変化した)と考える．この結果，Aの特性はX_0-X，Bの特性はXになる．

そう考えると，AからBへの変化速度(劣化物の生成速度)dX/dtは，速度定数をk_vとすると，式(5-2)で与えられる．ただし，反応は1次反応と仮定する．

$$\frac{dX}{dt} = k_v(X_0 - X) \tag{5-2}$$

式(5-2)に初期条件($t=0$で$X=0$)を入れて$t=t$まで積分すると，式(5-3)，またはその対数表示としての式(5-4)が得られる．

$$\frac{X_0-X}{X_0}=e^{-k_v t} \tag{5-3}$$

$$\ln\frac{X_0-X}{X_0}=-k_v t \tag{5-4}$$

式(5-3)を見ると，Aの濃度(X_0-X)は，$e^{-k_v t}$に従って初期値X_0から0まで時間の指数関数として低下することがわかる．したがって，式(5-4)に従い，$\ln[(X_0-X)/X_0]$を時間tに対してプロットすれば，そしてk_vが定数ならば，

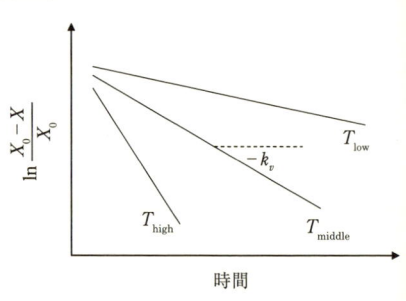

図5.9 化学反応における初期濃度変化の温度依存性

直線の勾配より速度定数k_vが求まる(図5.9)．このように，劣化反応の速度は速度定数k_vに依存しており，k_vがどのような特性を持っているかが重要になる．当然，ラジカル連鎖反応は高温(高エネルギー)ほど速く進むので，k_vは高温ほど大きな値になる．そのほか，k_vは酸素濃度やAの初期性能，材料特性に依存する．したがって，実験的にはk_vをこれらのパラメータの関数として求めればよいが，それではk_vは単なるパラメータの寄せ集めになり，どのような物理的意味を持つかは不明のままで残される．この点を明らかにしたのがArrheniusである．

5.4　Arrheniusによる反応速度定数の取扱い

5.4.1　アレニウス式の物理的意味

今から120年以上も前(1889年)に全く経験的な方法であるが，速度定数が温度上昇に伴い，指数関数的に増大することを見出したのがArrheniusである．Arrhenius[4]によると，反応の次数によらず，速度定数と温度の間には，次の式(5-5)またはその対数表示の式(5-6)が成り立つとのことであった．

$$k_v = A\exp\left(-\frac{E}{RT}\right) \tag{5-5}$$

$$\ln k_v = \ln A - \frac{E}{RT} \tag{5-6}$$

ここで，Aは頻度因子，Eは活性化エネルギー，Rは気体定数，Tは絶対温度．つまり，反応速度は，活性化エネルギーEと絶対温度Tの関数として与えられ，Eが小さいほど，Tが高いほど，速いということになる．

アレニウス式の物理的意味は，前出のBoltzmann理論を導入すれば容易に理解できる．つまり，化学反応の起こりやすさ(速度定数k_v)は，活性化状態の出現頻度($n/$

n_0)と同一の概念であり，温度が高いほど，活性化エネルギーの値が小さいほど，反応は急速に進むということである．アレニウス式は気相に限らず，液相，固相から不均一反応にも適合すると言われている．そのほか，酵素反応をはじめ，拡散や粘度のような輸送現象，半導体の導電率のような非化学的反応もこの形の式で表現され得る．

E の値は，輸送現象では非常に小さく，気体の拡散では $E≒5\,kcal/mol(≒20\,kJ/mol)$ 程度で，圧縮クリープにおける低分子物の拡散では $E≒10\,kcal/mol$ 程度である．一方，破壊に関する分子鎖の切断や架橋に伴う E の値は，20～30 kcal/mol である．つまり，分子鎖の切断や架橋を伴わない現象(物理的流動)は，切断や架橋を伴う現象(化学反応)に比べて非常に起こりやすいことを意味している．このように，活性化エネルギーの値から反応の過程や反応の起こりやすさがかなり正確に推測され得る．

5.4.2 アレニウスプロットの取扱い

さて，低温で遅い反応も，高温では桁違いに速くなるということは，逆に言えば，高温での短時間の促進試験によって室温での長時間反応が予測できることを意味している．そのために，式(5-6)における $\ln k_v$ を $1/T$ に対してプロットすると，直線の勾配が $-E/R$ を与えるので，この勾配から活性化エネルギー E が求まる．ただし，こうして得られた E は，化学反応における真の活性化エネルギーとは異なるという意味で，「見かけの活性化エネルギー」と呼ばれる．いずれにせよ，このような操作を「アレニウスプロット」と言い，例えば，ゴム材料の酸化劣化の促進条件を求めるには，次にように行えばよい．

一般の架橋ゴムの場合，室温から100℃程度までの温度領域では，ほぼ同一の化学反応とみなしてよいので，その温度範囲で3点以上の温度を選出する．まず，目的とする特性値が促進温度での試験によってどのように変化するかをプロットする(図5.10)．次に温度 T_1, T_2, T_3…において，物性変化 (X_0-X) と初期物性 X_0 の比 $(X_0-X)/X_0$ が劣化の指標となる 0.8 とか 0.5 となる時間を各々 t_1, t_2, t_3…とした場合，t_1, t_2, t_3…を $1/T_1$, $1/T_2$, $1/T_3$…に対してプロットする(図5.11)．

ここで，$(X_0-X)/X_0$ にどのような値を用いるかは，選出された温度において劣化時間に関係なく同一反応ならば，$(X_0-X)/X_0$ の値をどのように選んでも同一の勾配を持つアレニウスプロットが得られるはずである．ただし，実際の劣化においては，反応の初期から反応の終期まで同一でない場合も多い．したがって，前もってこの点を確かめておくことが重要である．

さて，図5.11で縦軸にとった t_1, t_2…は，初期値がある変化値に達するするまでの時間であり，一方，反応時間は反応速度の逆数の意味を持つので，式(5-6)を書き直

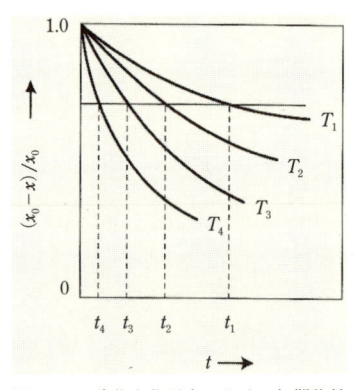

図5.10　酸化劣化反応における初期物性変化の温度依存性

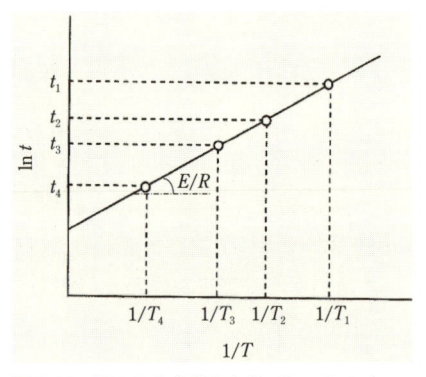

図5.11　図5.10から得られるアレニウスプロットと活性化エネルギー

したアレニウスプロット（$\ln t \sim 1/T$）の勾配は，E/R を与える．この関係が酸化劣化における「時間-温度の換算則」である．このようにして活性化エネルギー E の値が求まれば，任意の温度における反応速度を求めることができる．例えば，室温 T_{298} における反応時間 t_{298} と，ある促進温度 T_x における反応時間 t_x との間には，式(5-6)より次式(5-7)が成り立つ．

$$\ln \frac{t_{298}}{t_x} = \frac{E}{R}\left(\frac{1}{T_{298}} - \frac{1}{T_x}\right) \tag{5-7}$$

5.5　酸化劣化と力学負荷の複合劣化

5.5.1　応力による活性化エネルギーの低下

Arrhenius の考え方を発展させ，より一般的な理論にしたのが Eyring[5]であり，温度と温度以外のストレス S が同時に加えられた時の速度定数 k_v を式(5-8)で与えた．

$$k_v = A \exp\left(-\frac{E}{RT}\right) S^n \tag{5-8}$$

ここで，S は温度以外のストレス，n は定数．つまり，S を $(-E/RT)$ とは独立なパラメータとして導入したものであり，S が働くと，その分の速度増加が起こる．

これに対して Zhurkov ら[6]は，ストレス S は活性化エネルギーそのものを低下させると考え，式(5-9)を提出した．

$$k_v = A \exp\left(-\frac{E - a\sigma}{RT}\right) = B \exp\left(-\frac{E - b\varepsilon}{RT}\right) \tag{5-9}$$

ここで，σ，εは系に加えられる応力，ひずみであり，A，Bおよびa，bは定数．つまり，応力またはひずみが付加されると，その分だけ反応の活性化エネルギーが引き下げられ，反応が容易に進むことを示している．

Eyring式に比べZhurkov式の方が物理的意味がわかりやすい．つまり，熱エネルギーに代わって力学的(ひずみ)エネルギーが，系が活性化状態になるのを手助けするということである．図5.12は，力学的負荷が加えられていない場合の活性化エネルギー(実線)と，加えられた時の活性化エネルギー(点線)の違いを示す模式図である．

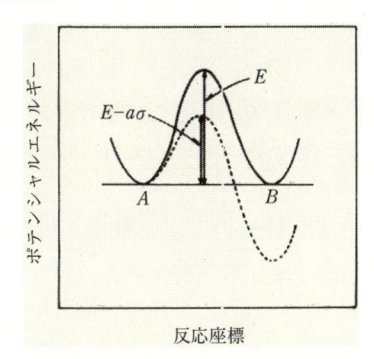

図5.12 酸化劣化に力学負荷が加わった時の活性化エネルギーの低下(模式図)

Zhurkovらの考え方は，プラスチックのクリープ実験[6]によって確認されている．

5.5.2 ゴムの酸化劣化に対する力学負荷の影響

ゴムについてのZhurkov式の検討については，筆者の実験がある．カーボンブラック充填NRの試験片を引張り変形させた状態で，酸化劣化(75℃)させた時の弾性率(100%変形時の応力M_{100})の時間変化が図5.13[7]，破断伸びの変化が図5.14[7]である．引張りひずみが増加するにつれ弾性率の増加は大きくなり，破断伸びの低下も大きくなる．ただし，図5.13，5.14は，劣化試験後の試験片から引張り方向に平行方向に打ち抜いたサンプルで測定された値である．こうして，弾性率(M_{100})および破断強度(σ_b)，破断伸び(ε_b)について得られた活性化エネルギーの値を引張りひずみに対してプロットし

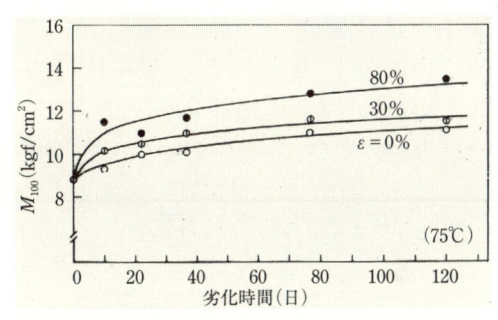

図5.13 架橋NRの弾性率変化(酸化劣化)に対する引張りひずみの影響[7]

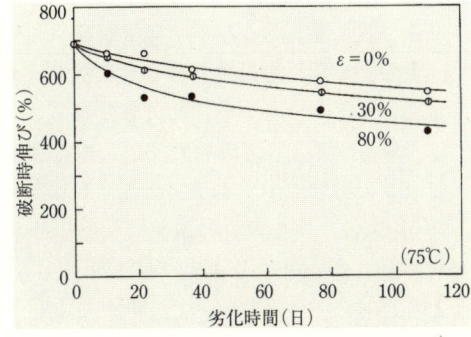

図5.14 図5.13と同様．ただし，破断伸び変化[7]

たのが図5.15[7)]である.

ここで面白いのは,劣化試験後の試験片から引張り方向に対し,平行方向と直交方向に打ち抜いたサンプルでは,得られた活性化エネルギーの変化値が異なるという点である.非破壊特性のM_{100}の場合,引張り方向に関係なく若干の活性化エネルギーの低下が見られる.これは,弾性率が構造鈍感性の物性値であり,系の平均値を示すからである.

一方,破壊特性を示すσ_b, ε_bの場合,引張りに直交方向では引張りひずみの大きさに関係なく活性化エネルギーの値はほとんど変化しない.ところが,引張りに平行方向ではσ_b, ε_bの値が大幅に低下する.これは,引張り変形を加えることによって,架橋密度の平均的な変化とともに,引張り方向に架橋構造の不均一化(2.3参照)がさらに進んだことを示している.その結果,引張り方向の活性化エネルギーが低下(破断特性もさらに低下)したと推測される.ちなみに,活性化エネルギーが20 kcal/molから15 kcal/molになると,室温における劣化速度は5〜6倍速くなる.

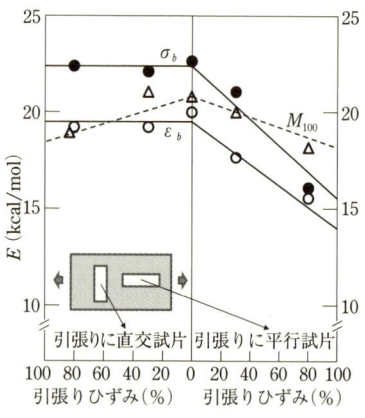

図5.15 図5.13, 5.14から得られた活性化エネルギーの引張りひずみ依存性[7)]

5.6 高分子のオゾン劣化

5.6.1 オゾンによる表面クラック発生

酸化劣化がマイルドな変化であるのに対し,オゾン劣化は激しい変化を伴う.酸化劣化は,ゴム表面から内部に向かって,ほぼ均一に,非常に長時間にわたってゆっくり進み,目に見えるクラック発生がない.一方,オゾンは,ゴム表面を集中的に攻撃し,表面クラックを発生させる.しかも,オゾンによるクラックの発生と成長速度は非常に速く,あっという間に大きな表面クラックが発生する.外に放置された自転車では1年もするとタイヤにたくさんのひび割れが発生するが,これは紫外線やオゾンクラックの影響を示す典型的な例である.

図5.16[8)]は,防振ゴムの側面に発生したオゾンクラック群である.引張り方向に直交して長さ数mmに及ぶオゾンクラックも見られる.オゾンは,分子鎖中の二重結合と反応するため,多くの実用ゴムは耐オゾン性が低い.例えば,NR, IR, BR, SBR, NBR等は特に耐オゾン性が低く,IIR, CR, HNBR等はある程度の耐オゾン性

がある．ACM，EPR，EPDM，シリコーンゴム等は十分耐オゾン性があるとみなされている．

オゾンによるゴムの劣化反応は，Criegee[9]が行ったオレフィン（エチレンやプロピレン等の二重結合を持つ有機物）とオゾンとの反応過程とほぼ同じと考えられている．図5.17[9]は，その反応過程の概要である．オゾンが二重結合と反応すると，オゾナイド（Ⅰ）を生成するが，オゾナイドは不安定なために，（Ⅱ）等の中間構造体を生成しながら，最終的にはケトンやアルデヒド（Ⅲ）に落ち着くと考えてよい．これらの化合物の生成

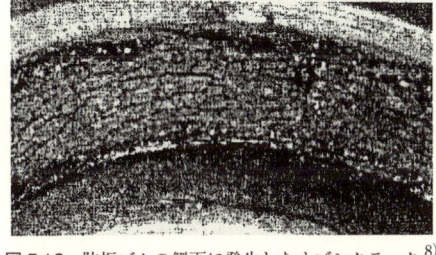

図5.16 防振ゴムの側面に発生したオゾンクラック[8]

図5.17 オレフィンとオゾンの反応機構[9]．オゾナイド（Ⅰ），アルデヒドとケトン（Ⅲ）

は，赤外線吸収測定で確認されている．オゾンと二重結合の反応は非常に速いが，オゾンのゴム内部への浸透力はかなり小さいのか，材料表面に限定された反応と捉えることができる．

5.6.2 オゾンクラック発生の不思議さ

オゾン劣化の特徴は，ゴム表面に多数のクラックを発生させる点である．この劣化機構の解明は1940〜1960年代に集中的に行われたが，必ずしも結論を得ないままに放置された感がある．オゾンクラックの発生に関しては，次の点が指摘されてきた．①無伸長下ではクラックは発生しない．②4〜5％の引張りひずみ（限界ひずみ）を加えただけで大きなサイズ（長さの長い）のクラックが発生する．③引張りひずみを大きくすると，むしろサイズの小さいクラックが多数現れる．この様子を示したものが図5.18[10]である．

図5.19[11]は，オゾンクラック発生初期段階のSEM写真で，ゴム表面に多数の窪みとそこからクラックに成長した部分（黒線部）が見られる．一方，図5.20[11]は，NR/EPRブレンドゴムの表面に発生した2本の平行するオゾンクラックと，これらをつなぐクラックを示している．面白いことに，紫外線やオゾンに強いEPRの塊（球状物

を避けるようにクラックが伸びているのがわかる．このことがEPRブレンドによる耐オゾン性の向上をもたらしているのではないかと推定されている．

オゾン劣化では，オゾンは，伸びを与えなくてもゴム分子鎖と反応する．無伸張状態のゴムをオゾンに曝すと，オゾンが吸収され，同時に表面が曇り白い膜で覆われたようになる．この膜は，ゴム表面に強く固着されている．オゾン吸収は，最初，急激に起こるが，間もなくピークを迎え，その後は吸収率が低下する．これに伸びを与えると，オゾン吸収量は格段に増加する．そして，吸収量が最大値に達する頃，ゴム表面に引張りと直交方向にクラックが発生する．

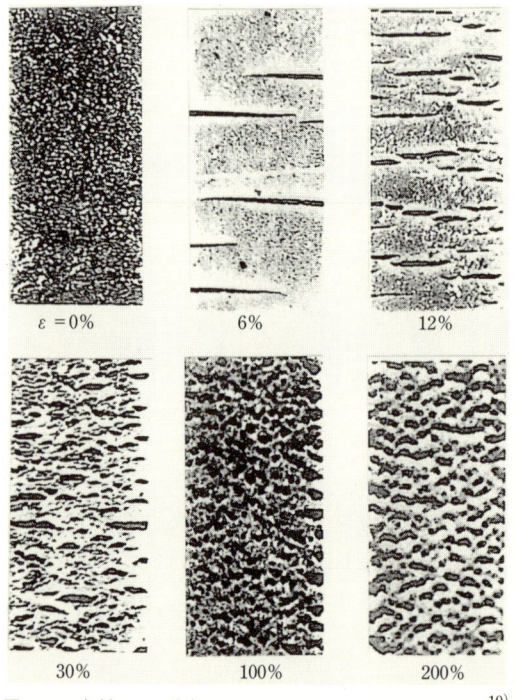

図5.18 架橋NRに発生したオゾンクラックのひずみ依存性[10]

いずれにせよ，ゴムの表面は，伸長の有無によらずオゾナイド層[または図5.17における（Ⅰ），（Ⅱ），（Ⅲ）の混合体]で覆われると考えてよい．

これに限界ひずみより大きな伸長が加わると，あっという間にゴム表面にクラックが発生する．さらに，このクラックにオゾンが侵入すると，クラックはさらに成長す

図5.19 架橋NR表面の多数の窪みとそこから成長したオゾンクラック（黒線部）[11]

図5.20 EPR塊（点線部）を避けるように進展したオゾンクラック[11]

る．ひずみが10〜20％の時，クラックの長さは最大になる．ひずみがそれ以上になると，クラックの大きさは小さくなるが，クラックの数は大幅に増加する（図5.18）．ただし，オゾンのゴムへの浸透力は限定的であるため，ゴム内部へのクラックの深さは浅い．これは，表面劣化層がオゾンの内部への侵入を妨げるためか，オゾンにはそもそも材料内部への浸透力が小さいのかはよくわかっていない．

いったんあるクラックが発生すると，そのクラックの成長速度は，ひずみの大きさやクラックの大きさにほとんど関係なく，オゾン濃度のみに比例して大きくなる．つまり，クラック先端に供給されるオゾン量がクラック成長速度を支配する．成長速度は，限界ひずみより少し大きなひずみが加えられた時に最大になり，高ひずみ下ではむしろ速度が低下する．

オゾンクラック発生機構としては代表的な2つの説がある．一つは分子鎖切断説（Newton[12]，他），もう一つは脆いオゾナイド層形成-破壊説（Kearsley[13]，他）である．分子鎖切断説では，図5.17の反応過程でゴム分子鎖が切断され，そこに応力集中が起こってクラックが発生すると考える．しかし，この考えでは，ゴム表面に無数の弱点が形成されることになり，飛び飛びに発生するクラックを説明できない．このような考えは，むしろ前述した酸化劣化のメカニズム（クラックを発生することなくゴム架橋相の全体的な破断特性の低下）に当てはまり，オゾン劣化には不適と考える．

そうなると，脆いオゾナイド表層形成説が有力になる．しかしながら，ゴムのオゾンクラックをゴムの一般的破壊現象と比べると，不思議に思える点が数多くある．第一に，なぜ10〜20％という小さなひずみで急速にクラックが発生し，成長するかである．これまで見てきたように，オゾンが作用しない時，ゴムのクラック発生も成長も非常に遅い．加えて，いかなる材料であっても，加えるひずみが大きくなるほどクラック成長速度は速くなる（図4.3参照）．つまり，ゴムにおけるオゾンクラックの発生と成長は，一般的なゴムの破壊や疲労現象とは大きく異なっている．ゴムのオゾンクラック発生は，ゴムとは似ても似つかない非常に脆い材料で起こる破壊現象であり，例えば，クラッカーのようなほとんど粘性のない脆い材料の破壊を想起させる．

5.6.3 オゾンクラック発生のメカニズム

オゾナイド層の厚さがどの程度か，どのような破壊特性を持つかについては詳しく報告されたことがない．オゾナイド層だけを分離することが難しいからであろう．実際には，脆いオゾナイド層で破壊が起こって新たなゴム層が現れると，そこがまたオゾンの攻撃によってオゾナイド層を作って破壊する．これを繰り返すことによってクラックが成長すると思われる．その際，クラックはオゾンが浸透しにくいゴム内部へ

向かうより，オゾン濃度の高いゴム表面に沿って成長し，長く伸びた形状になると考えられる．

オゾンクラック発生で最も不思議に思えるのは，なぜ引張りひずみが小さい時にクラックの成長速度が最も速く，クラックも最長になるか，である．逆に，ひずみが大きくなると，クラック成長速度が遅くなってクラック長が短くなり，その代りにクラック数が増えるという点である．

以下は筆者の推論であるが，次のようなメカニズムを考えたらどうであろうか．図5.21は，ゴムの表面状態に応じたオゾナイド層の形成とその応力集中効果を表す模式図である．ゴム表面を均一の厚さで覆う硬くて脆いオゾナイド層は，ゴム表面の凹み（傷）の突端ではV字型の形状であるため，少しの外力でも破壊する（V字型を開く）構造になっており，小さな引張りひずみでも簡単に破壊する．また，破壊したオゾナイド層の先端は，ゴム中に打ち込まれた楔効果を持つことも考えられる．

ゴム表面の傷としては，成型時のモールド傷や異物等が考えられるが，深い傷（または，長い亀裂）から浅い傷（または，短い亀裂）まで統計的に分布（ガウス分布）していて，その中で深い傷は，非常に少数と考えてよい．

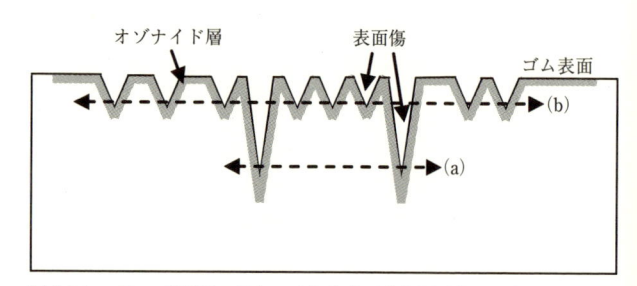

図5.21　ゴムの表面傷の深さに応じた表面劣化層形成と応力集中の模式図．(a)少数の深い傷群，(b)多数の浅い傷群

当然，深く長い亀裂［図5.21(a)］では，その応力集中効果も応力拡大係数も，他の小さな亀裂に比べて非常に大きくなっている．したがって，系に引張りひずみが加えられると，たとえそれが小さなひずみであっても，最初にこの非常に少数の長い亀裂から破壊が発生し，成長すると考えて間違いない．

一方，引張りひずみが大きい場合，小さく浅い亀裂［図5.21(b)］でも同じように大きな応力集中が起こるため，亀裂成長が始まる．当然，ゴム表面の小さい亀裂は数多く，ゴム表面に均一に広がっているので，発生するクラックもゴム表面全体にわたって多数発生する．ただしここで，大きな亀裂から発生したクラックはなぜ他の小さな亀裂から発生したクラックよりも大きくならないか，という疑問が生じるが，クラックが同時に多数発生する場合，隣り合うクラックの形成で高ひずみが緩和され，成長が抑制されるのだろうと推定したい．そのため，亀裂の進展速度は遅い．このような例として，ほぼ均一の大きさのアブレージョンパターン（表面クラック）を形成するゴ

5.7 高分子の紫外線劣化

5.7.1 プラスチックの紫外線劣化

　高分子は，紫外線照射によって表面部が著しく劣化される．表面で白化や黄変が起こり，さらに分子量低下や架橋を伴う表面劣化層が形成され，表面クラックが発生する．表面層がぼろぼろになって剥げ落ちるチョーキング現象等も起こる．紫外線劣化の実態を知るのに，国土技術政策総合研究所の報告は参考になる．図5.22[14]は，15年間屋外曝露した塩ビ管の表面に発生した亀甲状クラックのSEM写真である．このような亀甲状クラックは，乾いた田んぼ等でよく見られる模様で，外的な引張りひずみがなくても，表面張力のみで発生する点がオゾンクラック発生と異なっている．

　図5.23[14]はその断面SEM写真であり，クラックは材料内部に向かって数$10\mu m$の大きさで伸びていることがわかる．図5.24[14]は，同じ塩ビ管にサンシャインウェザーメータで2,000時間照射した時の断面写真である．クラックのあるなしにかかわらず，ボロボロになった劣化層（数$10\mu m$）が表面を覆い，クラックは，劣化層を先導するかのように材料内部まで伸びている．これらの写真を見ると，紫外線による表面劣化層は，オゾン劣化による表面劣化層に比べ，さらに強度的に弱く，脆いと想像される．外力がなくても，その表面張力だけで破壊し，その後はさらに脆くなって小さな塊（微

図5.22　塩ビ管表面に発生した紫外線クラック[14]

図5.23　図5.22のTEM断面写真[14]

図5.24　サンシャインウェザーメータによって塩ビ管表面に発生したクラック[14]

粉末)に分解していくのであろう．それは，オゾン劣化層をクラッカーの脆さにたとえるなら，まるでビスケットのような脆さである．

紫外線による表面劣化層に関する栗山らの研究[15]は示唆に富んでいる．これは，ポリプロピレンを用いて行った，札幌から鹿児島までの17地点における3～24ヶ月の屋外曝露試験結果の解析である．PPは，光や熱との反応によりカルボニル基が生成し，そのことを示すC=O伸縮に対応する$1,725 \mathrm{cm}^{-1}$ピークが現れる．図5.25[15]は，このピーク強度を試験片表面からの深さに対して

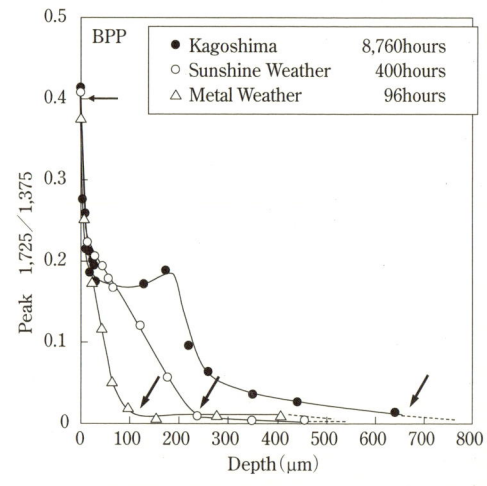

図5.25 屋外曝露試験によるPPのカルボニル基強度の変化と表面からの距離依存性[15]

プロットしたものである．一般的にはピーク強度は距離の指数関数として低下するが，曝露品(鹿児島，黒丸)では50～200μmに平坦領域が現れる．平坦域のピーク強度の高さは，地域による差(鹿児島が最も高くなる)があるが，平坦域の幅には地域による差がほとんどない．

この結果は，紫外線による表面劣化層の厚さが50～200μmであることを示している．一方，図5.25には，サンシャインウェザーメータ(白丸)やメタルハロイドウェザーメータ(三角)による劣化試験片のデータも示されている．これらの室内促進劣化試験には，平坦領域が現れず，屋外曝露とは異なった劣化状態になっていることがわかる．つまり，図5.25は，屋外曝露試験と室内試験は全く違った劣化状態を作り出していることを示している．このことは，促進試験を考えるうえで非常に重要であり，後ほど議論する．

5.7.2 ゴムの紫外線劣化

架橋ゴムは，紫外線劣化によって表面層の粘弾性特性が大幅に変化することが知られている．長野＆西本[16]は，炭酸カルシウム等を充填した架橋SBR試験片(2 mm厚)を用い，アリゾナ試験場で1年間の屋外曝露試験を行った．その後，試験片を厚さ方向に向太陽側から0.1～0.2 mmの薄片にスライス(外表面から順次 Sliced No.1, No.2, ……, No.6)し，動的粘弾性を測定した．図5.26[16]は，tanδの表面からの厚さ依存性

であるが，未照射シートに比べて表面部のtanδ（特にそのピーク値）の低下が著しいことを示している．また，表面部はプラスチックレベルの弾性率になっていることも確認された．

図5.26は，最も紫外線の影響を受けるのが表面から数100μmで，500μmの深さになると，（この照射条件では）ほとんど影響されないことを示している．ただし，それでも前述の塩ビ管の劣化層の厚さに比べるとかなり深い所まで劣化しており，ゴムの紫外線劣化がプラスチックに比べて激しいことがわかる．特に，最表面部ではtanδのピークがほとんど消失することを考えると，この劣化層は，粘性効果（粘り）のないビスケット的な特性に変化していることを示している．

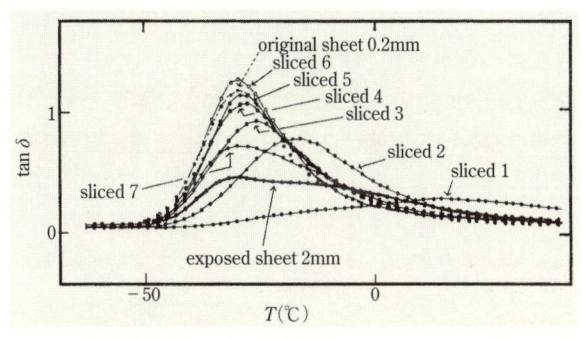

図5.26 屋外曝露試験による架橋SBRのtanδの変化と表面からの距離依存性[16]

5.8 高分子劣化の統一的取扱い

5.8.1 高分子劣化の統一的取扱いの必要性

高分子の劣化に関しては，1940〜1950年代に，ラジカル反応機構解明と，それに基づく高分子鎖の架橋と切断のメカニズムの研究が活発に行われた．これは天然ゴムの環境劣化に対する弱さと，その改良が軍需用として急務であったからと思われる．1960年代に入ると，酸化劣化における力学物性の変化について，J.R.SheltonやA.V.Tobolskyらの精力的な研究があった．一方，オゾン劣化については，1940〜1960年代に破壊問題としても取り扱われ，いくつかの劣化機構説が提出されたのは前に述べたとおりである（4.3.1および5.6.3参照）．

しかしその後の劣化研究はほとんど行き詰ってしまった感がある．これは，疲労が破壊力学と連動して大きな飛躍を遂げ，今も1つの学問領域を形成しているのとは大きく違っている（第4章参照）．この原因は，本来，劣化は寿命（破壊）と密接に関係するという認識でスタートしたはずであるが，"分子鎖レベルの切断や架橋がどのように破壊と結び付くか"という本質的な点の解明が，ほとんど進まなかったからではないかと想像される．

もちろん，破壊はすべて分子レベルの切断を開始点とするが，それがそのまま亀裂成長につながるかどうかは，3.3.1 で述べたように，ゴムにおいて破壊開始の起点となる Griffith クラックの大きさを 50μm 程度とすれば，分子レベルの問題は破壊や寿命には直接的には結び付かないという結論にならざるを得ない．したがって，例えば酸化劣化で，取りあえず破断強度や破断伸びが初期値の半分に低下する点を寿命と設定し，それに達するまでの時間をアレニウスプロットで予測したとしても，それは製品の破壊にも寿命にも直結するとは言えないのである．

これまでに見てきたように，一口に環境劣化と言っても，酸化劣化とオゾン劣化や紫外線劣化は大きく異なった現象である．それにもかかわらず，従来はそれらの区別が曖昧で，ある人はすべての劣化を化学的反応で捉え，アレニウスプロットで整理しようとした．別の人は材料表面のクラック発生がすべての劣化問題の核心と考えた．ただしその場合でも，肝心の表面劣化層の解明がほとんど進まなかった．

劣化問題が高分子材料の経年変化にとって極めて重要であることは，論を待たない（1.5 参照）．一方，このままでは進展の糸口が見えない．そこでこのような現状を打破するために，もう一度，劣化問題の原点に戻り，すべての劣化を寿命との関係で整理し直すことを提案したい．つまり，破壊とは直結しないが，明らかな破断特性の変化をもたらす酸化劣化と，破壊に直結するオゾン劣化や紫外線劣化を明確に区別し，各々の劣化反応と寿命の関係，および各劣化間の相互関係を明らかにする必要がある．

そこでヒントになるのが，酸素とのマイルドな反応による酸化劣化と，オゾンや紫外線との激しい反応による劣化の違いは，"入力されるエネルギー源の大小による違い"という捉え方である．

これは，パンの焼き方に似ている．低温でじっくり焼いた場合，全体が均一にふっくらと焼き上がるが，高温で急激に焼くと，表面のみが硬く，脆いパリパリの表皮になり，内部とは全く違ったものになる．このことを模式的に示したのが図 5.27 である．筆者は料理のことは全くわからないのでうちのカミさんに聞いたところでは，低温で焼く範囲であれば，温度や時間が少しばらついても出来上がりの違いは少ないが，高温で表面を焦がす焼き方では温度が重要で，温度の違いが表面パリパリ層の厚さや質を大きく変えるそうである．そこで 1 つの試案として，劣化をもたらすエネルギー源の大きさを基準として，環境劣化を次のように整理してみたい．

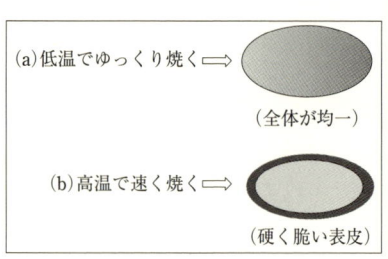

図 5.27　低温と高温で焼かれたパンの表面状態の違い（模式図）

5.8.2 入力エネルギーが低い場合の劣化の取扱いと注意点

　低エネルギー源である酸素による劣化では，分子鎖の切断と架橋が競争反応的に起こり，平均的な架橋密度の変化をもたらす．酸素劣化以外に，例えば，湿度，オイル膨潤等による物性変化もこの範疇で捉えられるだろう．このようなマイルドで均一な反応には，化学反応速度論が適用され，温度を上げることによる反応促進効果が利用できる．その結果，高温試験で求めたアレニウスプロットと活性化エネルギーを用いた温度と時間の換算により，高温‐短時間の促進試験から低温‐長時間の実使用条件での変化が予測可能になる．

　ただし，アレニウスプロットを用いる酸化促進試験で最も注意すべき点は，高温試験で得られたデータが使用温度（例えば，室温）まで直線外挿できるかどうかの確認である．直線性が確認された温度範囲であれば，高温における反応形態と使用温度における反応形態は同一とみなせる．ところがその確認なしに，例えば，アレニウスプロットを行えば直線が得られると思い込んで無理な直線を引き，活性化エネルギーを求めたケースが散見される．

　いま1つの注意点として，アレニウスプロットはデータのバラツキが大きく，活性化エネルギーの値にかなりの差を生じかねない．このような場合，安全性の観点から測定温度を増やし，さらにデータのバラツキの範囲内で小さい活性化エネルギーの値を採用することをお勧めしたい．予測はあくまでも予測にすぎず，将来への不安をなくすためにも，厳しい側の判断に立つ方が安全である．

5.8.3 入力エネルギーが高い場合の劣化の取扱いと注意点

　高エネルギー源であるオゾンや紫外線，放射線による劣化の場合，劣化層の取扱いが最重要になる．この劣化層は，劣化前の高分子とは全く似ても似つかぬ物質と捉えるべきであり，しかも照射強度や照射時間によってその特性が大きく変化する．つまり，このような高エネルギー源による劣化では，まず劣化層自体の把握が必要であり，劣化層の形成速度やその形状，厚さ等の形態因子，劣化層の力学特性（弾性率，破断特性等），さらには母体となる未劣化高分子との界面状態等を知ることが重要である．当然，系のマイルドな均一変化を前提とする化学反応速度論やアレニウスプロットは適用できない．

　高エネルギー源による劣化の場合，一般的には高照射量を当てる促進試験が採用されているが，非常に注意を要する．例えば，高オゾン濃度の結果から直線外挿によって低オゾン濃度の結果を予測する方法は危険である．これは，先に述べた高温で急激に焼くパンの出来上がりが温度に敏感に左右されるのと同じで，オゾン濃度によって

表面劣化層の特性が大きく異なる可能性があるからである．劣化層がクラッカー的になるかビスケットの脆さになるかは，多分に入力されるエネルギー源の大きさに依存すると思われる．

こう考えると，現在一般的にとられている積算照射量を基準とする促進試験のあり方は，再チェックする必要がある．従来から技術者を悩ませてきた問題の1つに，実使用条件または屋外曝露条件で得られた結果と，試験機による高濃度，高照射強度による促進試験の結果が合ったり合わなかったりするという報告がある．前出の栗山らのデータ(図5.25)は，そのことを如実に表している．ここで問題になるのは，そのような報告の前提条件となっている"その材材料が受ける全照射量(積算照射量)が同じであれば，照射強度を変えても同じ劣化状態になる"という考え方である．

オゾン劣化や紫外線劣化の特性を見ると，そのような仮定がいかに危険かは既におわかりのとおりである．もちろん，照射強度の違いによる劣化層の特性の変化を十分わかったうえで，実際の使用照射強度まで外挿できる範囲であれば，積算照射量は有効な目安になるはずである．したがって，劣化の予測精度を上げるためにも，原点に戻った再チェックは重要な技術課題である．

参考文献

1) Y. Watabe, et al.：Investigation Old Aging Effects for Laminated Rubber bearing of Pelham Bridge, WCEE, 1996.
2) P.H. Mott, & C.M. Roland,：*Rubber Chem. Technol.*, 74, 79, 2001.
3) 上野景平：化学反応はなぜおこるか，講談社ブルーバックス，1993.
4) S. Arrhenius：*Z. Phys. Chem.*, 4, 226, 1889.
5) S. Glasstone, K.J. Laider, and H. Eyring：The Theory of Rate Process, 1941.
6) McGraw-Hill 6) S.N. Zhurkov & E.E. Tomashevsky：Physical Basis of Yield and Fracture (1941), Institute of Physics, p.200, London, 1966.
7) 深堀美英：日ゴム協誌, 70, 426, 1997.
8) J. Spreckels, et al.：ECCMR-Ⅶ, p369, 2012.
9) R. Criegee：*Rec. Chem. Prog.*, 18, 111, 1957.
10) G.J. Lake and A.G. Thomas：Engineering with Rubber (2nd), Ed. A.N. Gent, p99, 2000.
11) E.H. Andrews：Fracture in Polymers, Oliver & Boyd Ltd., 1968.
12) R.G. Newton：*Rubber Chem. Technol.*, 18, 504, 1945.
13) E.P.W. Kearsley：*Rubber Chem. Technol.*, 4, 13, 1931.
14) 国土技術政策総合研究所下水道研究室：平成22年度第2回下水道クイックプロゼクト推進委員会資料4-3.
15) D. Kusakabe, M. Mizoguchi & T. Kuriyama：Natural and Artificial Aging of Polymers, Ed. T. Rechert, No.15, p 265, 2011.
16) 長野悦子，西本一夫：日ゴム協誌, 73, 399, 2000.

第6章　免震ゴムの60年寿命予測実例

　第5章までで寿命予測のためのすべての準備を整えたので，いよいよ主題の寿命予測に入りたい．本章で取り上げる免震ゴムの長期寿命予測は，いまや地震国日本における耐震の切り札的存在となりつつある免震建築の，いわば根幹を支える免震ゴムに関するものであり，他に例を見ないほどの長期間の寿命予測の実例である．なぜ筆者がそのような寿命予測に取り組んだかは第1章を読んでいただいた方にはおわかりと思うが，少なくとも筆者自身は，これなくして日本に免震ゴムを，そして免震建築を普及させることができないと覚悟したからである．1985年の中頃のことであった．

6.1　免震とは何か

6.1.1　重要性を増す免震建築の急速な普及

　今回の原発事故の最中，福島第1原発内の"免震重要棟（さなか）"が人々の耳目を集めた．そこには災害対策本部が置かれ，事故処理の作業員が寝泊まりする場所としてたびたびテレビ等に登場したからである．つい最近，東京駅の丸の内駅舎（図6.1）を保存するために建物の免震化が行われたことは周知のとおりである．思えば，免震建築が日本で知られるようになったのは，先の阪神・淡路大震災（1995年）の時，神戸に建っていた2棟の免震ビルが優れた耐震性を発揮したことに始まる．その後の免震建築の普及は目覚しい．

　現在，日本に建っている免震建築は，建設中を含め，免震ビルがおよそ3,500棟，免震住宅が約5,000棟と推定される．現在では公共，企業の建物を問わず，重要建築物が急速に免震建築になりつつある．これらの多くは，地震時にもその機能が失われことなく，地震後には即座にその機能を発揮させねばなら

図6.1　免震補強された東京駅丸の内駅舎

ない建築物である．例えば，病院，消防署，官庁等の公共施設，企業における本社ビル，コンピュータセンター，重要な生産設備や計測設備棟等，その施設，その企業にとって最重要の情報と技術の拠点となる建物である．

さらに一般的なマンションや戸建て住宅の免震化も急速に進んでいる．地震による建物，建物内器具，および人的被害の大きさ，さらには地震に対する潜在的な恐怖感の大きさを考えると，建設時の若干のコストアップの方がはるかに安いという考え方が受け入れられつつあるからであろう．また，高速道路橋や貴重な保存建物等の免震化も進んでいる．東南海地震や首都直下地震の脅威が盛んに取り沙汰されていることを考えると，恐らく20年後，30年後には日本におけるほとんどの重要建築物は免震化されるだろうと予測される．

6.1.2 免震建築と免震ゴム

既に免震構造，免震ゴムという言葉を何度も耳にされている方も多いかと思うが，この分野に不慣れな方にその原理を簡単に説明しておきたい．なお，もう少し詳しく知りたい方は文献1, 2)を参照いただきたい．地震動(または地震波)というのは地中深くで起こった岩盤の破壊に伴って起こる振動であるが，それが地中を伝わる間に様々な周期(振動数の逆数)を含む振動に変化する．しかし，過去に記録された地震波を見ると，ほとんどの地震波は，それらの幅広い周期の中でも0.1秒から0.7，0.8秒あたりの周期成分が非常に多く(強く)，3秒程度より長周期の成分は極端に少なくなる(図6.2[1])．ところが不運にも，多くの従来建築物(長高層ビルを除く)は0.2〜0.7秒あたりにその固有周期を持っているため，地震波と共振し衝撃的な(加速度の大きい)揺れに襲われる．

「免震建築」とは，従来の基礎を固定する建築物に免震装置を加えることによって，建物(躯体)の固有周期を3秒程度以上の長周期に変える建築様式であり，"地震波との共振から免れる"ように設計された構造物である．もう少し正確に言えば，建物は縦方向の揺れには強いが，横方向の揺れに弱い．そこで地震動のうち，水平方向の揺れに対して建物が共振しないよ

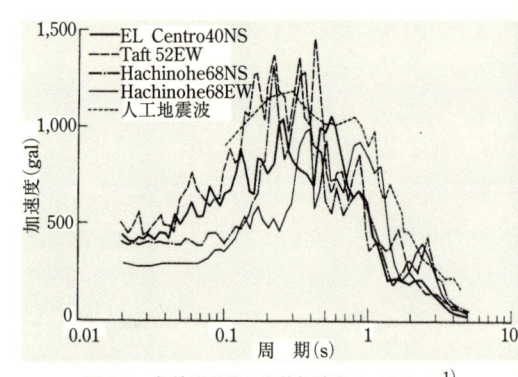

図6.2 各種地震波の応答加速度スペクトル[1]

6.1 免震とは何か

うに,水平方向には軽い力でも動く装置が必要になる.そのような要求を満たす装置として登場したのが「免震ゴム」であり,免震ゴムを躯体と基礎の間に挟み込む構法(図6.3[1])がとられる.

免震ゴムの役割は,通常時は建物の全重量を支えて固定し,一方,地震時には,躯体を背負った状態で水平方向に大変形(せん断変形)を繰り返す動きである.この結果,地震時の建物の動きは衝撃的な揺れではなく,

図6.3 躯体と基礎の間に挿入された免震ゴム[1]

ゆっくりした(周期の長い)揺れに変わる.したがって,建物自体はもちろん,建物内の人や器物もほとんど地震の影響を受けないで護られる.免震という発想は100年以上も前に提案されていたが,実用的な免震装置としては,1970年代にフランスで開発された免震ゴムが最初であった.免震ゴムというのは,垂直方向には硬く,水平方向には非常に軟らかい特性を持っており,一般には垂直方向と水平方向のバネ定数の比が1,500倍にもなっている.

なぜ免震ゴムではそのような構造異方性が可能なのかと言えば,これはゴムの特性と免震ゴムの構造の妙にあると言ってよい.ゴムは変形させても体積一定(等方的,均一変形)なので,引張り,圧縮,せん断にかかわらず弾性率はほとんど同じである[図6.4(a)].ところが,例えば,ある方向(x方向)のゴムの動きに何らかの拘束を加えると,ゴムはその直交方向に逃げざるを得なくなり,そのことがx方向の弾性率を増大させる.例えば,ゴムの上下に鉄板を接着して張り付けた構造体[図6.4(b)]を上下に圧縮すると,ゴムの逃げられる方向は水平方向のみとなり,圧縮弾性率が大きくなる.一方,水平(せん断)変形に対しては,鉄板はゴムの動きを邪魔しない(一緒に動く)ため,せん断弾性率は変化しない.

この構造体の垂直方向に鉄板を挿入すると,

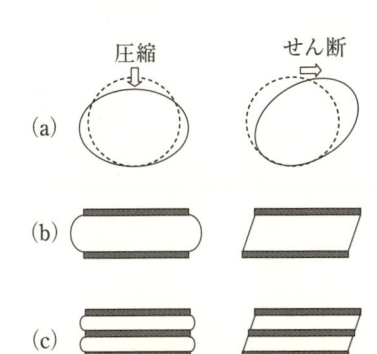

図6.4 圧縮とせん断荷重に対する積層ゴムの変形の違い

図6.5 免震ゴム

ゴムの逃げ場は鉄板間の狭い隙間だけになる［図 6.4 (c)］ため，圧縮弾性率はさらに増大する．一方，せん断変形は各層のせん断変形の単なる和となるため，せん断弾性率はこの場合も変化しない．図 6.5 はゴム層と鉄板の交互積層構造からなる免震ゴム（免震用積層ゴム）であり，一般的には鉄板とゴムが 30〜40 層も積層されている．このことが圧縮変形とせん断変形において 1,500 倍以上のバネ定数の差を生み出している．

6.2 免震ゴムの寿命予測システム

6.2.1 何が免震ゴムに寿命をもたらす要因と考えたか

さて，第 1 章で述べたように，建設会社の指摘を受け，一体，免震ゴムがどのような状態になったら寿命と捉えるかについて建設各社と話し合い，次の 3 点を最も重要な判断基準に設定した．免震ゴムの役割から考えて，まず，免震ゴムの弾性率がある設計値の範囲に入っていることが免震機能の生命線になる．ゴムがそれより硬くなると，せっかく軟らかいゴムを用いることによって建物の周期を長くした(免震)効果が低減する．逆に，設定値より軟らかくなると，免震ゴムの変形が大きくなり過ぎるため，建物が想定以上に水平方向に動き，周囲と衝突する危険性が出てくる．

次に考えられることは，ゴムの変形能力（接着を含めて）が低下して，地震時に免震ゴムが破断する場合である．これは繰返し変形による疲労破壊が進み，破断伸びが設計基準値以下になる場合である．さらに環境劣化がこれに重なると考えねばならない．免震ゴムが破断した場合，建物全体の損壊と倒壊を引き起こしかねない重大事故となり，免震建築物としては絶対に避けなければならない．本章に先だって破壊，疲労，劣化を詳しく見てきたのは，まさにこのような致命的破壊を避けるためである．

今一つは，免震ゴムの圧縮クリープ量が想定値を超えた時である．免震ゴムの垂直弾性率が非常に高くなっているといっても，コンクリート基礎に比べるとはるかに軟らかい．ましてやゴムの粘弾性を考えると，圧縮クリープは時間と共にどんどん大きくなる．一方，建物の各柱が支える荷重は，建物形状や間取りによって大きなバラツキがある．したがって，もし建物の部位によって免震ゴムのクリープ量の非常に大きい所と小さい所が現れると，建物の基礎部に高低差が生じて不同沈下をもたらし，建物の部分的な損壊の危険性が出てくる．免震ゴムに対して，軟らかいゴムの上に重量物を乗せることに対して，当初，日本の建設会社のみならずアメリカの建設会社が最も懸念したのがこの点であった．

6.2.2 免震ゴムの長期寿命予測システム

そこでまず，免震ゴムにこのような経年変化を起こさせる負荷要因を，フローチャートとして表したのが図6.6であり，これを「免震ゴムの60年寿命予測システム」として構築することを目指した．ここでは，上で述べた"3つの寿命支配因子のどれかの値が，設計基準値を超えた時を免震ゴムの寿命"と設定した．

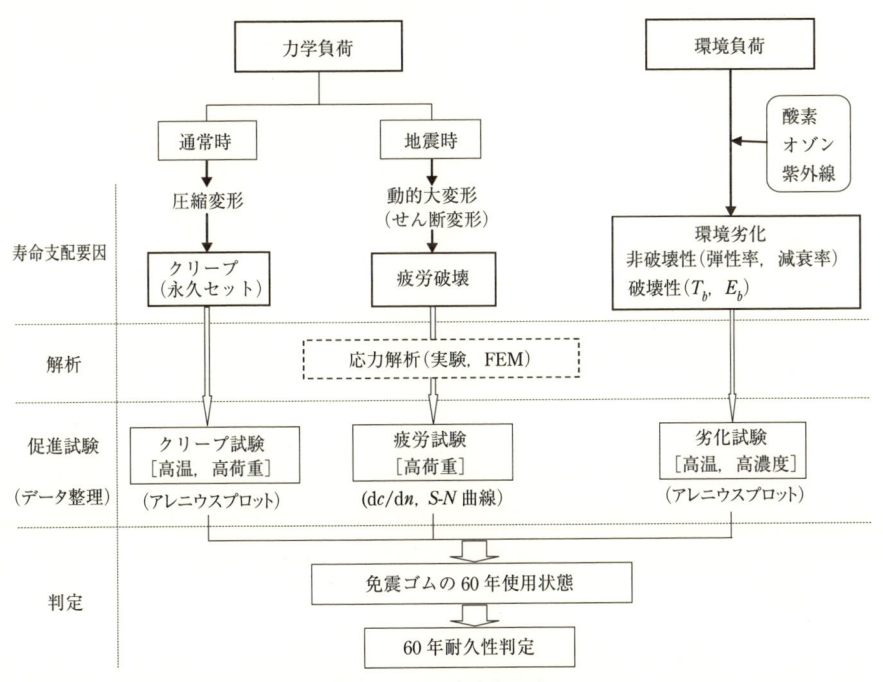

図6.6 免震ゴムの60年寿命予測システム

まず，力学負荷と耐久性という面から免震ゴムを考えると，通常時は躯体荷重を静的に支えており，圧縮変形に伴うクリープと永久セットを生じる．地震時には，躯体の水平方向の動きに連動する繰返し大変形によって，免震ゴムのゴム内部やゴムと鉄板の接着界面にクラックが発生，成長する（疲労）．一方，環境負荷としては，酸素の影響が主になる．一般的には，免震ゴムは直接日光に曝されない位置に取り付けられているが，その保証はない．オゾンについては，海浜地区に近い場合，その影響も考慮しておく必要がある．このような環境因子によってゴムの弾性率，減衰性能および破断特性が変化する（劣化）．また，60年という長期間を考えると，疲労と劣化の複合効果をチェックする必要がある．

さて、上記の要因が免震ゴムの経年変化と寿命をもたらすと想定して、その促進試験に取りかかる。まず、圧縮変形や動的大変形によって、免震ゴム内にどの程度の局部応力や局部ひずみ(それらの最大値)が発生するかを定量的にわからねばならない。なぜなら、疲労も劣化も変形条件に大きく左右されるからである。そのような応力解析を行う1つの方法は実験的に求めるやりかたであるが、幅広い条件下で定量的結果を得るのは極めて難しい。ましてや、大変形時の免震ゴム(図6.7)を見ると、鉄板間に挟まれたゴム層は非常に薄く、例えば、ひずみゲージ等を用いた測定は不可能である。実験時の危険性もある。結局、コンピュータによるFEM(有限要素法)解析が不可欠と判断せざるを得なかった。

図6.7 免震ゴムの圧縮-せん断変形

6.2.3 長期寿命予測を可能にする促進試験の設定

さて、応力解析ができたとして促進試験に入るのだが、ゴムの圧縮クリープのデータは、当時、皆無であった。ましてや免震ゴムの圧縮クリープは、ゴム自体の特性はもちろん、免震ゴムの積層構造形状や荷重、温度に依存する。したがって、これらの変数ごとのクリープ実験によってデータを定量的関数にまとめる必要がある。これにはアレニウスプロットも有効と考えた。一方、疲労破壊試験では、クラックの成長速度dc/dnの測定やS-N曲線測定が中心になる。

60年間には大小様々な地震に襲われると考えた場合、マイナー則の検討も必要になる。ただし、地震動の場合、地盤の動きが基準になる(つまり、建物の変位量が基準になる)ので、ひずみ一定の繰返し試験が適していると判断した。環境劣化は酸化劣化が中心と考えれば、高温促進試験によるアレニウスプロットが適用できる。一方、ゴムのオゾン劣化や紫外線劣化については、手探り状態からスタートせざるを得なかった。

加えて、ゴムと鉄板の多積層体である免震ゴムでは、内部ゴムと外皮ゴムの接着界面や、ゴムと鉄板との接着界面の剥離が問題になる。このようなマクロ的応力集中点が破壊の起点になりやすいことは既に述べたとおりである。これらの実験は主にゴム試験片を用いて行ったが、各要素の経年変化が構造体としての免震ゴムの経年変化を表しているかどうかをチェックするために、縮小免震ゴムを作り、一連の促進試験を

表6.1 免震ゴムの耐久性評価項目一覧表

	部位	評価特性	評価項目	促進条件
構造要素耐久性	内部ゴム	劣化特性	非破壊性（弾性率，減衰率） 破壊性（T_b, E_b）	高温
		疲労特性	dc/dn, S-N 曲線	大変形，高温
	外皮ゴム	劣化特性	破壊性（T_b, E_b）	高濃度，高温
	接着界面	ゴム／金属接着性	dc/dn, S-N 曲線	大変形，高温
		内部ゴム／外皮ゴム接着性	接着強度	高温
免震ゴム耐久性	縮小モデル	劣化特性	水平剛性 等価減衰性 破断応力〜ひずみ曲線	高温
		疲労特性	dc/dn, S-N 曲線	大変形，高温
クリープ耐久性	縮小モデル	クリープ特性	クリープ量，永久セット	高荷重，高温
		形状，構造依存性		

行って比較することにした．こうした各構成要素とその評価項目の一覧が表6.1である．

60年使用による経年変化後の予測値が，データのバラツキを考慮しても設計基準値内に収まっていれば60年以上の寿命と判断し，余裕分を安全率として見積もる．逆に，基準値を外れていれば60年以下の寿命と判断する．しかし基本的に懸念されたことは，果たしてここで採用したような考え方，促進試験，判断基準が，"構造部材としての免震ゴムの，しかも60年という長期間の予測法として適しているか"どうかであり，前例もなく，常に不安が伴った．

地震という予測困難な事象に対して，何か見落としていないか，何か思い込んでいないか．何より，大地震の被害から免れるために建設された免震建築で，免震効果を発揮できなかった時の人的，物的，精神的被害の大きさを考えると，絶対に起こってはならない事故に対する，震えるような恐怖感が先だった．しかし当時，そして今でも，あらゆる情報を集めてみてもどんなに知恵を絞ってみても，これら以外の方法は見出せなかった．そこで少しでも恐怖心を和らげる（？）ため，"実験はできるだけ厳格に，判定は常に厳しい側に立つ"をモットーに，実験と解析を進めることにした．

6.3 免震ゴムの定量的寿命予測を可能にした3つの要素技術開発

6.3.1 大変形FEM解析の開発と実験による確認

免震ゴムの寿命予測における要素技術の中で最も重要で，かつ，開発に最も苦労し

たのが大変形 FEM 解析であった．構造物の応力解析に最も一般的に用いられる解析法は，コンピュータによる有限要素法(FEM)解析である．なお，応力解析というのは，ある構造体にある力や変形が加えられた時，その構造体内部のどの部分にどれほどの大きさの力(応力)や変形(ひずみ)が発生するかを調べる手法である．応力やひずみが定量的に求まらない限り，構造設計や材料設計，さらには材料の経年変化をもたらす力学負荷条件も決まらないので，応力解析は不可欠の要素技術であった．

　FEM 解析では，まず任意の箇所を仮想的に細かく分割し，各分割部分でどのような力と変形が発生しているかを計算した後，すべての分割部分の力と変形を合計し，その箇所全体の応力とひずみを求める．したがって，正確な値を求めるには分割を細かくする必要があり，そのような膨大な計算はコンピュータを使わない限りできない解析法である．FEM 解析そのものは，1985 年頃には既に航空機や船，さらには高層ビル等の複雑な構造物の応力解析に盛んに取り入れられていた．ゴム製品でもタイヤの応力解析等には FEM が導入されていた．

　ところが一般に用いられていた FEM 解析は，微小変形 FEM と呼ばれていて，構造体の変形が非常に小さい時(例えば，ひずみの大きさが数〜10％程度まで)には有効であるが，変形が大きくなると誤差が大きくなり，適用できなくなる．一方，免震ゴムは大地震時には水平方向に 30〜50 cm も変形し，ゴム内部に数 100％に及ぶ大ひずみが発生する．したがって，そのような大変形の応力解析を実現するためには，大変形を取り扱える数値解析(大変形 FEM)がどうしても必要になる．今でこそ大変形 FEM はほとんどの市販ソフトに組み込まれ，大学院学生にさえ一度は演習させるほど普及しているが，当時はまだ世の中に市販されたものはなかった．

　大変形 FEM 解析の難しさは，FEM の計算ソフトの問題はもちろんであるが，より本質的には大変形の力学解析そのものにある．微小変形の力学解析では，応力とひずみの関係が直線関係(線形)とみなせる微小変形の範囲は取り扱えるが，大変形になって両者の関係が線形でなくなる(特にゴム材料は大変形になると，顕著な非線形性が現われる)場合，大変形独自の力学解析が必要となるからである．この問題に関しては，当時，その第一人者であった京都大学の川端季雄先生(故人)の門を叩き，教えを乞うた．

　川端先生と相談した結果，ゴムの大変形力学特性(力学的構成則と呼ばれる 3 軸の応力〜ひずみ関係)を決めるために，まず，1 軸拘束 2 軸引張り試験機が必要とのことであった．そこで，急遽先生に設計していただいた図面を基に，新たに製作した試作機が図 6.8[3]である．一方，数値計算の心臓部となる大変形 FEM ソフトの開発に着手した．この部分は非線形ソフトが専門のマーク社にソフト開発を依頼した．ただ

6.3 免震ゴムの定量的寿命予測を可能にした3つの要素技術開発

し，マーク社の開発するソフトには，得られたゴムの力学測定値を直接インプットできないとのことだったので，両者をつなぐサブルーチンの開発を行った．幸い，筆者の相棒に数学に強い関亙氏（工学博士，ブリヂストン）がいたので，彼が中心になってこの開発を進めた．

ところでFEMのような数値解析の怖さは，たとえ方法論に間違いがあったとしてもそれなりの答えが出てくるため，その答えを正しいと鵜呑みにはできない点にある．この部分は，数学には弱いが一応は鼻が効く筆者が担当し，得られた計算結果が工学的常識に合うかどうかを，常に実験的にチェックすることにした．こうして，ゴムの簡単な変形状態の解析（図6.9[3]）から始めて，順次，複雑な変形のシミュレーションを行いながら計算と実験の整合性を確かめ，解析法の精度を高めていった．その結果，モデル型免震ゴムの大変形FEM解析ができるようになったのが1987年初であった．

ここまでくると，大地震時に免震ゴム内に発生する応力やひずみの大きさもかなり定量的にわかるようになった．そこでまず，モデル（縮小）免震ゴムを用い計算値（ひずみ）と免震ゴムの破断特性を比較した．例えば，当時，免震ゴムの圧縮下のせん断変形において最大ひずみの発生する部位は，免震ゴムの引張り端部と一般的には信じられていた．事実，解

図6.8 1軸拘束2軸引張り試験機．右下の点線内は試験片の取付け状態（$\lambda = 1.5$）[3]

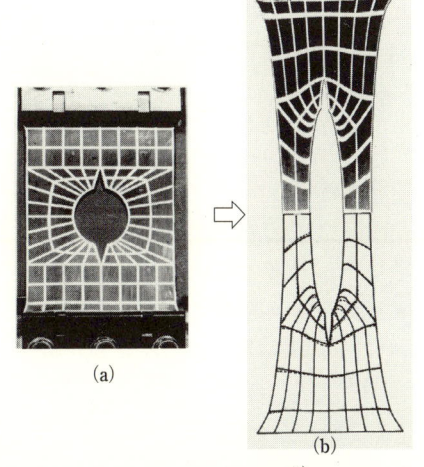

図6.9 穴あきゴム板の変形状態[3]．(b)の上半分と下半分の実線は(a)の変形状態，(b)の下半分の点線はシミュレーション

析の結果，垂直荷重が小さい時（圧縮ひずみ3％）は免震ゴムの引張り端部[図6.10(a)[3]の右下と左上]に最大ひずみが発生する．しかし，垂直荷重が大きくなる（圧縮ひずみ10％）と，最大ひずみはむしろ免震ゴムの圧縮端部[図6.10(b)[3]の左下と右上]に移動することがわかった．

そこで，このことを確認するためにモデル免震ゴムを作り（ただし，図6.10とは少し異なる形状），そのような条件下で破壊させてみた．図6.11(a)[3]は低面圧（5 MPa）

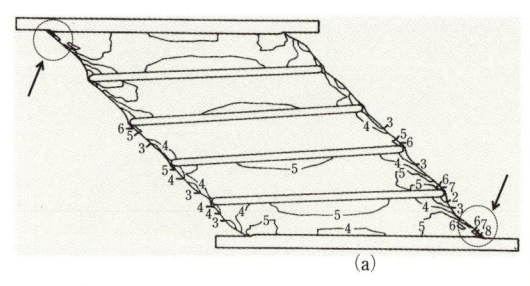

図6.10(a)　FEM計算(圧縮ひずみ＝3％), 点線内が最大ひずみ部[3]

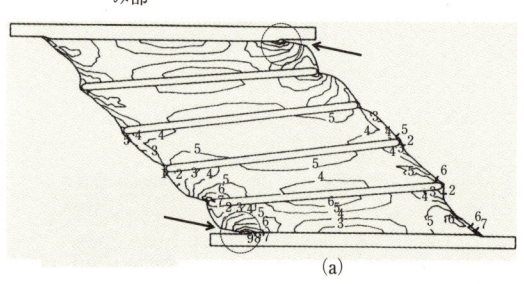

図6.10(b)　(a)と同様. ただし, 圧縮ひずみ＝10％ [3]

(a)圧縮小の場合

(b)圧縮大の場合

図6.11　モデル積層ゴムの破断試験[3]

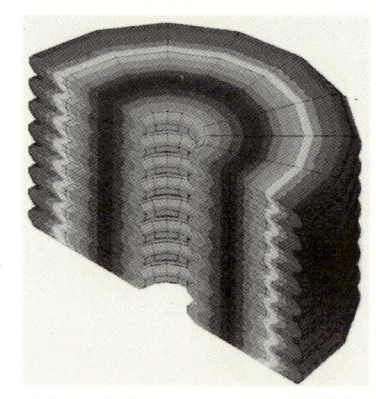

図6.12　免震ゴムの3次元FEM解析(垂直荷重40t)[3]

でせん断変形させた時の破断状態であり, 引張り端部(右下と左上)で破壊が生じたことを示している. 一方, 図6.11(b)[3]は高面圧(15 MPa)下でせん断破壊させた場合であり, 圧縮端(左下と右上)で破断したことがわかる. こうしてFEM解析の精度が高まると, 実物免震ゴムの大変形時の3次元解析が可能になった. 図6.12[3]は圧縮変形(垂直荷重40t)で発生する3次元主応力分布図である.

6.3.2　免震ゴムの圧縮クリープのメカニズム解析と長期予測

当初は圧縮クリープの測定装置が身近になかったため, 床の上にモデル免震ゴムを置いてその上に重い鉄の塊を載せ, 床と鉄の塊の間にダイヤルゲージを差し込み, 毎朝毎夕, 床に這いつくばっては積層ゴムの沈込み量を計測した. 試験機ができるまでに, 圧縮クリープの概略の特性を知るためであった. こうして測定を繰り返すうち, 圧縮クリープ量は, 最初はゆっくり増加するが, 10〜20日頃から急激に増加するこ

とに気付いた．一般的な粘弾性体の引張りクリープでは，むしろ測定初期のクリープ増加が大きく，その後は時間と共に減少することが知られていたので，これは大きな驚きであった．同時に，建設会社が懸念したとおり，圧縮荷重は免震ゴムに大きなクリープ変形をもたらすのではないかと不安になった．

じりじりした気持で待つうちに，やがて新試験機が製作できたので，早速，詳細なクリープ挙動を測定した結果が図 6.13[4]である．免震ゴムに荷重を載せた時の全沈下量(ε)は，載荷による初期沈下量(ε_0)と，時間と共に増加するクリープ量($\Delta\varepsilon$)の和で与えられる．図 6.13 は測定温度を変えた時の全沈下量 ε ～時間曲線である．測定初期にも若干のクリープ増加は見られるものの，時間が 10^3～10^4 分を過ぎる頃から急激なクリープ増加の起こることがわかる．しかも，高温になるほどその立上がり現象は早く，急激に起こる．また，全沈下量として高温と低温の結果を比較すると，載荷時沈下量は高温ほど小さいのに，長時間の沈下量は高温ほど大きくなる逆転現象が起こる．この載荷時沈下量に関しては，ゴム弾性体の弾性率が絶対温度に比例する（エントロピー弾性）ため，高温ほど沈下量が低下すると考えてよい．

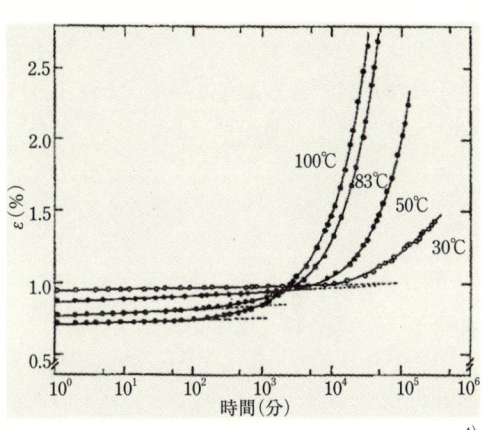

図 6.13 免震ゴムの圧縮クリープ（全沈下量～時間曲線）[4]

いずれにせよ，全沈下量から載荷沈下量を差し引いたクリープ量($\Delta\varepsilon$)と時間の関係を両対数プロットしたのが図 6.14[4]である．図 6.14 は非常に特徴的なデータであり，これが典型的な「積層ゴムの圧縮クリープ曲線」である．すなわち，"免震ゴムの圧縮クリープは加荷初期には緩やかな増加を示すが，時間が 10^3～10^4 分を過ぎる頃から直線的な

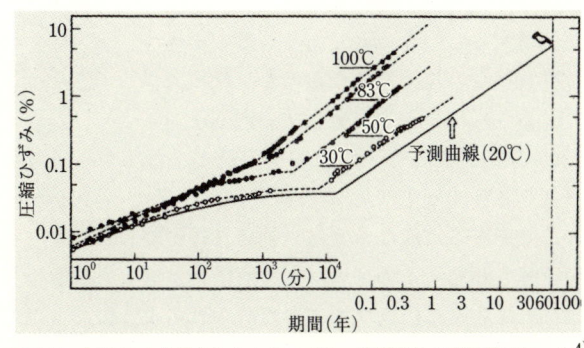

図 6.14 図 6.13 から得られるクリープ量～時間関係の両対数プロット[4]

増加に変わる". したがって, 直線部の外挿により長期クリープ量が求められ, しかもクリープ量は温度と共に増加するのでアレニウスプロットを利用できる. こうして高温での促進試験から, 室温における60年間のクリープ量を予測できることがわかった.

さらに, 曲線の勾配や絶対値が免震ゴムの形状や荷重に対してある種の法則に則って変化することもわかった. こうして, 1987年中頃には免震ゴムの圧縮クリープ特性がほぼ把握できるようになり, それらのパラメータの関数として, 免震ゴムの室温, 60年間のクリープ量が数〜5%程度であることがわかった(図6.14).

この結果は建築屋さんを大いに安心させ, 免震ゴムに対する懸念事項の1つが解消された. 一方, 国の許認可を得るための免震構造部会に出席するたびに, クリープ量がなぜある時期から急激に増加するかについて, 建築の先生方に何度も質問された. クリープが進むうちに, 初期とは違った何か特別なメカニズムが働くのか, 本当に60年間, 直線外挿してよいのか. アレニウスプロットを用いてよいのか. 等々, こちらが全く立ち往生するような質問の連続であった. 彼らの心配半分, 好奇心半分の質問に対し, (一応はゴムの玄人と思われていた)筆者は何ら答えることができず, いつもいつも悔しい思いをしていた. そこで意を決し, この不思議な現象の解明に本格的に取りかかったのだが, そのメカニズムがわかるのにさらに数年を要した.

結果を簡単に説明すれば, 鉄板間に挟まれたゴム内の低分子成分(気泡, オイル, 充填材等)が圧縮荷重によって免震ゴムの側面に押し出され, その分だけ免震ゴムの厚さが低下することが, ゴム本来の粘弾性クリープに加算され, クリープ量が急増するということである. そのような物質移動の推進力になるのが, 鉄板間で圧縮されたゴム内に発生する内部圧勾配(図6.15[4])であり, 鉄板中央の最大圧力部から圧力0になる自由端への物質移動を引き起こす. そして, この物質移行が起こるには誘導期間($10^3 \sim 10^4$分)が必要ということである. 逆に言えば, 物質移行が終わればクリープ増大も徐々に低下することが予測された. このメカニズム解明後は筆者も少しは見直されたらしく, 玄人らしい顔(?)で会議に出席することが許されるようになった.

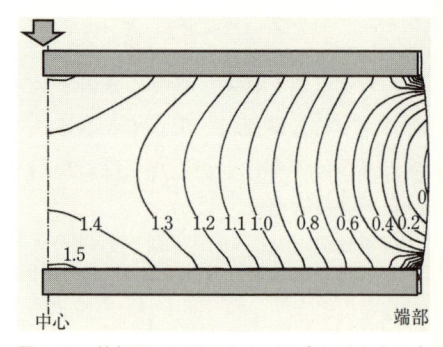

図6.15 鉄板間で圧縮されたゴム内に発生する内部圧分布[4]

6.3.3 環境劣化の長期予測

ゴム材料の酸化劣化はオーブン中で高温促進試験を行い，そのアレニウスプロットから長期予測が可能である．ただし，Arrhenius の考えは，理論的に導かれたのではなく実験的に概略，導かれたものである．このため，その適用範囲は個々のケースにおいて確かめる必要がある．例えば，免震ゴムの劣化解析では，分厚いゴムの塊の内部と表面部では，反応相手である酸素濃度の差が大きいことや，1つの活性化エネルギーで表せる温度範囲は室温から何度の高温までか，60年もの長期間を1つの（固定した）活性化エネルギーで表してよいか等，最初から懸念されることが多かった．一方，当時（今もそうだが），アレニウスプロット以外に酸化反応を予測する報告例はなく，この方法に頼るしかないというのも事実であった．

さて，高温促進温度を 100℃ までと考えて実験を繰り返したのであるが，データのバラツキが大きく何度もやり直さざるを得なかった．特に内部ゴムの劣化に関して，試料に接する酸素濃度をどう考えるかが悩みの種であった．ただし最初から，非常に長期間，外的環境に曝される免震ゴムでは，鉄板間に挟まれた内部ゴムを外皮ゴム（ゴム厚 5〜10 mm）で保護する構造が必要と決めていた．そのため，内部ゴムの酸素劣化には，外皮ゴムによるある程度の酸素遮断効果を想定し，真空容器中に試験片を封入して高温促進試験を行った．しかし正直に言って，真空容器への試験片封入によって想定どおりの真空効果が得られるかどうかは不明であった．

いずれにしろ，こうして得られた内部ゴムにおける弾性率（保持率）の室温（25℃）における経年変化を示す合成曲線が図 6.16[5] である．この合成曲線は，60〜100℃ で高温劣化させた時の弾性率（正確には変化率）の時間変化を測定した後，アレニウスプロットによって得られた活性化エネルギー値を用いて，各温度における測定値を室温変化に換算したものである．

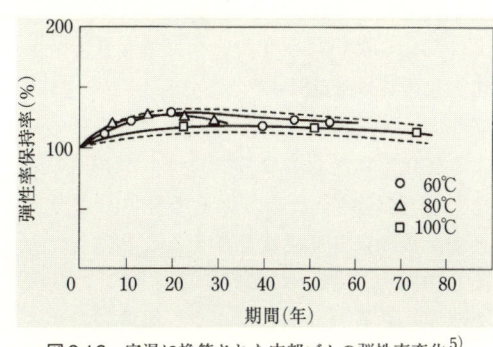

図6.16 室温に換算された内部ゴムの弾性率変化[5]

ほぼ ±10％ の誤差内で描かれている合成曲線を見ると，ゴムの弾性率は初期の約 20 年間は最大 20〜30％ 程度増加するが，その後は経年と共に低下することがわかる．ただし 60 年間では，弾性率が初期値以下になることはなさそうである．したがって，免震ゴムの水平バネ剛性は，この経年変化を見越して設計されることになった．

図 6.17[5)] は破断強度の経年変化である．破断強度も初期の約 10 ～ 20 年間は 20～30％ 程度増加するが，その後は徐々に減少することを示している．この場合，60 年後の破断強度は，初期値より若干，低下する可能性が強い．これに対し，破断伸びは，初期から経年と共に徐々に低下（図 6.18[5)]）し，60 年後には初期値の 80～90％ 程度になると推定される．

いずれにしろ 2 年がかりの実験で，それなりの結果を得たのであるが，データのバラツキに対する自信のなさと 60 年という長期現象を予測する不安があった．それで，バラツキのあるデータから得られた活性化エネルギー値の中で，できるだけ低い値を定め，60 年といえどもこれ以上は変化しないだろうという見積もりで，酸化劣化の範囲を定めた．

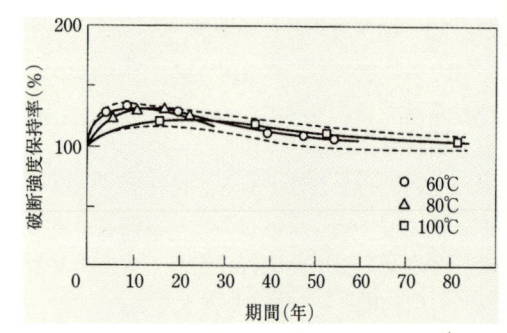

図 6.17　図 6.16 同様．ただし，破断強度変化[5)]

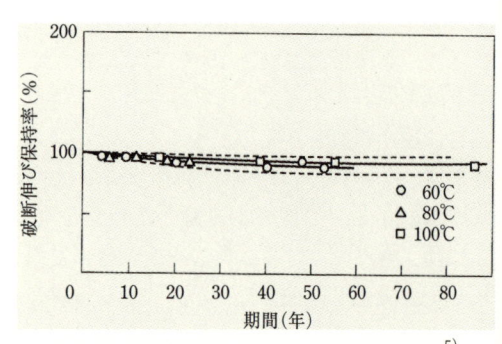

図 6.18　図 6.16 同様．ただし，破断ひずみ変化[5)]

一方，オゾンや紫外線等の高エネルギーによる劣化にはアレニウスプロットが利用できない（5.8.3 参照）ため，促進条件は，とりあえず，実際より高濃度を与えることにした．図 6.19 は，内部ゴムに対するオゾンの効果を測定したものである．オゾン濃度に対するクラック発生時間は，オゾン濃度が高くなるほど，加えられるひずみが大きくなるほど短くなる．そこで，クラック発生時間がオゾン濃度に比例すると仮定し，かつ 3 点のデータ

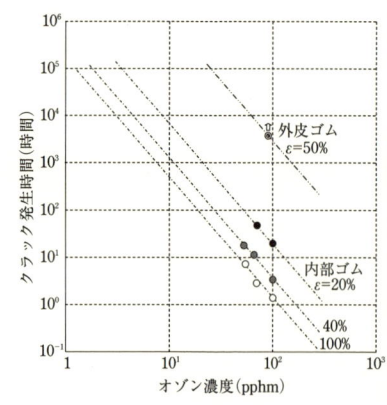

図 6.19　クラック発生時間のひずみとオゾン濃度依存性

にはピストルで 1,000 m 先の的を射抜く精度がある（？）と仮定して，大気中のオゾン濃度（1～3 pphm）まで直線外挿すると，内部ゴムでオゾンクラックが発生する時間は

数年から 10 年後ということになる．

　もちろんそのような仮定が成り立つ保証がないうえに，免震ゴムの寿命を 60 年とすれば，この内部ゴムだけでは耐オゾン性が全く不十分と判断した．そこで，これを補うため，EPDM 系の外皮ゴムで免震ゴムの側面を被覆する構造にした．用いた外皮ゴムの耐オゾン性を測定した結果も図 6.19 中に記入されているが，50％ひずみ，90 pphm，3,400 時間照射ではクラック発生はなかった．そこで，ただ 1 点の実験点しか得られていないが，この EPDM を外皮ゴムに用いれば，クラック発生時間が内部ゴムに比べ 3 桁以上伸びるだろうと考えた．

　ただし念のために，深いオゾンクラックを想定して免震ゴムの側面全周に深さ 5 mm のノッチを切り込み，せん断破壊させてみた．結果は，ノッチの有無による試験体の破断ひずみに大差はなかった．これは，免震ゴムのせん断変形における最大引張り応力も最大引張りひずみも，(積層ゴム表面ではなく)積層された鉄板の突端付近の接着界面に生じ，そこがせん断破壊の起点になるからであろう．以上を総合して，免震ゴムの側面を 10 mm 厚程度の外皮ゴムで被覆すれば，オゾンクラックの影響を最小に抑えることができると判断した．

6.3.4　免震ゴムに発生する最大ひずみの設定と疲労破壊の長期予測

　疲労破壊の予測においてまず重要なことは，その製品が受ける入力条件(最大応力，最大ひずみ)の設定である．建設会社が免震建築を建てる場合，周囲の建物や通路等を考慮して，地震時の建物の水平方向の変位(クリアランス)は 50 cm 以下に抑えるように設計するのが一般的である．例えば，震度 7 の時の最大変位を 50 cm とした場合，免震ゴムに発生するせん断ひずみは，もちろん免震ゴムの形状，構造に依存するが，平均すると概略，300％と考えてよい．

　ただし，ここで 1 つ問題になるのは，通常時のクリープによって発生した局部的な最大引張りひずみが，この最大せん断ひずみにどのような影響を与えるかであった．そこで，圧縮荷重によって免震ゴムにどの程度の最大引張りひずみが発生するかをシミュレートした結果が図 6.20[3] である．ゴム表面より内部

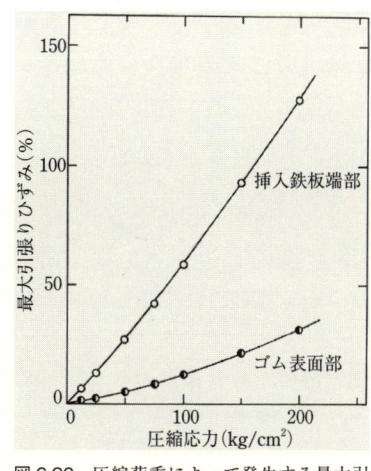

図 6.20　圧縮荷重によって発生する最大引張りひずみ[3]

の鉄板端部に発生するひずみがはるかに大きいことがわかる．次に，長期クリープ後に地震が起こる（せん断変形が発生）と仮定して，その時までの免震ゴムの沈下量が小さい（0.7％）場合と大きい（3％）場合で，その後のせん断変形増加による最大ひずみの増加がどうなるかをシミュレートした結果が図6.21[3]である．

当然，せん断変形が大きくなるにつれ最大引張りひずみも増大するが，初期沈下量が大きい場合と小さい場合の差はせん断変形が大きくなるにつれ小さくなる．それでも初期圧縮ひずみの影響はかなり大きく，400％程度のせん断変形まではその影響が残るということを図6.21は示している．一方，クリープ変形は不可逆的なクリープセットを伴うために，クリープセットした部分の圧縮変形はその後のせん断変形には影響しないと考えた．したがって以上を総合すると，60年間に免震ゴムに発生する最大引張りひずみは，大きく見積もっても300％程度と推定した．

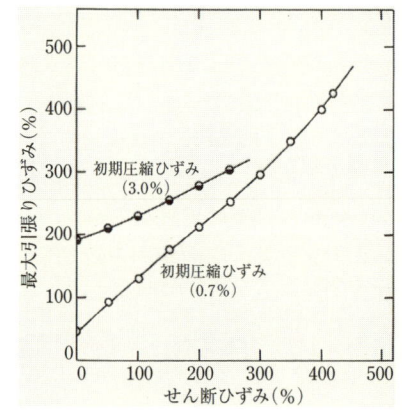

図6.21 初期圧縮ひずみのせん断ひずみに及ぼす影響[3]

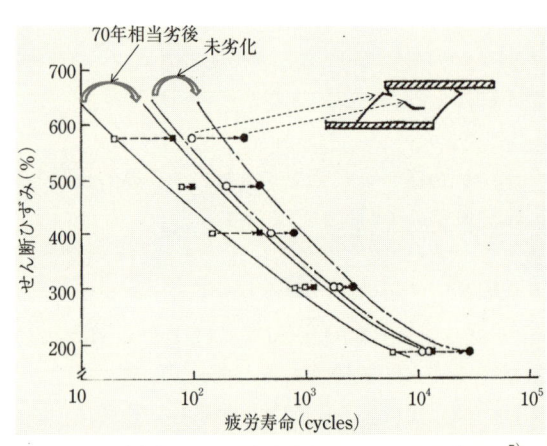

図6.22 未劣化ゴムと70年相当劣化ゴムのS-N曲線比較[5]

さて，免震ゴムのせん断変形を模擬した接着試験片を用いて得られた内部ゴムのS-N曲線が図6.22[5]である．挿入図に示すように，この試験片で繰返しせん断試験を行うと，最初に鉄板端部のゴムにクラックが発生し，続いてゴムの中心部にクラックが発生する．その後両者が合体して破断に至る．例えば図6.22における未劣化品を見た場合，長寿命側の2本のS-N曲線のうち，白丸でプロットされたものが鉄板端部にクラック発生時期，黒丸がゴム中央部のクラック発生時期を示している．一方，長期間使用では力学負荷と環境負荷の両方が複合的に作用すると考えた．そこで試験片にあらかじめ70年相当の酸化劣化効果を加えた後に，同様の試験を行った結果が短

寿命側の2本の S-N 曲線である．70年劣化によって屈曲寿命がおよそ1/2になることがわかる．ただしその場合でも，最大ひずみ(300%)での屈曲回数はおよそ1,000回と判断できた．

6.3.5 免震ゴムの総合寿命判断

さて，60年間には免震建築が例えば2回の大地震(震度7)に出会うとすれば，その時受ける最大ひずみ(300%)は多くても数10回と考えてよい．それに加えて震度6に数回，震度5に5～10回遭遇したとしても，図6.22の劣化後の S-N 曲線を見ると，マイナー則を持ち出すまでもなく，十分にそのような繰返し変形に耐える余裕のあることがわかる．こうして表6.1における免震ゴムの内部ゴム，外皮ゴム，接着剥離等に関する構造要素の疲労と劣化に関する耐久性をすべて評価した結果，60年間の使用に十分耐え得ると判断した．

さらに，念のために行った縮小モデル免震ゴムの疲労破壊特性も，60年相当の酸化劣化を加えても問題ないことを確認した．こうして，"免震ゴムの耐久性は60年以上"という寿命予測の最終結論を出したのは1987年末であった．それは，図6.6で想定した寿命予測システムの完遂でもあった．その後，免震ゴムには100年間の耐久性があるかという質問も出されているが，たとえその耐久性があるとしても，その答えを出すには新たな視点に立った再実験が必要になる．

6.4　寿命予測は当たっているか(中間計測結果から)

全くどうでもいい話であるが，この長期寿命予測技術を新聞紙上で発表したところ，幸運にもその年の新聞2社の新製品賞を受賞した．授賞式に出席した当時の家入社長(家入昭氏，故人)が帰り道で筆者に命令した(？)笑顔の一言は，"あなたはこれから60年生きてこの予測を実証しなさい"だった．

まあそれは将来，草葉の陰から見守るとして，日本に最初の免震建築が建てられてから既に25年以上が過ぎている．そこで，上記の寿命予測がどの程度当たっているかを，中間報告ではあるが，検証してみたい．以下に示す中間計測結果は，日本ゴム協会の免震用積層ゴム委員会技術報告"免震建築用積層ゴムと環境・耐久性"[6]に掲載されたものである．長期にわたる免震ゴムの実測データは，免震ゴムのみならず，ゴム製品全体の今後の発展にとっても貴重な資料になるだろう．

6.4.1 東日本大震災における免震建築の効果

最初に，今回の東日本大震災において免震建築は本来の役割を果たせたかを新聞情報や日本免震構造協会の調査報告[7]から簡単に見てみたい．当時，宮城，福島，茨城の3県には約150棟の免震ビルが建てられていた．当然のことながら，すべての免震ビルで建物の損傷や人的被害が全くなかったことはもちろん，建物内部での器物類の落下，飛散等もほとんどなかったと報告されている．

また，福島原発事故で来日したIAEA調査団は"免震重要棟があったからコントロール機能が失われないで済んだ"と評価．石巻赤十字病院や会津中央病院等の地域中核の免震建築病院は全く被害がなかったため，震災直後から診察や被災者救済を行えたと新聞やテレビが報道．震度6強に見舞われた仙台の免震オフィスビルはそのまま帰宅困難者の避難所になったなど，免震建築が本来の機能を発揮したことがわかる．

一方，免震構造に付随する設備に関していくつかの問題点が報告されている．例えば，排水配管の損傷，免震建物と他の非免震建物とをつなぐエキスパンジョンジョイント（可撓継手）の不具合，さらには鉛ダンパでのクラック発生等も報告されている．また，今回の地震で東京や大阪で発生した長周期地震波による高層ビルの長時間の揺れに対する屈曲耐久性の見直しや，津波に対する検討等も指摘されている．当然，これらは地震時の安全性から見て早急に解決すべき課題である．

6.4.2 環境劣化による経年変化（10年使用免震ゴム）

まず，環境劣化による物性変化を見ることにしたい．山上げ大橋（栃木県烏山町）で免震橋梁として10年間使用した免震ゴム（2基）が回収され，物性変化が測定された．図6.23[6]は回収品の解剖試験片で測定された弾性率（300％引張り時の応力）の分布図であり，未使用品と比較したものである．外表面に近い部分を除けば，弾性率は投入時に比べて約19％増加していることがわかる．

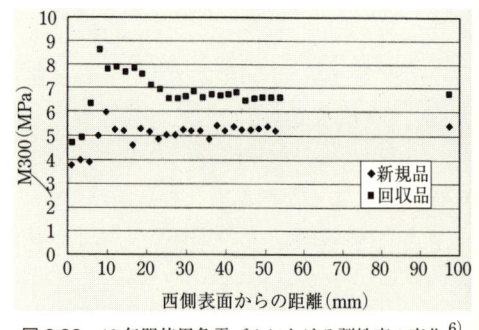

図6.23 10年間使用免震ゴムにおける弾性率の変化[6]

一方，図6.24[6]は同一試験片による破断強度の分布図である．破断強度は投入時に比べて約10％の増加になっている．これらの物性変化は図6.16，6.17で予測された数値内に収まっていると判断してよい．また，オゾン劣化を示す表面クラックは全く

見当たらなかった．これらのデータは，まだ大地震を経験したことのない免震ゴムに関するものであり，経年変化の主要因は酸化劣化(表面部には若干の紫外線やオゾンの影響もある)と思われるが，一応は予測どおりに経過していると考えたい．

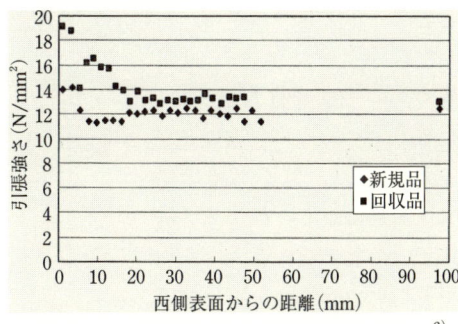

図6.24 図6.23と同様．ただし，破断強度の変化[6]

6.4.3 クリープ量の経年変化(20年使用免震ゴム)

免震ゴムが使用中にどのように変化するかは，建設会社としても非常に重要で興味あることなので，いくつかの免震ビルでは建設時からクリープ測定が行われ，現在もそれが継続されている．それらのうち，計測結果が公表されているものをここに紹介する．大林組技術研究所ハイテクR＆Dセンター(1986年8月竣工)では，竣工後2005年3月までの約19年間のクリープ計測データを公表している．図6.25[8]中のB基準データ(白丸)は竣工時点からの値であり，A基準データ(黒丸)は免震ゴムへの載荷23日後からの値である．したがって図6.25で，着工時点(竣工より約1年前)からのおよそ20年間の実測データ(A基準)を予測値(実線)と比較すると，両者はほぼ一

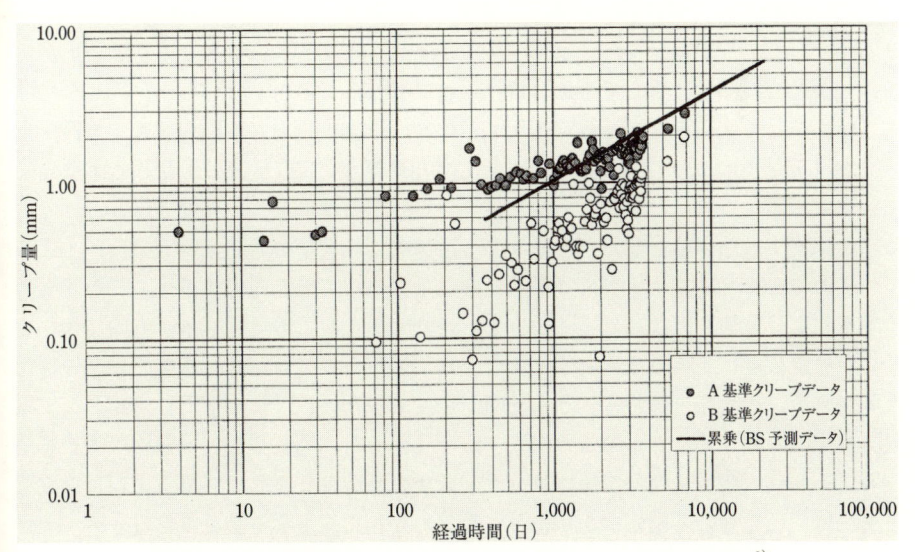

図6.25 20年間使用免震ゴムにおけるクリープ量の変化と予測値との比較[8]

致していることがわかる。この実線から予測される60年後のクリープ量は6.0mm(= 2.2%)である。

図6.26[9]は，竹中工務店船橋竹友寮に関するクリープ計測データである。着工から約10年しか経っていない短期間のデータではあるが，2点の計測値と予測値はほぼ一致している。この場合の60年後のクリープ量は4.3mm(= 4.3%)と予測される。大林組，竹中工務店の両免震ゴムにはオゾンクラックは発生しておらず，それも予測されたとおりである。以上，数少ないデータではあるが，免震ゴムの弾性率，破断特性およびクリープに関する寿命予測精度は，かなり高いと判断してよいだろう。一方，疲労寿命予測は，大地震に遭遇した免震ゴムの回収品がないため，現時点では判断できない。

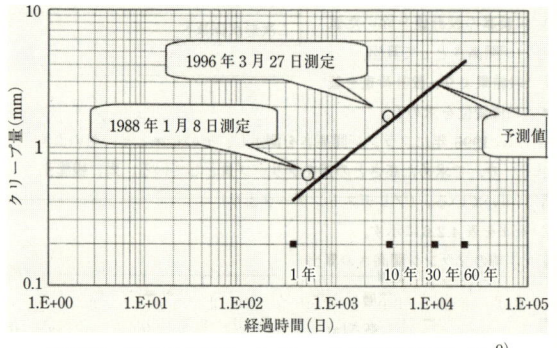

図6.26 図6.25と同様。ただし，10年間使用免震ゴム[9]

6.5 免震建築と免震ゴムの社会的責任

6.5.1 免震建築で起こる最悪事態とは何か

"もはや地震の正体はわかった，免震はそれを制御できる"などという思い上がった考えが免震関係者に少しでもあれば，それは取り返しのつかないしっぺ返しを受けるということを今回の原発事故が教えてくれた。一方，免震が本当の意味で地震国日本における耐震の切り札となるには，そして100年後，200年後にも誇れる耐震建築文化を生み出すためには，今こそ地に足をつけ万全の準備をする時であろう。そのためにも，まず最悪事態を想定し，そこから逆算して対策を模索してみたい。

当然のことながら，水平方向に動く免震建築にとって最悪の出来事は，この建物の水平変位が想定値を大幅に超える動きをした時である。この場合，水平方向に大きく動いた免震ビルは，可動空間として設けられているクリアランスを越えて周囲の物体と衝突する。その際，建物に大きな衝撃が発生すると共に，衝突部では建物と衝突物双方に損壊が起こる。さらに大きな変位が発生すると，免震ビルに最悪の事態が発生する。それは，建物基礎部で免震ゴムが破断する箇所と破断しない箇所が現れ，破断した箇所では建物の基礎が曲がったり，壊れたりして沈下する場合である。

地震時には，建物は構造や様式に応じて非常に複雑な動きをするため，建物を支え

る免震ゴムのうち，ある免震ゴムは少しだけ変形し，ある免震ゴムは非常に大きく変形する結果，変形限界を超えた免震ゴムは破断する．この場合，建物は免震ゴム上から地盤側の基礎へ落下し，その部分の建物と地盤側基礎との接触によって免震機能はすべて停止，消失する(図 6.27)．いずれにしろ建物の基礎部で大小の不同沈下が起こった場合，たとえ倒壊には至らなくとも，建物には様々な損傷が発生し大きな被害が発生する．

図 6.27　圧縮 - せん断試験で破断した免震ゴム

6.5.2　最悪事態を招く原因になり得るのは何か

免震建築の安全性を阻害する要因は，つまり万が一，上記のような最悪事態を招く原因になりうるものは，地震動の大きさと性質(周期)，それに建物の立地条件に想定外現象が発生した時である．例えば，加速度だけが(ある程度)想定以上に大きい地震動であっても，免震建築にはかなり大きな減衰機能が付与されているため，加速度はそれほど大きくはならない．問題は周期の長い(長周期)地震波である．今回の大地震により新宿センタービル(54 階建て)は 13 分間にわたって揺れ続け，最上階では 1 m 以上の横揺れだったと報告されている．また，震源から 800 km も離れた大阪の旧 WTC ビル(55 階建て)では片振幅で 1.38 m の揺れが発生した．このような高層ビルの場合，建物は階数の 1/10 程度の固有周期(5〜6 秒)を持っているので，地震波に 5〜6 秒周期の成分も多く含まれていたことを示している．

今回の大地震で，免震建築と長周期地震波との共振を示唆するようなデータ(変位が 41.5 cm)も出されており(深沢義和，第 14 回免震フォーラム)，原理的には超高層ビルと同様の共振が起こる可能性がある．ただし，高い減衰機能により，多少の長周期地震波と共振しても免震建築は安全であろう．最悪事態とは，それでも対処できないほどの長周期地震波との共振である．なにしろ，深い軟弱地盤を長距離通過することによって発生する長周期振動の周期は地盤によって様々であり，そのような地盤情報は全く不十分である．

免震建築を危険にさらすもう 1 つの要因として，地盤の軟弱さがある．免震ビルを建てる時はかなり詳細な地盤調査が行われているはずであるが，それでも十分とは言えない．造成区域での地滑りや液状化等の影響も受ける．つまり，免震設計の前提と

なる"硬い地盤の上に建てる"という条件が満たされていないケースも出てくると考えておかねばならない．もちろん，免震ゴム製造や建築施工過程における各種のヒューマンエラーも十分考慮しておく必要がある．

6.5.3 最悪事態を避けるためのフェールセーフ機構の設置

我々はいまだに地震の正体も地盤の実態も十分にはわかっていない．どのようなメカニズムが働く時，どのような特性の地震波が発生するかもほとんどわかっていない．つまりこの現状では，"最悪事態は起こらないと明言できる建物"を除き，"免震建築には想定外事態にも対応できるフェールセーフ機構が不可欠"と考える．アメリカで初期(1985～1990年頃)に建設された免震ビルには，当時，免震ゴムのクリープがどの程度か，どのような変形で破断するかなどの解明が進んでいなかったために，最悪の事態を想定して，建物基礎部が地盤基礎上にソフトランディングするフェールセーフが取り付けてあった(8.2.2 参照)．

図 6.28 は筆者が目撃したものの1つで，免震ゴムを囲むように 45°の傾斜を持つコンクリート枠が設置されており，免震ゴムが水平方向に 45°以上変形すると，上部鉄骨がこのコンクリート枠上にソフトランディングする仕組みになっていた(図 6.29)．また，免震ゴムに大きな沈込みが起こった時，上部鉄骨に固定された鉄枠が地盤基礎の上にソフトランディングする仕組みもあった．なお，ソフトランディングのためのクリアランスは数 cm 程度であった．

図 6.28 初期のアメリカの免震ビルに取り付けられていたフェールセーフ機構

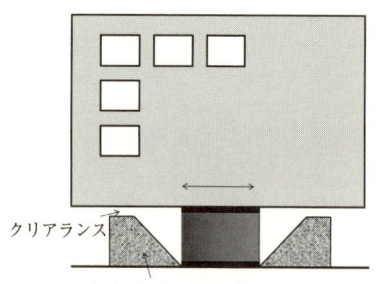

図 6.29 図 6.28 の模式図

日本の免震ビルにも，当初はアメリカに倣ってソフトランディングするフェールセーフが取り付けてあったが，最近はソフトランディング式に代わって，変位が大きくなると，とりあえず"擁壁"に衝突させる方法が主流になっていると聞く．もちろん，どのようなフェールセーフ機構を取り付けるにせよ，その結果発生する衝撃力や

衝撃状況を詳細に解析する必要がある．したがって，免震建築にはそれらの解析とフェールセーフ装置の設置を義務付ける必要がある．

フェールセーフ機構とその解析の1例として，一条工務店の免震住宅に取り付けてあるリング式ストッパー[2]を紹介する．これ（図6.30[2]）は，建物がある一定の距離以上に動くと，リングがぴんと張ってその動きを止めるものである．もちろん，それ以下の動きであればストッパーは建物の動きを何ら拘束しない．そこで実際の免震住宅を用いて，このストッパーが働いた時に建物に発生する最大加速度を測定した結果が図6.31[2]である．

図6.30　免震住宅に取り付けられているステンレスリングストッパー[2]

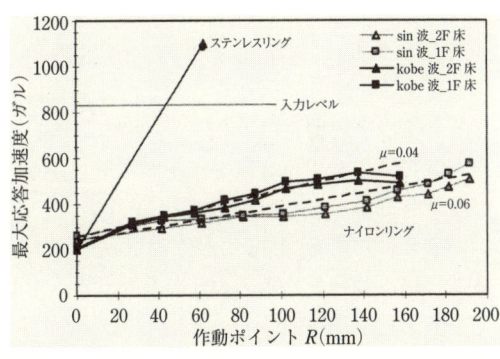

図6.31　ストッパーが作動した時に住宅に発生する応答加速度[2]

この実験では，建物が最大距離を動く前にストッパーが働くようになっており，ストッパーがない時の可動距離とストッパーが働き始める距離との差（R）を変えて，応答加速度を測定したものである．当然，Rが大きくなるほど建物に発生する衝撃力は大きくなる．ステンレスリングが作動すると，応答加速度は入力加速度より若干大きくなるが，住宅へのダメージはほとんどなかった．一方，この実験ではナイロンリングも評価されており，応答加速度は入力加速度の半分程度に収まっている．これはステンレスに比べてナイロンが軟らかくて減衰機能を持っているからである．そこで一条工務店では，免震住宅にこの2種類のリング式ストッパーを併用して設置している．

今1つ，免震建築で懸念されるのは，高層ビルの免震化や，ビルの中間階の免震化に関するものである．免震ビルが建ち始めた初期には10階建て程度以下の中，低層ビルの免震化が中心だった．これは（コンクリートに比べると）軟らかい免震ゴムの上に高層ビルを乗せると，地震時の建物にロッキング（首振り）が起こり，免震ゴムに引抜き力（垂直方向に引っ張る力）が働くことを懸念したからである．ところが，最近では高層ビルを免震化する例が増えている．建築には全くの門外漢である筆者にはわか

らないが，聞くところによると，設計法を工夫すれば引抜き力が非常に小さくなり，また，免震ゴムにはその程度の引抜き力に耐える接着強度があることを実験的に確かめたからだと聞いている．

しかし，筆者の経験から言えば，ゴムと鉄板の接着は非常に微妙であり，特別な注意が必要である．したがって，高層ビルの免震に使用する免震ゴムは，もちろんすべての免震ゴムに対してもそうであるが，注意に注意を重ねて製造することはもちろん，出荷前に引抜きに関する厳しい全数検査が不可欠である．これは免震ゴム製造に携わる企業の社会的責任と言えよう．

一方，建物への入力に関しても長周期地震波等を取り込んだ設計法の再チェックが必要であろう．また，上下動の非常に大きい地震波が襲わないとも限らない．いずれにせよ，建設会社は引抜きに関し，設計上はもちろん，施工管理上も厳密な検査が必要である．そのうえでさらに，適切なフェール機構設置が不可欠と考える．どんな事態が起こっても，免震高層ビルが横倒しにならないように．そのような悪夢は，絶対に想像さえしたくないからである．

いずれにしても，日本における免震建築はもはや1技術，1商品ではない．有史以来，地震に怯え続けた日本人の悲願を叶えるかもしれない夢と期待を背負った，いわば「新たな住文化の創造」[2]を担っている．したがって，免震建築に関係するすべての技術者，すべての企業は，個人や企業の名誉や目先の利益を越えて，その社会的責任を果たす義務を負っていることを，肝に銘じるべきである．それこそが，原発事故の悲劇を真に生かす教訓であると確信する．

参考文献

1) 武田寿一編集：構造物の免震，防振，制振，技報堂出版，1988．
2) 深堀美英：免震住宅のすすめ，講談社ブルーバックス，2005．
3) W. Seki, Y.Fukahori, et al : *Rubber Chem. Technol.*, 60, 856, 1987；Y. Fukahori & W. Seki：I.R.C., 92, p.319, Beijin, 1992．
4) Y. Fukahori, W. Seki & T. Kubo：*Rubber Chem. Technol.*, 69, 752, 1987．
5) 深堀美英：日ゴム協会誌，60, 397, 1987；同, 68, 388, 1995．
6) 日本ゴム協会免震用積層ゴム委員会技術報告，免震建築用積層ゴムと環境・耐久性，2006．
7) 荻野伸行，北村佳久，可児長英：日ゴム協会誌，85, 138, 2012．
8) 中村嶽，岡田宏：大林組技術研究報，No53, 1996．
9) 東野雅彦ら：日本建築学会大会学術梗概集，1997．

第7章　高分子の破損解析と寿命予測の実例

　本章では，高分子にとって先輩格である金属に学びながら，高分子で行われたいくつかの破損解析実例および寿命予測の実例を取り上げてみたい．破損解析ではフラクトグラフィー(4.6参照)による解析がキーポイントになる場合が多く，どのような手順で破損解明に行きついたかを実例でお話しする．続いて寿命予測では，最初に寿命予測で陥りやすい間違いを指摘し，その後，寿命予測の実例を紹介したい．第6章で取り上げた免震ゴムの実例と合わせて，読者諸兄が現在抱えておられるかもしれない寿命予測問題に少しでも役立てていただければと思う．

7.1　金属材料に学ぶ破損解析実例

7.1.1　御巣鷹山日航機墜落事故で行われた事故調査

　1985年に起こった日本航空123便の御巣鷹山墜落事故に関しては，破損部の回収が難しかったために今なお疑問点も残されているが，航空事故調査委員会の報告に基づいてこの事故を振り返ると，次のようになる．事故は，その7年前に起こった当該機の「尻もち事故」後に行った圧力隔壁の不適切な修理に起因しており，飛行中に起こった隔壁の損傷が引き金になって，胴体後部，垂直尾翼が破損した結果，操縦機能喪失状態に陥り墜落した，と報告されている．

　では，なぜこのような結論に至ったかを追いかけてみたい．事故を起こしたボーイング747型機は，尾翼の下あたりに取り付けられている圧力隔壁(図7.1)によって機内を高圧力に保っている(図7.2)．事故機は1978年に，大阪空港着陸の際に尾底部を滑走路面に打ちつけて中破したため，ボーイング社は機体を羽田空港整備場へ運び修理した．その際，隔壁をリベット(金属の鋲)で結合する方法として，1列リベット打ちという方法がとられた．リベットとは鉄板と鉄板を結合させる止め鋲のことであり，これを1列に並べた打ち方をすると，リベッ

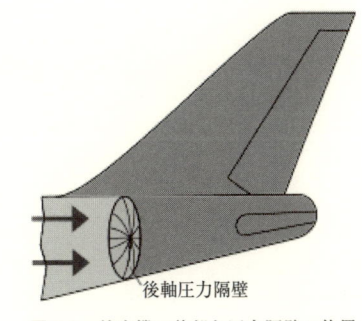

図7.1　航空機の後部と圧力隔壁の位置（模式図）

ト周りに発生した応力集中域が同一線上でつながったクラック（マルチサイトクラック）として成長しやすくなると言われている．これを避けるために，一般的には複数列のリベット打ちが用いられる．

ところが，この尻もち事故後の隔壁修理では1列リベット打ちを行ってしまった．航空機の機内は，飛行ごとに与圧と減圧が繰り返されており，これによってリベット部に疲労破壊が進展し，クラック長がある限界を超えた時，ちょうどファスナーが開くようにクラックがつながって隔壁が破壊した．圧力隔壁が破損したため，客室内空気が急激に膨張して，隔壁の後ろにある集中油圧制御装置補助エンジンが破壊され，次いで垂直尾翼が吹き飛んだ．そこでこのような判断の決め手になったのは次の観察結果であったと報告されている．①隔壁の接合部に1列リベット部があった．②1列リベットの結合部に多数の疲労亀裂が見られた．③隔壁が損傷した結果，客室内に強い空気の流れが記録されていた．一方，事故原因は圧力隔壁の損壊ではなく，機体構造不良によるフラッタ（気流によって発生する大振動）発生による垂直尾翼の破損が原因ではないかという疑念もあったという．

図7.2 実際の圧力隔壁

当然，損傷原因によって対策は全く異なったものになり，これを間違うと事故は再発する危険性がある．もし機体自体の設計ミスであれば，世界中の同型航空機を即座に飛行禁止にしなければならない．一方，修理ミスの場合もいくつもの抜本的見直しが必要になる．なぜ1列リベット打ちが航空機修理で行われたか．なぜその後の安全点検で1列リベットが見落とされたのか．つまり，尻もち事故という重大事故があったにもかかわらず，その後の安全管理が杜撰過ぎたというのが結論であった．

7.1.2 構造部品接合ボルトの破損事故解析

航空機，船舶等のほとんどの構造物における安全と性能は，接合部を支えるボルト1本の安全性にかかっていると言われており，上の航空機事故もその一例である．そこで金属ボルトの破損解析事例[1]を紹介する．本件は，鋼板を曲げ加工する1万トンプレスの押型を固定しているボルトが破損した例である．このようなプレスでは，押型の端部で鋼板をプレスすることがあり，そのような時，ボルトには引張り応力と曲げ応力が発生する．材料はクロムモリブデン鋼であった．

図7.3[1]は破損したボルトで，図7.4[1]はその破断面写真である．図7.4を見ると，破

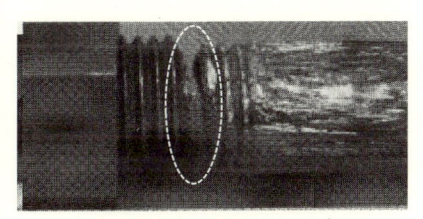

図7.3 破損した金属ボルト[1]

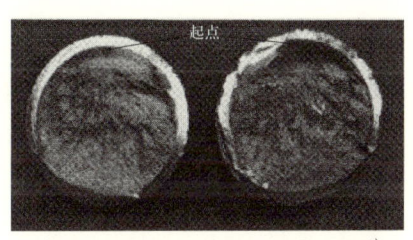

図7.4 図7.3の破断面写真と破壊起点部[1]

壊の起点はネジ底近傍で,起点部に応力集中部となる機械加工痕が見られた.起点部にはストライエーションを伴う疲労破壊(図7.5[1])が観察でき,その後は劈開(へきかい)模様を残す脆性破壊に変化したことを示している.これらを総合すると,ボルトネジ底部の機械加工仕上げに問題があり(多分,大きな応力集中が起こるような鋭い溝が刻まれていた),その加工部を起点として徐々に疲労破壊が進んだと考えられる.こうして亀裂がある大きさに達した時,急激な脆性破壊に転じたことがわかる.

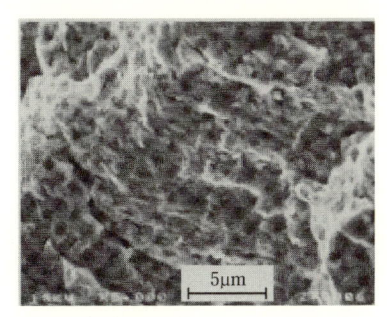

図7.5 起点部に見られたストライエーション[1]

7.2 高分子の破損解析実例

7.2.1 プラスチック扇風機の破損解析

これは破損したABS樹脂製壁掛け式扇風機の破損解析のケースである.7年前に購入し,すぐに壁に取り付けた後は一切取り外すことなく,毎年そのままの状態で使用してきた壁掛式扇風機が,1年前夏の使用後,そのまま放置しておいたら,今夏,突然破損し落下した.なお,破損時期を含め,扇風機には自重以外の外力が全く作用しない状態であったことは確認されていた.この落下により家人が軽傷を負ったこともあって,使用者は本品を欠陥品と言い,メー

図7.6 破損した壁掛け扇風機の破損部Aとその対面B

図7.7 図7.6の破損部1と2の破損前の状態

図7.8 図7.6の破損部1,2,3,4の破断面写真

カー側は使用者に問題があったはずと言って譲らない例であった．奇しくもフラクトグラフィーによるこの破損解析が筆者の所に持ち込まれた例である．

図7.6は，破損後取り外された扇風機で，壁に取り付ける固定部側と扇風機側を結合する部分(矢印)が破損したことを示している．破損前の扇風機は，固定部先端(A)に設けられた六角形の穴にボルトを挿入，嵌合(かんごう)して固定部(B)に結合される(図7.7)．このような取付け穴は2箇所あり，図7.8は図7.6における破損部1と2を結ぶブリッジ(図7.7)，および3と4を結ぶブリッジの破断面を示している．

そこで破損部1，2，3，4を詳細に調べた結果，次のことがわかった．破損部1と2は類似の破断面であり，破断面の半分以上にわたって細かい延性ストライエーションが発達し，残りはクレーズのある延性破断面(図7.9)であった．破壊は六角形穴の角を起点として発生し，全体としては非常に低速の疲労破壊であったことを示している．また，延性ストライエーション部にはうっすらとした黄変(油成分)が見られた．破損部4は脆性破壊と延性破壊の混合したもので，全体としてはクレーズに覆われていた．破損部4にはストライエーションや油滴の付着は見られず，破面は真新しいものであった．

一方，破損部3は脆性破面(図7.10)となっている．写真の左端(A)の中央部(矢印部)を起点とした激しい脆性破壊が起こったことを示しており，ほとんどの部分に脆性ストライエーション(図7.11)とクレーズが観察された．破損部3はほぼ全面が黄変しており，図7.10のBは油滴の付

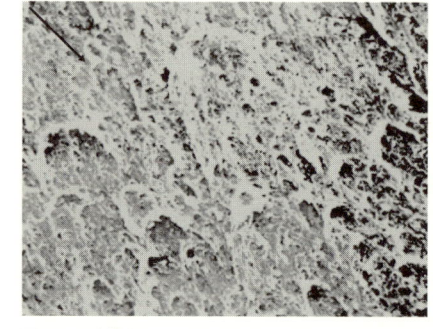

図7.9 破損部1と2に見られるクレーズ延性破断面

着を示している．つまり破損部3は，破断後長期間開口した状態であったことを示している．

以上の観察結果より，破損に至るプロセスを次のように推定した．

① まず破損部3の取付け部に加えられた強い外力によってかなり急速な疲労破壊が進行し，少しの未破壊部を残して破断した．破断面の黄変から見て，取付け後，2，3年でこの破損に到ったと見られる．

② この結果，扇風機の自重は主に破損部1，2の取付け部に加わり，応力集中の大きい六角形穴の角を起点としてゆっくりした延性疲労破壊が起こった．この疲労破壊は途中（起点から1/3あたり）から急速な延性破壊に変わり，破損部1，2はほぼ破断した．多分，取付け後，5，6年だったと推測される．そのため，扇風機の全重量は破損部4に集中し，破損部4で急激な脆性破壊が起った結果，各破損部に少しずつ残っていた未破壊部も一気に破断した．

この推定においてポイントとなった，破損部3が最初に破損したという点に関しては，破断面の大部分が黄変し，油付着が多いことから間違いない．その原因と見られるのは，破損部3の付近には，芯棒を固定するためにナットを強力に締め付けた跡があり，破断面も破壊がこの部分から進行したことを示していた（図7.10のA部）．

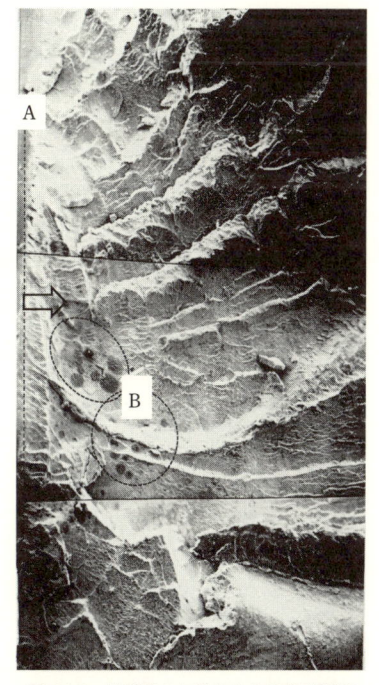

図7.10 破損部3に見られる脆性破断面

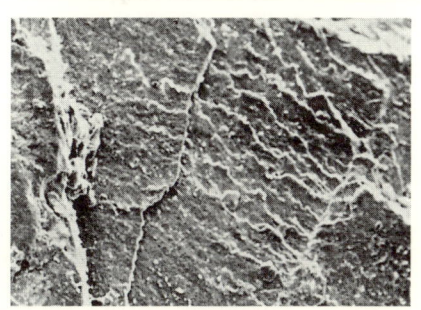

図7.11 破損部3に見られるストライエーション

多分，ナットによって強力に締め付けられた結果，3の部分に亀裂が入り（このため全体の締付けに緩みが出た可能性あり），その後は扇風機の首振り運動（引張りと圧縮の繰返し）によって亀裂が進展したと思われる．また，六角形穴の角がかなり大きな応力集中点になっていたことも事実である．ただし，これらのことが取付け業者のミスによるものか，この機種の本質的欠陥であるかは特定できなかった．

7.2.2 自動車用ゴム油圧ホースの破損解析

自動車等の車両には種々のゴム油圧ホースが使用されているが，ある油圧ホースで使用開始5，6ヶ月頃から亀裂が発生し，油漏れが起こるという問題が頻発した．亀裂は，常にホースの長さ方向にバリラインに沿って発生していた（図7.12）．なお，バリラインというのは成型用金型の組合せ部の隙間から，加硫時に溶融したゴムが流出した痕跡である．図7.13は亀裂に沿ってナイフカットした破断面写真であり，ホースの内表面と外表面の間を台形状に亀裂が貫通している様子がわかる．図7.14はその拡大写真で，図7.15は別の破損ホースで見られた破損箇所である．いずれの場合も，ホースの内表面からゴムの厚さ（2 mm）方向に向かって，1/3程度の深さ（図中の点線ライン）までは滑らかな破断面が広がり，その後，外表面までは激しい凹凸の脆性破断面になっている．

図7.12 油圧ホースのバリラインに沿って発生した亀裂

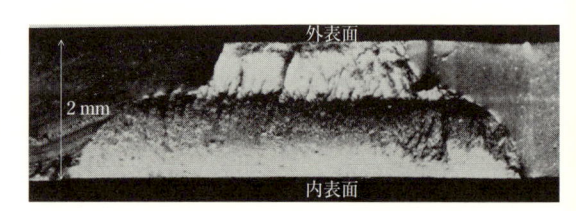

図7.13 図7.12の亀裂の破断面写真

さて，図7.14と図7.15の内表面から外表面にかけて見られる放物線模様の重なりは，脆性材料におけるクラックの起点とその進展方向を示す放物線模様（図4.37参照）が横一列に並んだ状態と考えてよい．そのことを模式的に表したのが図7.16である．したがって亀裂は，ホース内表面のバリラインに沿ったたくさんの起点から発生し，その後，外表面に向かって進展し貫通したと考えて間違いない．

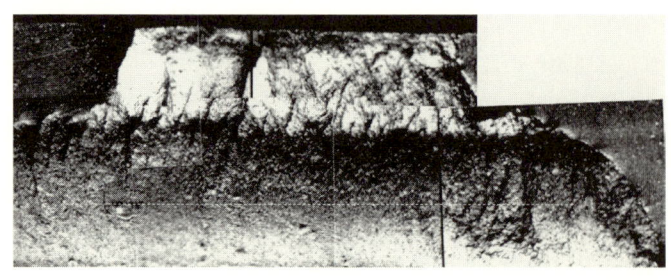

図7.14 図7.13の拡大写真

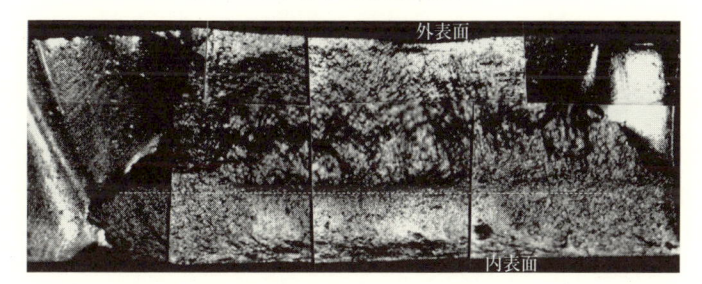

図 7.15 別の油圧ホースの破断面写真

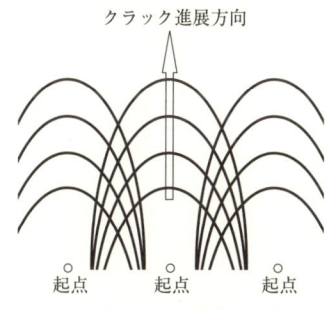

図 7.16 油圧ホース破壊の起点と亀裂進展方向の模式図

そうなると 2 つの疑問点が出てくる．一つは，なぜクラックの起点が長さ方向のバリラインに沿って非常に長く連なっているかである．なぜなら，ゴムのバリラインは，プラスチックのウエルドラインとは違って破壊での弱点にならないのが一般的である．また，脆性破壊では，クラックは特定の起点で発生し進展方向に広がるが，その直交方向には連結しないからである．もう一つは，内表面に発生したクラックがゴム内部に向かって進展したとすれば，起点から続く滑らかな初期破断面が長すぎる（ゴム厚の約 1/3）点である．脆性破壊で凹凸の激しい脆性破断面に移行する前の滑らかな起点部は，もっと小さい領域に限定されるのが一般的（図 4.37）だからである．

本ホースのゴム材料と成型法を調べてみると，NBR ゴムと促進剤 TT による架橋速度の速い配合であった．一方，成型用金型はバッチ式で，芯金の周りからゴムが流れ込んでバリラインの内側で合体する様式であった．このような加硫速度の速い配合の場合には，例えば，バッチ式成型作業に手間取ると，加硫度の違うゴムが合流することになり，バリラインは強度的弱点になる可能性がある．そこで，未使用の油圧ホースからバリラインを跨いで周方向と長さ方向に切り出した試験片を用意し，試験片の中央側面にノッチを入れた状態で屈曲試験を行った．

まず，非膨潤状態（図 7.17 の Original 状態）で行った屈曲試験では，バリのある周方向切出し試験片の屈曲寿命が，むしろ長さ方向切出し試験片より長寿命であり，非膨潤状態ではバリラインの影響はないことがわかった．つまり，オイルと接しない外表面ゴムではバリラインの影響はなく，この点でもクラックの起点は外表面でないことがわかる．一方，この 2 種類の試験片を，油圧ホースで使用する高温（80℃）でオイ

ル中に長時間膨潤させた後，同様の屈曲試験を行った結果が図7.17である．屈曲寿命の時間依存性を見ると，周方向切出し試験片の屈曲寿命は，長さ方向切出し試験片に比べて膨潤時間依存性が大きく，未膨潤では長寿命であったのが，100時間膨潤で両者がほぼ同一寿命になる．

さらに，1,000時間膨潤では，逆に周方向切出し試験片の寿命が，長さ方向切出し試験片よりはるかに短寿命になる．つまり，この油圧ホースで問題となるバリラインは，空気中での屈曲試験では欠陥にならないが，長期間オイルに接していると屈曲耐久性が大幅に低下する原因になることを示している．これは，バリラインへのオイル浸透による影響が他の部分に比べて非常に大きいことを意味している．そこで，図7.17の屈曲試験を行った周方向切出し試験片の破断面を調べたのが図7.18

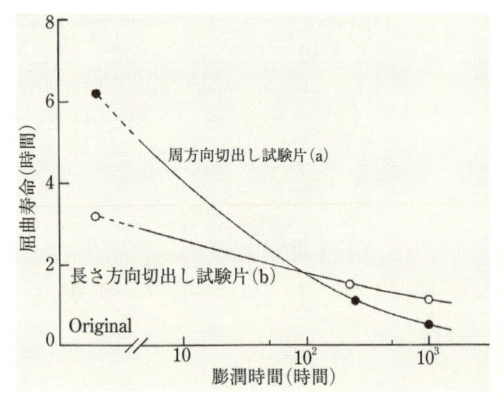

図7.17 未使用ホースの長さ方向と周方向の，屈曲寿命の膨潤時間依存性

図7.18 図7.17の周方向試験片の破断面．(a)未膨潤(Original)，(b)1,000時間膨潤

であり，未膨潤状態(a)では激しい凹凸の脆性破断面を呈するが，1,000時間膨潤(b)になると非常に滑らかな破断面になることがわかる．

つまり，室温で5，6ヶ月間使用されていた油圧ホースの内表面で形成された滑らかな破断面(図7.14，7.15)は，図7.18(b)に示される膨潤時間の長い破断面に対応する．この領域を超えてオイル膨潤の影響が小さくなる内部ゴムでは，屈曲耐久性は向上するが，既に大きな初期クラックが形成されているため破壊は急激な脆性破壊[図7.18(a)]に変わり，一気に外表面まで貫通した(図7.14，7.15)と考えてよい．このように高温のオイルと接触するゴム材料では，耐油性が非常に重要であることがわかる．

7.2 高分子の破損解析実例

7.2.3 搬送ベルト用ゴムクリーナーの破損解析

土砂等を搬送するベルトには土砂が強く付着し，しばしば運転不能に陥る．これを避けるため，ベルト表面に付着物掻取り装置(ベルトクリーナー)を取り付ける(図7.19)．ベルトクリーナーには，ベルトとの接触部に掻取り用の刃(a)が付いているが，刃がベルト表面を傷付けないように，刃に伸縮できる三角形の緩衝ゴム(b)が連結されていて，ベルトが回転すると，ベルト面に接触する刃は常にスティックスリップ運動を繰り返し，そのたびに緩衝ゴムは繰返しの曲げ変形を行う．

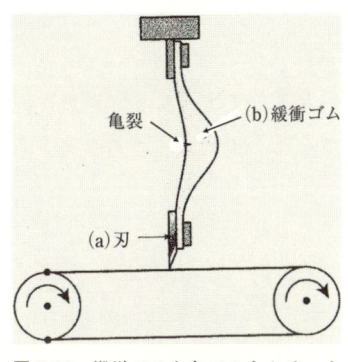

図7.19 搬送ベルトとベルトクリーナの取付け状態(模式図)

ある時，取り付けて間もない緩衝ゴムが中央部(図7.19の亀裂部)で破損し，図7.20に示すような破損品が持ち込まれた．表面から内部に向って深い亀裂の走っているのがわかる．そこで，この亀裂面に沿って分断し，その片方の破断面を約200枚の合成写真にしたのが図7.21である．画面の上部が緩衝ゴム表面，下部がゴム内部を写している．図7.21には，上半分に細かいストライエーション，下半分には大きいストライエーションが見られ，全体が脆性破面となっている．

図7.21の矢印aの先端には縦に伸びた鋭い線が見られ，この部分の拡大写真が図7.22である．明らかに直線状の段

図7.20 亀裂発生の緩衝ゴム

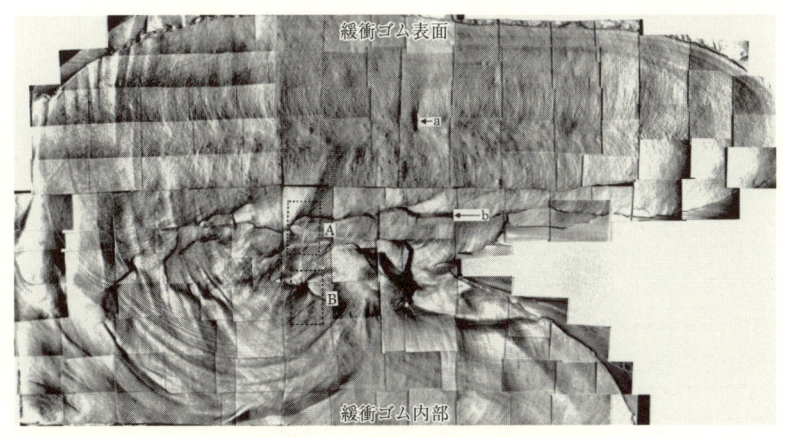

図7.21 亀裂断面の破断面写真

差(ナイフ傷類似)と，その段差の両端から左右および上下方向に亀裂の進展したことがわかる．図7.22の上半分には，この亀裂を中心にして左右両方向に，筋状の細かいストライエーションが弧を描くように無数に刻まれており，疲労破壊が進展したことを示している．一方，図7.22の下半分に見られる同心円状の筋模様はウォルナーラインと思われ，図7.23はその拡大写真である．ウォルナーラインが見られるということは，使用されたゴム材料は十分に架橋された弾性材(図4.44参照)と考えてよい．

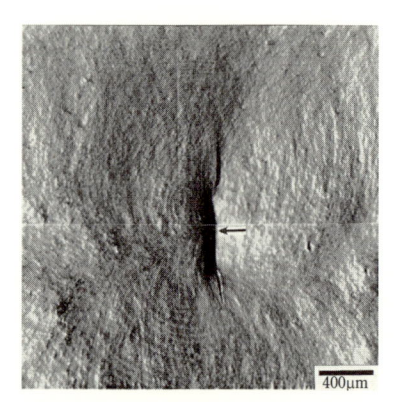

図7.22　図7.21の矢印a近傍の拡大写真．矢印部が破壊起点

図7.23　図7.22に見られるウォルナーラインの拡大写真

　図7.21を見ると，画面上下のほぼ中心に位置する大きな亀裂bを境にして破断面模様は一変し，亀裂より下段では大小の亀裂や大きなストライエーション等が見られるなど，激しい脆性破壊が起こっている．つまり，亀裂bより上の部分(図7.20の表面に近い部分)では極めてゆっくりした疲労破壊が起こったのに対し，亀裂bより内部では激しい脆性破壊が起こったことを示している．

　以上を総合すると，本ベルトクリーナーでは次のことが起こったと推定した．本品の場合，混練時に鋭い直線状の異物(多分，金属片)が混入していて，この異物を起点として，図7.21上半分(緩衝ゴムの表面近く)の左右両方向にほぼ等速度で疲労破壊が進み，横に細長い楕円形の疲労破面を形成した．ここまでは本ベルトクリーナーは正常に作動していたと考えてよい．一方，図7.21の下方(緩衝ゴムの内部方向)に向って進んだ疲労破壊は，突然，加速されて激しい脆性破壊を引き起こしたと推測される．用いられたゴム材料は，架橋状態も耐疲労破壊性も問題はなく，また，緩衝ゴムの形状や構造にも問題はないと判断した．ただし，品質管理上，若干の問題があったと指摘した．

7.3 高分子の寿命予測実例

　定量的寿命予測を実施するにおいて，教科書で学ぶことはその第一歩に過ぎない．そこから具体的な対象における問題点を抽出し，解析法を定め，実験でそれを確認するといった各ステップを1歩1歩，着実に進めることが肝要である．どうやるかは，その技術，その製品ごとに独自のキーポイントを含んでおり，これに携わる技術者がその回答を見出す以外，どこにも正解は書かれていない．そこで本節では，最初に，寿命予測で陥りやすい問題点を抽出し，その後，具体的な対策例を取り上げたい．

7.3.1 寿命予測で陥りやすい間違い

a. 疲労寿命の取扱いに関する勘違い　　よく見られる間違いは，破断強度 σ_b や破断伸び ε_b の大きい材料が疲労特性も優れているという判断である．確かに負荷が極端に大きくて，材料の σ_b や ε_b に近い場合はそのとおりであるが，一般的な使用条件における入力は，それらよりはるかにマイルドである．そのような低応力や低ひずみ条件では，S-N 曲線も $dc/dN \sim \sigma$（または ε）曲線もある入力の大きさで交差する（第4章参照）．したがって，疲労特性の判定には，実際の負荷付近の S-N 曲線か $dc/dN \sim \sigma$（または ε）曲線がない限り何も判断できない．

b. 劣化寿命の取扱いに関する思込み　　最も注意すべきは，アレニウスプロットへの妄信である．どのような現象もアレニウスプロットすれば使用温度における変化を予測できると考える間違いである．例えば，酸素や紫外線，オゾンの混合した影響を受けた劣化に対しても，それらを区別することなく高温促進試験をするケース，高温から低温まで1つの活性化エネルギーで表せると仮定して少ない実験点から直線外挿するケース，また，実験時間を短くするために促進温度を非常に高くするケース等があり，十分な注意が必要である．

c. 寿命支配要因の特定間違い　　寿命予測において最も注意すべきは，寿命をもたらす原因の特定である．例えば，次に紹介する論文は，原因特定に問題があると思われる事例である．図 7.24[2)] は，市場で走行中に

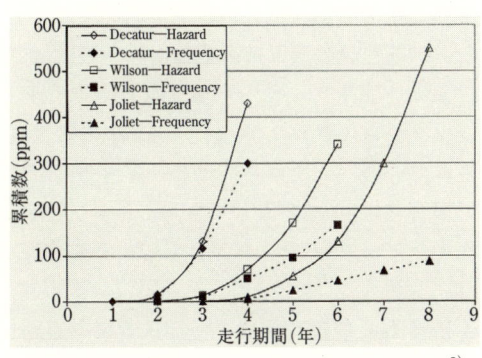

図7.24　走行期間とリコールタイヤ発生総数の関係[2)]

リコールされて回収したA社タイヤの，累積数と走行期間の関係を示したものである．早いものでは2年走行で，遅いものでも4年後には何らかのタイヤトラブルが発生することを示している．そこでA社では，最もセパレーション問題を起こしやすいスチールコードとゴムの界面に着目し，これらの界面における剥離強度と走行時間との関係を示したのが図7.25[2]である．この結果を図7.24と連結させてみると，未使用タイヤに対する剥離強度の残存率が40%程度以下になると，どのタイヤもセパレーションが発生し始めるということがわかった．

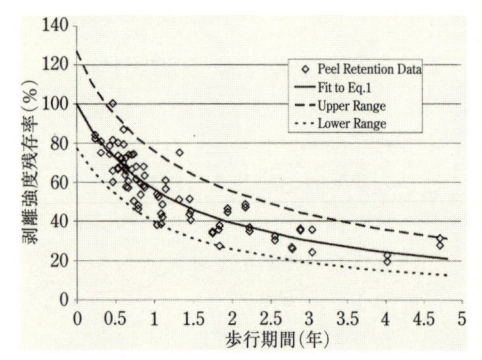

図7.25 リコールタイヤにおける剥離強度と走行期間の関係[2]

そこでA社では，このような剥離強度の低下は酸素によるゴムの劣化に起因すると考え，特に破断伸びの低下をその主原因と捉え，オーブン中での高温劣化試験との整合性を実証しようとした．しかし一般的に言って，酸化劣化ではこれほどの物性低下は起こらない．実際，リコールタイヤから切り出した接着界面付近におけるゴムの，破断伸びと使用期間との関係（図7.26[2]）を見ると，破断伸びの低下は剥離強度低下に比べてかなり小さい．

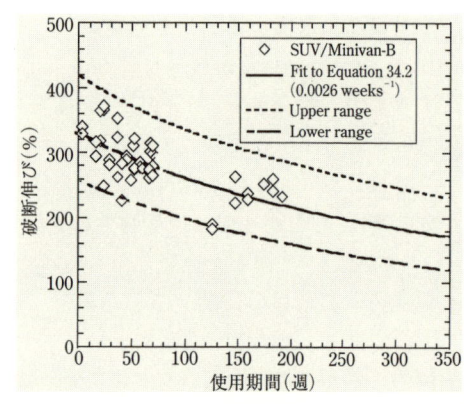

図7.26 リコールタイヤの接着界面付近ゴムの破断伸びと走行期間の関係[2]

また，使用タイヤから切り出したコードとゴムの界面（応力集中部）には多数のクラックが見出されたが，オーブン中の劣化試験では，クラック発生はなかったと報告されている．したがってこのタイヤトラブルは，たとえ酸化劣化の影響（疲労と劣化の複合効果）があるとしても，タイヤの走行時の繰返し変形によって起こった，クラックの発生と成長（その結果としての剥離強度の低下）が主原因と考えるのが妥当であろう．

d. 残存寿命の設定間違い　鉄道橋や道路橋では，通過する列車や自動車による振動が橋脚を痛めないように，橋梁と橋脚の間にゴム支承（数層のゴムと鉄板の積層構

造体)を挿入する場合が多い．この事例は，約20年間使用されたゴム支承を取り出して物性を測定し，その後の残存寿命を推定したケースである．測定結果，回収物のゴム物性は初期値に比べて弾性率が15％増加，破断伸びが15％程度低下していることがわかった．

そこでゴムメーカーは，この支承に用いた未使用ゴムの弾性率と破断伸びが15％変化する時の酸化劣化を50℃の促進試験で推定し，回収品と同レベルの物性変化が起こるのは70日の劣化試験に相当することを確認した．一方，このゴムに対して弾性率が初期値の50％増加，破断伸びが50％低下する時点を使用限界特性値と仮定し，同じ促進試験の続行により，そのような使用限界特性値に達するのは210日劣化時点であることがわかった．これらのデータから，このゴム支承の劣化による耐用年数を60年(＝20年×210/70)と推定した．さらに，ゴム支承には橋梁による静荷重と通行車両による動的変形(1～3％)が常時作用するが，それらは寿命を左右する入力にはならないと判断し，残存寿命を40(＝60－20)年と判断した．

この場合，寿命予測としてはいくつかの問題点を指摘できる．まず，このゴム支承の寿命が酸化劣化で決まると考えた点にある．たとえ小変形ではあっても，交通振動による非常に多数回の繰返し変形と，それによる力学疲労がゴムの破断特性を変化させることを考慮しなければならない．また，橋脚のような大型建造物では地震や台風による大変形も考慮されねばならない．とりわけ，弾性率や破断伸びが初期値に対して50％変化する時点を限界設定値とする根拠がない．いずれにしても，ゴム支承の定量的寿命を求めるには，各種の振動入力に対する S-N 曲線と，疲労と劣化の複合効果の評価が必要である．

7.3.2 ゴムシールの定量的寿命予測の取扱い

機械装置内部で使用される潤滑油の漏洩防止や，逆に外部からの異物侵入防止を目的としてシールはあらゆる機械に装着されている．高分子シールにはオイルシール，O-リング等があり，機能的には固定用シール(ガスケット)と運動用シール(パッキン)に大別される．ゴムシールの密封機能は，取付け溝内で押しつぶされた時発生するゴム弾性による反発力(接触圧力)によって生み出される(図7.27)．したがってオイル漏れ(寿命)は，ゴムに接触圧不足が起こる時と考えてよい．図7.28[3]は，運動用シールの接触部における非対称な接触圧分布と真実接触面(写真の黒い部分)を示している．

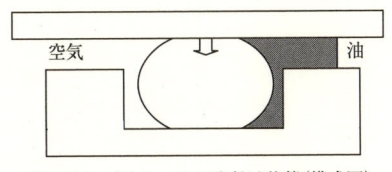

図7.27　ゴムシールの取付け状態(模式図)

a. 従来の寿命予測における問題点 一般的に行われてきたシールの耐久性評価では，圧縮力不足は主にゴムの圧縮永久ひずみ(クリープセット)によって起こると考える．そのうえで，例えば80℃で圧縮率(＝圧縮変形量／シールの直径)25％の条件で使用するシールを考える場合，圧縮永久ひずみが70％になった時を寿命と任意に仮定する．この時，圧縮永久ひずみを取り去ったゴムの反発力は初期圧縮変形の30％に対応するとして，これをとりあえず限界接触圧(P_{min})と設定する．そこで，非常に高温度(例えば，120～180℃)での圧縮クリープ試験を行い，圧縮永久ひずみが70％となる時間を求めた後，アレニウスプロットを利用して80℃における寿命を推定するというやり方である．

この評価でまず問題になるのは，圧縮永久ひずみの大きさが寿命を決めるという考え方である．ゴムの反発弾性力の低下は，物理的，化学的応力緩和に起因するが，酸化劣化の範囲なら両者が生み出す永久ひずみは小さい．逆に，ゴム材料で70％の圧縮永久ひずみを生み出すには，非常に高温の熱劣化によって分子鎖をずたずたに切断するような反応が必要である．本測定のような高温促進試験は，まさにそのような反応をもたらす条件になっている．

図7.28 運動用シールの接触状態とせん断応力分布[3]．黒い部分が真実接触部

一方，ゴムの反発弾性を利用するシールは，あくまで可逆的なゴム弾性を利用するものであり，そのような特性は酸化劣化の範囲でのみ機能する．したがって，ゴム分子鎖の構造が全く別のものに変化してしまう促進条件は，使用条件とは全く異なったものを生み出し，論理的にも実験的にも自己矛盾を起こす．つまり，圧縮永久ひずみの大きさは，定量的シール寿命の指標としては不適ということになる．したがって，もしあるゴムシールが圧縮永久変形が顕著に起こる条件下で使用されているとしたら，材料選択そのものに問題がある．

いま一つの問題は，最も重要な限界接触圧が正確にわかっていない点である．使用条件での負荷の値がわからない限り S-N 曲線から定量的な寿命が導き出せないのと同様に，正確な限界接触圧が定まらない限り，オイル漏れを起こす定量的寿命予測はできない．例えば，その値を上記の方法で決めたとしても，その値は定量的基準にはならない．

7.3 高分子の寿命予測実例

b. 定量的寿命予測のあり方

図7.29は何がオイル漏れを引き起こすかを予測したフローチャートである．ゴムが接触圧不足を起こすのは，主に応力緩和による反発弾性力の低下であり，クラック発生によるオイル漏れも考慮すべきである．また，運動用シールの場合はゴム表面の摩耗もオイル漏れの原因になるが，ここでは固定用シールを考えたい．

定変位負荷を与え続けるシールでは，ゴムの応力緩和による弾性力低下が起こる．この応力緩和は，最初に物理的(粘弾性的)緩和が起こり，長時間になるとこれに化学的緩和が重なってくる(図7.30[4])．特に，長期間になるほど化学的緩和の影響が大きくなる．一方，高温でオイルに接するゴムでは，7.2.2で見た油圧ホースと同様に，オイル膨潤によるクラック発生が懸念される．また，外気側の酸化劣化，オイル側の膨潤効果が化学的応力緩和に関係する可能性が高い．

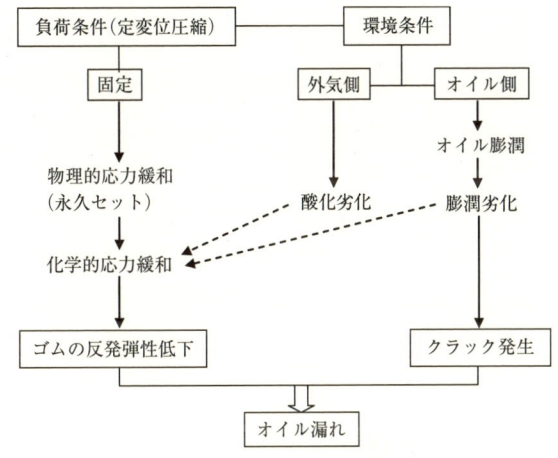

図7.29 オイル漏れを引き起こす負荷条件と環境条件

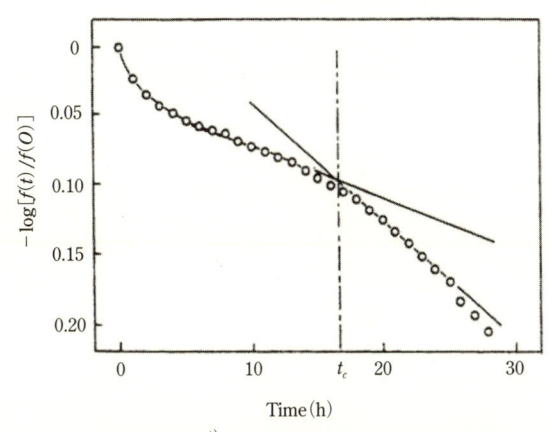

図7.30 応力緩和実験[4]；短時間側が物理緩和，長時間側が化学緩和

一方，ゴムシールの寿命予測を行うには，何より限界接触圧(P_{min})の実測が必要である．その際，圧縮率の大きさ，材料の弾性率，オイル膨潤の有無等によってP_{min}の値が変化するかどうかも確かめる必要がある．ゴムシールでは，最初の設計上の接触圧(P_{des})とP_{min}の差がゴムシールの安全率として担保されている(図7.31)が，この部分が0になった時を寿命と定義すればよい．

さて圧縮試験によってP_{min}の値が定まったら，いくつかの適切な促進温度で，物理的緩和と化学的緩和の複合された長期間の応力緩和実験を行い，設計上の接触圧

(P_{des})から P_{min} までの応力低下を応力～時間曲線として求める．そのようにして各促進温度において P_{min} に達する時間 t_{min} が求まれば，そのアレニウスプロットから使用温度における寿命がかなり定量的に求まるはずである．ただし，運動用シールではこれに加えて摩耗による接触圧の低下を測定し，もし摩耗によるオイル漏れの影響が大きい場合，摩耗時間が寿命を決める主因子になる．

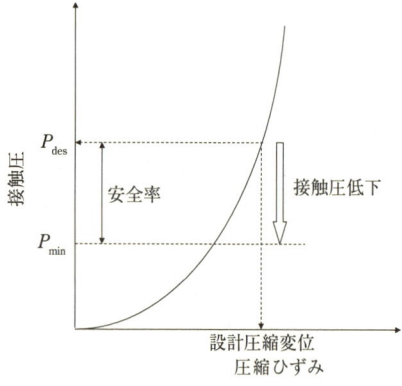

図7.31 シールの設計接触圧(P_{des})と限界接触圧(P_{min})の模式図

7.3.3 自動車用タイミングベルトの寿命予測実例

歯付きベルト（タイミングベルト）は，従来のチェーンベルトに比べて軽量，低騒音であるため，1970年代から自動車用カムシャフトドライブの駆動に用いられている．ゴムと繊維（撚りコード）の複合体であるタイミングベルトには，曲げに対する柔軟性と引張りに対する剛性が要求され，疲労特性の把握は重要である．タイミングベルトの寿命をもたらす現象は，ベルト抗張体（芯線）の切断，ベルト歯の歯欠け，ベルト歯の摩耗に大別されるが，ここではベルト歯の歯欠けに関する飯塚の研究例[4)]を紹介したい．

図7.32[5)]は，プーリ（金属歯車）と歯付きベルトの正常な噛合い状態を示している．図7.33[5)]は歯元に発生した亀裂であり，その進展によって歯欠けが起こる．このような歯元亀裂は，歯元に発生する応力集中の大きさに依存し，歯の曲率が小さいほど応力集中は大きい．歯の曲率をパラメータとした詳細な力学解析と実験による裏付けによって，予測された寿命と実測寿命の関係をプロットしたのが図7.34[5)]であり，両

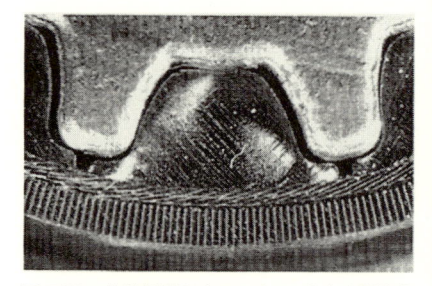

図7.32 自動車用タイミングベルトと金属歯車との噛合い状態図[5)]

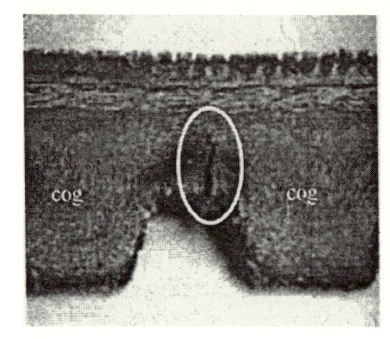

図7.33 タイミングベルトの根元に発生した亀裂[5)]

者の整合性は非常に良いことがわかる．このように酸化劣化の効果を無視できる実験条件では，負荷(曲率)と疲労破壊寿命の関係をS-N曲線の形で求めておけば寿命予測が可能になるという例である．ただし，内部温度がかなり高温になる自動車での長期間使用の場合，疲労破壊に酸化劣化の効果が複合されるので，この点を加味した検討と評価が必要になる．

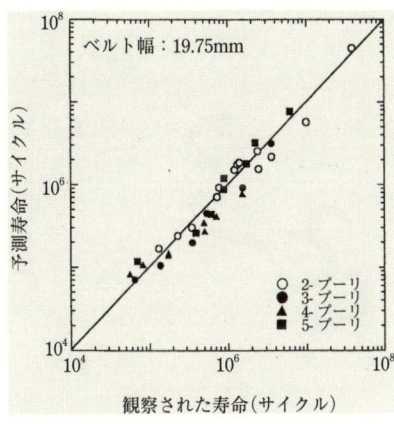

図7.34 酸化劣化のない時の予測寿命と実測寿命の整合性[5]

参考文献

1) 三浦健蔵：腐食メカニズムと余寿命予測，p105，コロナ社，2007.
2) J.M. Baldwin and D.R. Bauer：Current Topics in Elastomers Research (Ed. A.K. Bhowmick)，p955，CRC Press，p955，2008.
3) K. Nakamura & Y. Kawahara：10th Int. Conf. on Fluid Sealing，p87，1984.
4) 伊藤政幸，佐藤武範，村上謙吉：日ゴム協誌，69，98，1996.
5) 飯塚博：日ゴム協誌，71，683，1998；飯塚博，他：同，75，216，2002；H. Iizuka & J. Yamashita: *Proc. ASME*，DETC2007-34044，2007.

異常の発見は，何より，目と耳で

　人間の五感は大したものである．眼は，同じ所でも，角度を変え，距離を変え，明るさを変えることによって，1ミクロン程度の"あやしい箇所"を見つけ出す．これで破壊の起点となる傷（Griffithクラック）を見つけることも可能である．耳は，音の高さ（振動数），音色（波形），響き具合（振動減衰）をかなりの感度で聞き分ける．材料内部の空隙，接着剥がれ，結合部の緩みなどが，音（振動）の違いとして敏感に反応するからである．

　トンネルの崩落事故の検査も，航空機の接着箇所の異常を探し出すのも，また車軸の異常やボルト・ナットのしまり具合をチェックするのも，まずは目視とタッピング（打音検査）というハンマーで叩く検査で始まり，多くはこれで判定できる．より正確に診断するには，マイクロホンを使って録音し音の性質を解析すればよい．さらに精度を上げるには，超音波を当て，その反射波（エコー）の分析から音の解析を行う．コウモリやイルカが超音波を出して，周囲の状況を判断するのと同じである．

　タッピングで音の質が違って（異音として）聞こえるということは，その音の固有振動数の強さや分布（振動数スペクトル）が他の箇所とは異なっていることを示しており，フーリエ解析という手法が用いられる．例えば，音に濁りがある場合，種々の固有振動数の音が発生しており，音の響きが悪い場合，その箇所の振動減衰性が増えて，振動の継続時間が短くなっている，などの情報が正確に得られる．

　日本人は音の違いに敏感であり，感情移入にも富んでいる．お寺の鐘の音に聞き惚れ，虫の音，風の音，波の音にも耳を澄まし，そのちょっとした違いに季節の移ろいを感じ取る．外国人には希薄な特性と言われている．そうであるならば，ですよ，カミさんとつつがなく過ごすためにも，その顔色に映る心の陰影に目を配り，その声色の奥に潜む不気味な不満を耳で聞き分け，敏感に素早く行動するのが何より肝要．何事であれ事故対応では，気づくのが遅れると，その2乗，3乗に比例して損害額（？）が増える．我々，ぐうたら亭主，くれぐれも心すべきことであろう．

第8章　免震ゴム開発物語

　さて，第1章で述べたように，免震ゴムを用いた免震建築が日本で定着，普及するためには，長期寿命予測に加え，60年以上の耐久寿命を持つ免震ゴムの開発が不可欠という建設会社の指摘(1985年)があった．これを受け，ゴム製品としては全く前例のない，長期耐久性を保証する「60年耐久免震ゴム」開発に着手し，開発が終了したのは1988年であった．続いて取り組んだのは，「高減衰免震ゴム」である．これも同じ長期寿命予測に則って開発したものであるが，新たな機能を付与した次世代免震ゴムへの挑戦であった．寿命予測が免震ゴムの骨格だとすれば，免震ゴム開発はその肉付け作業だったと言えよう．以下にお話しするのはそれらの開発にまつわる表と裏の話であり，汗と涙の奮闘物語の1つとして楽しんでいただければと思う．

8.1　「60年耐久免震ゴム」の開発

8.1.1　どうしようもなかった初期の試作免震ゴム

　1984年初頃，ブリヂストンで試作した最初の免震ゴムは，外国品の写真から見様見真似で作ったものであった．あらかじめ加硫したゴム板を市販接着剤で鉄板と貼り合わせ，これを水平方向にせん断変形させたのであるが，あっという間に破壊した．どんなに注意しても接着剤の塗りむらを改善できなかった．そこでとりあえず5層の鉄製円盤を円柱状の板金が取り巻くような簡単な金型を作ってもらい，何となく積層ゴムらしいものを作ってみた．早速，この積層ゴムをせん断変形させたところ，これもまたすぐに壊れた．加硫条件として，免震ゴム側面からの加熱が全く不足していたのである．そこで急遽，分厚いリボンヒーターを探してきて，金型の外表面をぐるぐる巻きにして加熱した．ところが今度は，スピュー(ゴム逃げ)部からはみ出したゴムがリボンヒーターで加熱され，煙と火を噴き出した．慌てて消火器で消し止めたが，全くどうしようもない状態であった．

　このような情けない試行錯誤の末，やっと普通の金型に近いものを用意した結果，外形だけは一応まともな免震ゴムができるようになり，それなりの変形量まで耐え得る免震ゴムが得られた．"免震ゴムと言っても，まあ，こんなものだろう"と自信めいたものが生まれていた．そんな時，筆者らと共同開発していた田崎貞則免震開発部長

が，将来ユーザになりそうなある大手企業の幹部を実験棟に招待して，免震ゴムの実際の変形試験を見てもらうことになった．我々としては，万一にも簡単に壊れることがないよう，慎重に試験用免震ゴムを作った．特に，接着剤塗布には細心の注意を払った．そして当日，せん断変形試験が行われた．

ところが，である．こともあろうに，その免震ゴムは皆の見ている前であっけなく壊れてしまった．予想した破断せん断変形の1/3にも満たない変形量で，無残な接着剥離を起こしたのである．その場にいた全員は凍りついたように動けなくなった．その時である，田崎部長がにこやかにユーザーを見渡して言ったのは，"あなた方は本当によい時に来られましたよ．こんな珍しい実験はなかなか見られるものじゃないですから．普通はこの程度の変形では絶対に壊れませんのでね．もしかしたら，皆さんがお見えになるので，担当者が緊張のあまり，接着剤を塗り忘れたのかもしれませんね．ア，ハ，ハ"と．これを聞いたユーザーの方も，"妙に感心して"帰られたとのこと．まさに，周囲を思いやる大人同士の対応ではないか．幸運にも(？)，筆者はその見学会の現場に居合わせなかったが，そこに居た人たちの話を聞くと，そして当時，人気のあったNHK放映の"プロジェクトX"的に言えばこんな状況だったらしい．

これだから，筆者は田崎部長を尊敬していたし，好きだったのである．しかし一方，自分らの接着，製造技術がまだこのレベルだったかと思うと，そして，もし大地震の時，このような事態が1件でも起こったらどうなるかと思うと，甘く見ていた自分が恥ずかしく，冷や汗の噴き出す思いであった．そのような時，第1章で述べた建設会社の指摘があった．

こうなると，もはや腹をくくるしかなく，基本に戻って1から開発に取りかからざるを得なかった．そして，ここからが本当の意味で，60年耐久免震ゴムの研究開発が始まったのである．まず，開発の主眼を次の3点に絞った．①ダウエル式形状から新形状への変更，②ゴムと鉄板の接着技術の開発，③製造条件の確立．なお，内部ゴムと外皮ゴムの開発については第6章でも触れているので，ここでは割愛する．この開発でも恒例の如く，FEM計算等の数値解析は関互社員にまかせ，筆者らは実験を含む雑用一般を担当した．なお，企業内での役割分担は，筆者の部門が研究開発を，田崎部隊が実大試験や構造設計を受け持ち，常に二人三脚体制を取った．

8.1.2　ダウエル式免震ゴムから基礎固定式免震ゴムへ

1985年当時，イギリスやニュージランドで開発され，アメリカ等で使用され始めていた免震ゴムには大きな問題があった．それらは「ダウエル式免震ゴム」と呼ばれ，図8.1に示すように，免震ゴムの上下のフランジ(厚い鋼板)部に各々，数箇所の凹み

8.1 「60年耐久免震ゴム」の開発

孔が設けられていた．一方，基礎と建物の土台部には，これらの孔に対応する突起が用意されていて，両者が嵌合するようになっていた．つまり，免震ゴムは地盤基礎にも建物土台にもボルトで固定されず，嵌合によって接合する浮上がり方式がとられていた．

なぜこのような浮上がり式にしたかと言うと，免震ゴムが水平変形する時，免震ゴムの上下，左右の角部が最も引っ張られるであろうと推定した技術者達は，破壊することを避けるためには，その部分が強い引張り変形状態にならなければよいと考えた．そのためには，大変形時には免震ゴムが基礎や建物土台から外れるようにすればよいとして，ボルトで固定しない構法を採用したのである(図 8.2)．しかしながら，こ

図 8.1 ダウエル式免震ゴム．点線部が上下基礎との勘合部

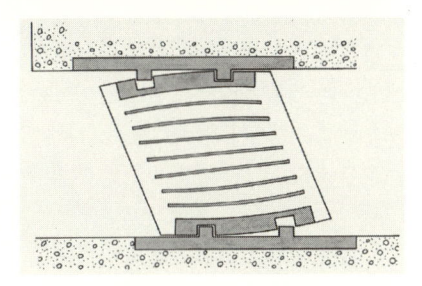

図 8.2 地震時のダウエル式免震ゴムの動き (模式図)

のような噛合せを用いた場合，地震の大変形や激しい上下動の後，果たして，免震ゴムの上下のフランジは正確に元どおりの位置に戻り，基礎や建物土台とうまく噛み合えるかは大いに疑問であった．

もちろん，噛み合わなかったら，その後は悲劇である．傾いた免震ゴムには無理な局部応力が発生して破壊され，基礎と建物土台には重大な損傷が発生し，建物の不同沈下をもたらしかねない．そして何よりも，そのような状態になった免震建築は全く免震機能を発揮せず，建物に想定外の動きを引き起こす．これは，地震時に免震ゴムが破断した時の状況(6.5.1 参照)と大差がない．一方，このような不安定な固定法は，少なくとも日本では，建設者にも施主にも受け入れてもらえないと考えた．

そこで何はともあれ，免震ゴムが基礎にも建物土台にもボルトで固定される方式の検討を始めた．幸いこの頃になると，大変形 FEM 開発もかなり進展しており，簡単な応力計算ができるようになっていた．免震ゴムには躯体による垂直荷重と建物の水平動によるせん断力が作用するとして，免震ゴムの各部位に発生する最大ひずみを計算した．解析の結果は前にも述べたように(図 6.10 参照)，垂直荷重が小さい時は，海外の免震ゴム設計者の懸念どおり，免震ゴムの引張り端部に最大ひずみが発生する．

しかし，垂直荷重が大きくなると，最大ひずみはむしろ免震ゴムの圧縮端に移動することがわかった．

そうなると問題は，いかにして圧縮端および引張り端の最大ひずみを小さくするかになる．その後の詳細な FEM 解析によると，免震ゴムの両端部に最適な R（緩やかな角）を付けると共に，適当な厚さの外皮ゴムを付けることで，最大ひずみが大幅に小さくなること

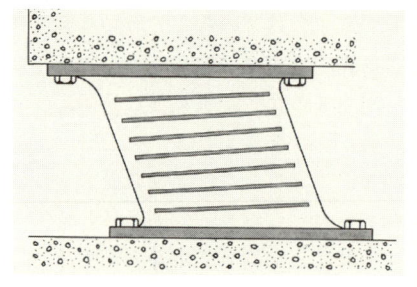

図 8.3　新しく開発された基礎固定式免震ゴム（模式図）

がわかった．こうしてでき上がった「基礎固定式免震ゴム」の模式図が図 8.3 である．免震ゴムの上下フランジ部がボルトで基礎と建物土台にしっかりと固定されたものである．その後，この構造は大変形や繰返し変形にも問題ないことが実験的に確かめられた．この形状と構造は建設会社に大きな安心感を与え，日本の免震ゴムは基礎固定式になった．こうして，まず 60 年耐久免震ゴムの形状が決まったのである．

8.1.3　ゴムと鉄板の接着技術開発

60 年耐久免震ゴムの開発に取りかかった時，最も懸念したのが内部ゴムと鉄板の接着であった．大地震時に免震ゴムに接着剥離が起こった場合の惨状を考えると，何としても接着不良を避けたいと当初から考えていた．ところが，日本における免震構造の先駆者でもある建築の大先生は，"免震ゴムには常に建物を支える圧縮荷重がかかり，またゴムと鉄板の摩擦係数は高いので接着は必要ない"とおっしゃり，そう指導しておられた．しかし，地震の素人ではあってもゴム屋の常識としては，接着させないゴムの上に重量物を乗せて動かすことは，基本的に受け入れることができなかった．激しい上下動を含め，大地震時の建物の動きがどのようになるかが十分わかっていない時，たとえ後で接着不要とわかったとしても，我々としては完全接着を目指すことを基本にした．

まず，接着試験法を決めようとした．免震ゴムの変形は鉄板間に挟まれたゴムがせん断変形する状態と考えていたので，一般的に防振ゴムの接着試験に用いられるせん断型試験片を用いることにした．これは 3 mm 厚の 2 枚の鉄板間に 5 mm 厚のゴムを挟んで接着させ，鉄板を互いに逆方向にせん断変形させるやり方である（図 8.4 a）．早速，内部ゴムと鉄板の接着に防振ゴム用接着剤を用いて評価したところ，破断時のせん断ひずみが 700% を超え，完全な接着状態を示すゴム破壊となった．ところが，その接着剤を使って製作した免震ゴムを試験してみると，せん断ひずみ 200〜300%

でゴムと鉄板間の界面剥離を起こし破断した．その後，何度やっても同じ結果になった．

こうなると，どこに両者の違いがあるかということになり，免震ゴムの大変形時の鉄板の動きを大変形 FEM で詳細に解析してみた．そうして初めてわかったことは，免震ゴムに内挿されている鉄板は，大変形のせん断変形時には，単に水平方向に互いにずれるように動くのではなく，水平方向に動きながら同時に免震ゴムの中心周りに回転し，特に，上下のフランジ近傍の圧縮側では，鉄板端部はかなり大きく曲げられることが判明した（図 8.5）．また，前にも述べたように，圧縮荷重が大きくなると，この部分の曲げはさらに大きくなって破断を引き起こすことも判明した（図 6.11 参照）．つまり，せん断型試験片では，厚い鉄板は曲らないで水平方向に動くのみなので，接着強度さえ強ければ，たとえ曲げ変形には脆くて弱い接着剤であっても，接着良好になった

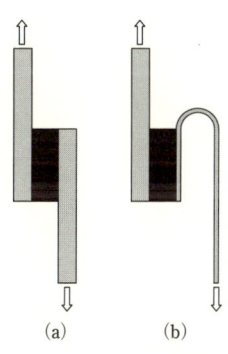

図 8.4 ゴムの接着試験片．(a) 純せん断型，(b) 免震ゴム用改良型

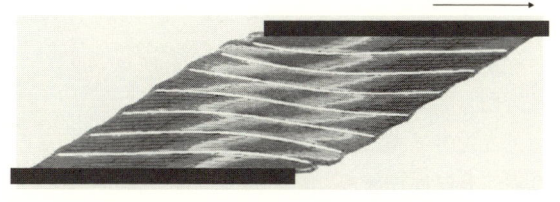

図 8.5 大変形時の免震ゴム内鉄板の曲げ変形状態（シミュレーション）

のである．もちろん，防振ゴム用接着剤としてはこれで十分である．

ここまでくると，問題は接着強度と柔軟性をバランスできる接着剤の選出であり，そのことを評価できる独自の試験法が必要だった．そこで採用したのが図 8.4 b に示すような，一方は厚い鉄板で，もう一方は薄い鉄板とする試験片であり，引っ張るにつれて薄い鉄板が徐々に曲げ変形するようにした．このような検討の末，最終的に選択した接着剤を用いた免震ゴムでは，破断時せん断ひずみが 600〜700％ に達し，破断面もゴム破壊であった．ただし，従来のせん断型試験片を用いたこの接着剤の評価はけっして高いものではなかった．製品で実際に起こる現象に則した評価がいかに重要かを思い知らされた例である．いずれにしても，接着に関する基本技術はこうしてできあがった．

8.1.4　免震ゴムの均一物性，短時間製造法の確立

当初，写真で見せられただけのかなり大型の外国製免震ゴムがどのようにして加硫されたのかわからず，全く手探りで進めるしかなかった．もちろん我々は，防舷材の

ような大型ゴム製品の長時間(10〜30時間)加硫法は知っていたが,それでは多量の普及品を作るには時間的,コスト的に無理だろうと考えた.一方,免震ゴムには厳しい性能管理が求められるので,免震ゴム内部の物性バラツキも,免震ゴムごとのバラツキも不良品多発に直結すると覚悟した.そこで目標を,"均一物性,かつ短時間加硫技術開発"と定めた.

このために3段階のアプローチをとった.第1段は,加硫条件(温度と時間)によって,ゴム物性(弾性率,破断強度,破断伸び等)がどのように変化するかを詳細に調べ,それを化学反応速度論として捉える.続いて,外部で定める加硫条件(昇温速度や脱型後の降温を含め非等温変化)によって,免震ゴム各部の温度がどのように変化するかを測定し,これをFEMによる熱伝導解析を用いて解析する.最終目標は第1段階と第2段階を合わせて,実際の非等温加硫条件よる免震ゴム内の物性の平均値とバラツキを予測し,物性最適化のプログラム作成と最短加硫条件の設定であった.

加硫ゴムの物性は,多くの場合,加硫時間と共にS字型に増加した後,対照的な逆S字型で若干減少する.また,低温,長時間加硫の方が,高温,短時間加硫よりもピーク時の物性値が高くなることが知られている.図8.6は等温加硫における弾性率(100%伸長時の応力)の加硫時間依存性である.一方,実際の製造条件では,常に金型の昇温と金型を加圧プレスから取り出した(脱型)後の長い降温があり,このすべての温度過程で加硫反応が進む.例えば,反応の途中で温度を変えた非等温加硫における弾性率の変化を示すのが図8.7の実測点である.ここには,最初に150℃で8分加硫後,130℃に変更した場合と,逆に,130℃で20分加硫後および80分加硫後,150℃に変更したケースがプロットされている.

本解析では,加硫反応を現象面から

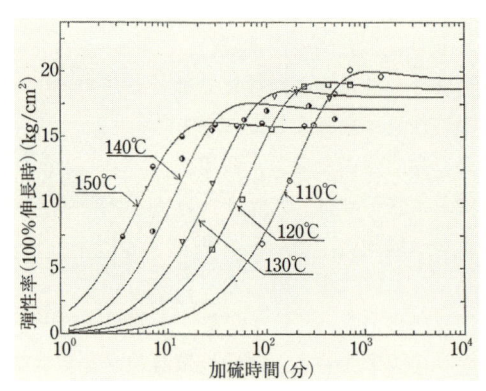

図8.6 加硫温度を変えた時の等温加硫曲線

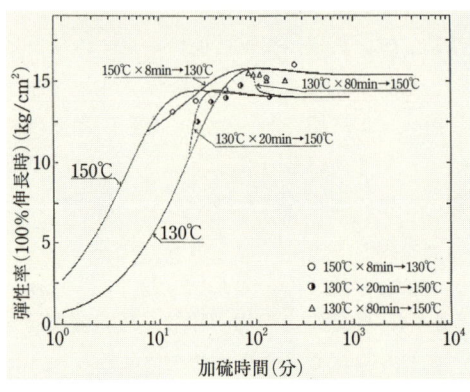

図8.7 加硫温度を変えた時の非等温加硫曲線

次のように仮定した．①加硫反応は有効架橋密度νを生み出す反応であり，各物性値はν値に依存する．②加硫反応では最初に架橋(νの増加)が起こり，続いて分子鎖切断(νの減少)が起こる連続反応と捉える．③架橋反応，切断反応共に1次反応で，反応速度定数kはアレニウス式で表せる．④切断反応は高温ほど早く(短時間で)始まる．⑤これらの仮定は温度一定(等温加硫)での反応に関するものであるが，非等温加硫の場合，各温度における①～④の反応(架橋，切断)がすべて積算される．このような仮定の基に計算した曲線が図8.7の実線である．実験と計算はほぼ一致しているとみなしてよい．こうして非等温加硫反応を設定した．

未加硫ゴムを金型に挿入し，一定時間加硫後に金型から脱型した時の免震ゴム各部における温度履歴は，熱電対による測定と熱伝導FEM解析を併用して求め(図8.8)，その後，物性最適化と最短加硫条件設定のプログラミングに入った．図8.9は，免震ゴムにおける最速温度上昇部と最遅温度上昇部における弾性率の変化，および，免震ゴム全体の平均値を加硫時間に対してプロットしたものである．昇温過程はもちろん，脱型後の降温過程の制御が物性安定化のポイントになり，図8.9では加硫時の最速部と最遅部の弾性率の差は2.5%程度に収まっている．こうして均一物性，短時間加硫法の基礎が固まった．

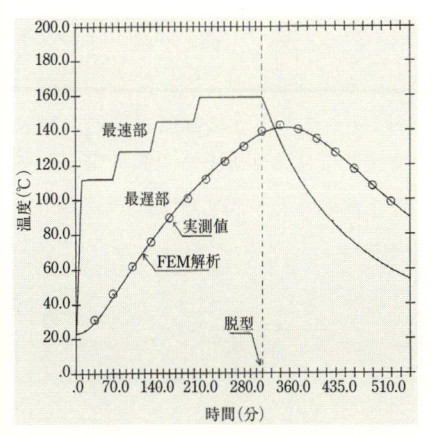

図8.8 非等温ステップ加硫時と脱型後の積層ゴム内部の温度変化

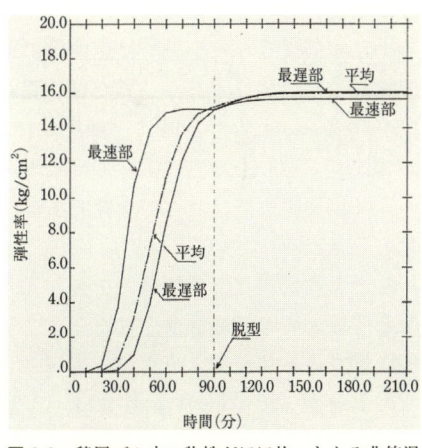

図8.9 積層ゴム内の物性がほぼ均一となる非等温加硫の例

8.1.5 60年耐久免震ゴムの誕生

確立された要素技術を基にして作り上げた免震ゴムの第1の目標は，60年以上の耐久性を保証することであり，前に述べた寿命予測システム(図6.6，表6.1参照)に

従って徹底的にチェックした．第6章の免震ゴムの寿命予測で述べたことのほとんどすべては，この60年耐久免震ゴムについて行われた予測と結果であり，ここでは詳細を割愛する．こうして「60年耐久免震ゴム」ができ上ったのは1988年であり，この免震ゴムはその後「天然ゴム系免震ゴム」と名称され，市販されている．

8.2 「高減衰免震ゴム」の開発

8.2.1 高減衰免震ゴムとは何か

現在，日本で免震建築用に用いられる免震ゴムは，天然ゴム系免震ゴム，鉛入り免震ゴムおよび高減衰免震ゴムの3種類に大別され，市場規模は各々が約1/3を占めている．免震ゴムというのは2つの機能で構成されており，一つは建物と地震波との共振を避けるために，建物の固有周期を長くする軟らかい「バネ機能」である．もう一つは，共振による加速度を低減し，また，地震時の建物の水平変位をできるだけ小さくするための「減衰機能」である．

図8.10[1]は，ある地震波が襲った時の，そこにある建物に発生する応答加速度と，建物の持つ振動減衰能力(減衰比率)との関係を示すシミュレーション結果である．減衰の増加に伴い加速度(特にピークを持つ成分の加速度)が急激に低減することがわかる．日本のような狭小地では，建物の水平移動(変位)を制限しないと，隣の建物と衝突を起こす危険性があり，また早く揺れを納めないと，地震の第2波，第3波との共振を起こしかねない．特に，地震波には図8.10に見られるように幅広い周期の成分が含まれており，地盤によっては長周期成分が突出する危険性もある．最近騒がれている長周期地震波は典型的な例である．このため，減衰機能は免震建築における不可欠の要素になっている．

このような視点で免震建築を見ると，ほとんど減衰機能を持たない天然ゴム系免震ゴムを用いる場合，弾塑性ダンパーや粘性ダンパーを免震ゴムと併設する必要がある．ただし，ダンパーを自由に選べるので，減衰能力を任意の大きさに設定できる．これに対して，鉛入り免震ゴムや高減衰免震ゴムは，それ自身が減衰機能を持って

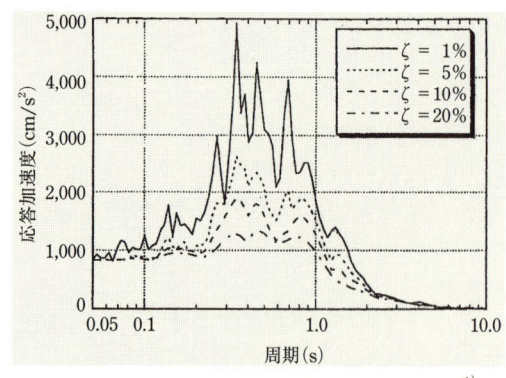

図8.10 減衰比率ζを変えた時の応答加速度の変化[1]

いるため，別置きのダンパーを必要としない．鉛入り免震ゴム（図8.11）の場合，天然ゴム系免震ゴムの中心部をくり抜き，そこに高減衰の鉛棒を埋め込むことによってバネ機能と減衰機能を発揮させる．

図8.11　ショーケース内に展示された鉛入り免震ゴム

高減衰免震ゴムでは，ゴム自体に高い減衰性を付与することによって，バネ機能と減衰機能を一体化するメカニズムになっている．天然ゴム系免震ゴムとダンパーの併設システムでは，免震ゴムとダンパーの費用の他に施工費やメンテナンス費用が重なるため，全体としてはかなり高コストになる．この点，鉛入り免震ゴムおよび高減衰免震ゴムは有利で，特に，高減衰免震ゴムは製造コストが最も安い．ただしこの両免震ゴムでは，減衰性能の大きさが固有に決まっているので，自由にその大きさを選べない．

8.2.2　高減衰免震ゴム開発に取り組んだ経緯

60年耐久免震ゴムの研究開発に本格着手する前から，ニュージランドでは鉛入り免震ゴムが開発されていると聞かされていた．一方，イギリスで開発され，アメリカの州裁判所に投入された免震ゴムはかなり減衰性が高いという情報と，それを裏付けるある程度の性能データを入手した．そこで，このデータを基にして建設各社と話し合ったところ，これでは減衰性能が足りないとのことであった．そこで筆者は，この免震ゴム（ここではとりあえず中減衰免震ゴムと呼んでおく）の配合と製造を担当した，イギリスMRPRA（マレーシア天然ゴム研究所）の研究者と話し合うために海外出張した．

彼らとは旧知の間柄だったので，早速，配合表を見せてもらいながら，もっと高減衰にはできないのかと尋ねた．彼らは，"カーボンブラックを多量に配合すれば減衰性能を上げることはできるが，そうなると長期間のクリープが怖い．ゴムの減衰とクリープが同じメカニズム（分子鎖の摩擦滑りに基づく粘弾性効果）から発現している以上，減衰をこれよりもっと上げて，かつ，クリープを小さいままに保つことは不可能だろう"という答えだった．さらに，"アメリカのKellyはこれで十分だと言っている"とのことだった．そこで，その足でアメリカに渡り，カルフォルニア工科大学のJ.M.Kelly教授（アメリカにおける免震建築のリーダ）に会った．日本の建設会社の見解との違いを知るためであった．

彼は，"免震ゴムの減衰がこれで十分でないことはわかっているが，MRPRAがこれ以上の高減衰はできないと言うので，これを使うことにした．その代りに，地震時の建物の変位が設計値以上に大きくなった場合，建物の基礎部が鉄骨の枠組み上にソフトランディングするフェールセーフ構造（図6.28参照）になっている"という見解だった．この出張によって，世界のゴム技術をリードしてきたMRPRAでさえ諦めた高減衰免震ゴムの開発が非常に難しいことはわかったが，筆者はあえて"高減衰免震ゴムを開発する"と帰りの飛行機の中で即断した．"ゴム屋の面子（？）にかけて，鉛入りでなくゴム自体で勝負する"と，見通しも何もないのに覚悟だけは決めた．MRPRAに対する対抗意識も働いていた．

当然，高減衰免震ゴム開発の最大の目標は，"高減衰と低クリープの両立"であった．一般的に，このような二律背反問題の解決は，同じ土俵で考える限り，白であって同時に黒であることを求めることになり，不可能となる．しかし唯一，解決の可能性があるとすれば，それは問題を違った土俵に持ち込めた時であろうとは感じていた．

さてそれから半年間ほどは，日夜，この問題に悩まされていたのであるが，ある時，ふと気が付いた．免震ゴムに高減衰が必要なのは，地震時の大変形（数100％のせん断ひずみ）の時であり，一方，6.3.2で述べたように，免震ゴムに荷重を載せた時の全沈下量は，その後のクリープを合わせても，高々，圧縮ひずみで5％程度である．それなら，"大変形で高減衰性を発揮し，小変形では低減衰の材料にすればいい．これがこの問題における違った土俵"だと思った．こうして，高減衰免震ゴムの本格開発に着手したのが1987年末であり，でき上ったのは1990年であった．

8.2.3 高減衰免震ゴムの開発着手

高減衰と低クリープを両立するゴム材料開発の具体的な目標を次の2点に絞った．まず，大変形では高ロス，小変形では低ロス特性を持つゴム材料を開発することに専念した．そこで，種々のフィラーとオイルを充填したゴム材料を試作し，大変形時のロス特性（100％ひずみでのヒステリシス比 h）と小変形でのロス特性[動的測定における $\tan\delta$ (3%)]の関係をプロットしたものが図8.12である．当然，大変

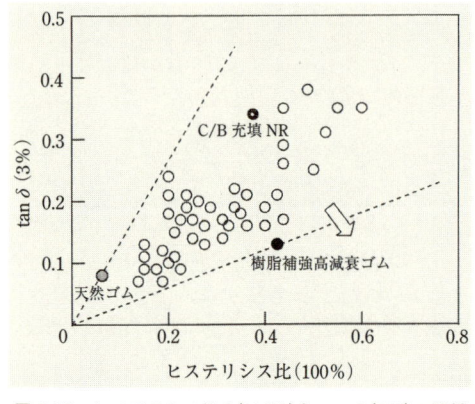

図8.12 ヒステリシス比 h (100%) と $\tan\delta$ (3%) の関係

形における減衰性と小変形における減衰性は，概略，比例関係にある．それでもかなり選択の幅があることが読み取れる．したがって，この中からできるだけ $\tan\delta$ (3%) が小さく，h (100%) が大きいもの（図中で矢印方向）が高減衰免震ゴムの候補になると判断した．

一方，クリープの大きさはほぼ弾性率の逆数に比例すると考え，大変形では低応力（設計応力）であるが，小変形ではできるだけ高応力（高弾性）である材料を選ぶことにした（図 8.13）．このことを評価する指標として，小変形に対しては動的測定における貯蔵弾性率 E' (3%)，大変形に対しては100%変形時の応力 $[M_d(100\%)]$ として，図 8.12 にプロットした種々のゴム材料における両パラメータの関係をプロットしたのが図 8.14 である．ここでも両者は概略，比例関係にあるが，本開発では同じ $M_d(100\%)$ 値に対して，できるだけ E' (3%) が高い材料（図中の矢印方向）が望ましいことになる．

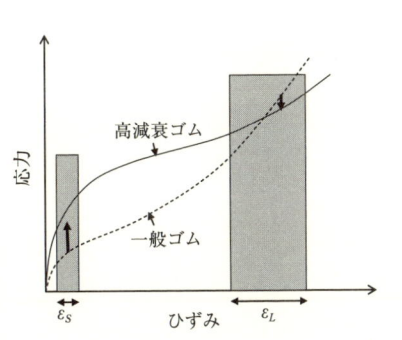

図 8.13 小変形で高応力となる応力〜ひずみ曲線のあり方（模式図）

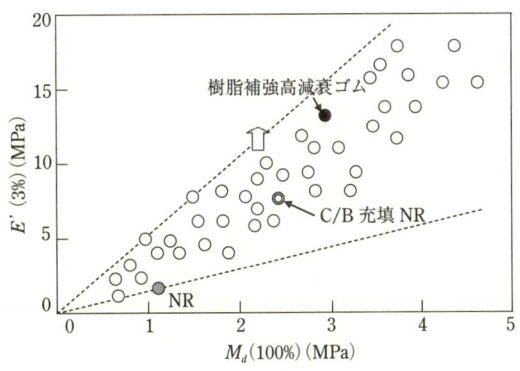

図 8.14 $M_d(100\%)$ と貯蔵弾性率 E' (3%) の関係

そのような目で図 8.12 と図 8.14 を見ると，未充填 NR はもちろん，カーボンブラックのみを充填した NR は，高減衰免震ゴムとしては不適格ということになる．結局，フェノール樹脂系フィラーとカーボンブラックの混合充填系に，高粘性のオイルをブレンドしたゴム（図中の樹脂補強高減衰ゴム）を，図 8.12 と図 8.14 の目標物性を最もバランスよく満たす高減衰免震ゴム候補（ここでは HD-1 と名称）として選出した．ただしこの時点では，このゴムを免震ゴムとした時の減衰性能のレベルは全く未知数であった．

8.2.4 高減衰免震ゴムの減衰特性

図 8.15 は，減衰性のほとんどない天然ゴム（NR）系免震ゴムのヒステリシスループであり，図 8.16[2] は，これと併設して用いる鋼棒ダンパーのヒステリシスループである．

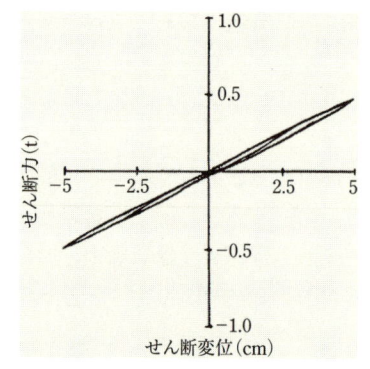

図 8.15 天然ゴム系免震ゴムのヒステリシスループ

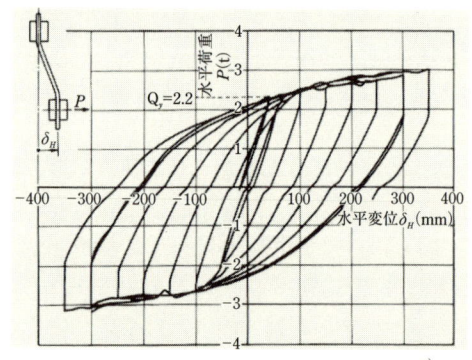

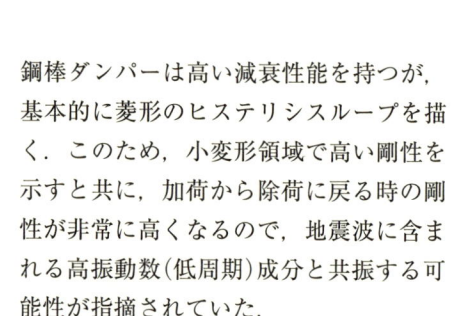

図 8.16 鋼棒ダンパーのヒステリシスループ[2]

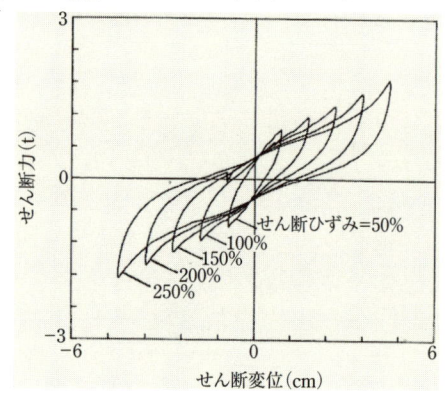

図 8.17 高減衰免震ゴムのヒステリシスループ(1stサイクル)[3]

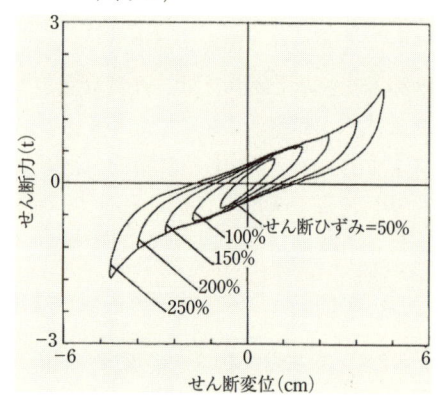

図 8.18 高減衰免震ゴムのヒステリシスループ(2ndサイクル)[3]

鋼棒ダンパーは高い減衰性能を持つが，基本的に菱形のヒステリシスループを描く．このため，小変形領域で高い剛性を示すと共に，加荷から除荷に戻る時の剛性が非常に高くなるので，地震波に含まれる高振動数(低周期)成分と共振する可能性が指摘されていた．

さて図8.17[3]は，HD-1高減衰免震ゴムの1stサイクルのヒステリシスループである．本試験では，免震ゴムに垂直荷重(面圧3 MPa)を加えた状態で，水平方向に一定振幅(せん断ひずみ)で5回変形させた後にヒステリシスループを描かせた．この操作をせん断ひずみを順次増大しながら繰り返し，1stサイクルとして求めたものが図8.17である．

さらに，1stサイクル測定後，再度，小ひずみから行った2ndサイクルを描いたものが図8.18[3]である．高減衰免震ゴムの特徴は，ほぼきれいな笹の葉状のヒステリシスループを描く点にあり，加

荷時と除荷時の剛性の差が小さいので，ループの頂点間を結ぶ直線で系の水平(せん断)剛性を近似できる．図8.17と図8.18を比較すると，1stサイクルに比べて2ndサイクルの方が剛性が低下し，ループ全体が丸味を帯びる傾向がある．滑らかなループはゴムの粘弾性特性をよく表しており，高減衰免震ゴムでは，鋼棒ダンパーで懸念された高周波成分との共振はないと考えてよい．

図8.17と図8.18から求めた等価減衰定数を，せん断ひずみに対してプロットしたのが図8.19[3)]である．ここで，等価減衰定数(h_{eq})は，ヒステリシスループに描かれたヒステリシスエネルギーと入力エネルギーの比から求められ，減衰性能の大きいものほどh_{eq}が大きい．ちなみに日本の建設各社が求めた減衰性能はh_{eq}の値が0.15であった．図8.19を見ると，HD-1高減衰免震ゴムは，大変形になるとやや減衰性能が低下するものの，小変形から大変形まで要求性能を十分満たしていることがわかる．一方，この減衰性能をイギリスMRPRAで開発された中減衰免震ゴムと比較すると，HD-1高減衰免震ゴムは中減衰免震ゴムに比べ2倍以上の減衰性を持つことがわかる．

ところで，ゴムは高減衰性になると典型的な非線形性を示すことは，当初から予測されていたことであるが，図8.20[3)]に見られるように，HD-1高減衰免震ゴムはひずみが小さい時，せん断剛性がかなり高くなる．このような初期剛性の上昇は，クリープを小さくするためにあえて行った材料設計にも起因している．もちろん，それでも鋼棒ダンパー(図8.16)に比べると，剛性上昇ははるかに小さい．

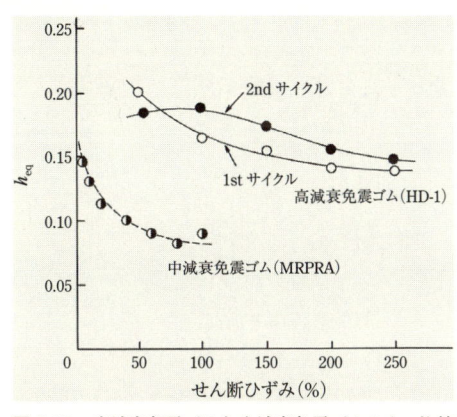

図8.19 高減衰免震ゴムと中減衰免震ゴムのh_{eq}比較とひずみ依存性[3)]

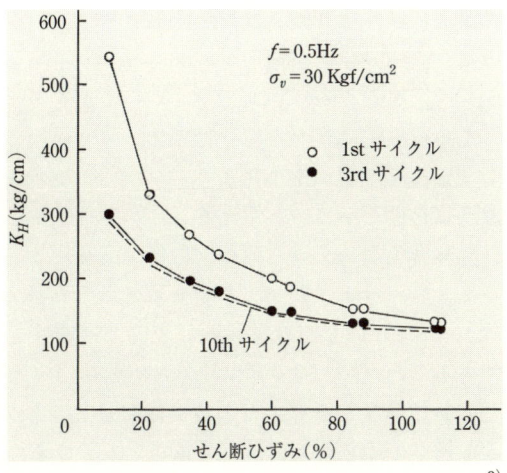

図8.20 高減衰免震ゴムのせん断剛性の繰返し変形依存性[3)]

加えて，HD-1 高減衰免震ゴムでは，ひずみが 50% 以上になると剛性変化はかなり小さくなり，100% 以上ではほとんど一定値になるとみなしてよい．

一方，図 8.20 には HD-1 の繰返し変形による剛性変化も示されている．1st サイクルに比べて 2nd サイクルの剛性値はかなり低下するが，それ以上のサイクルではほとんど変化しないことが確認されている．さらに，繰返し変形による剛性低下は，試験後に室温放置することによってかなり回復し，1st サイクルの試験を行った数日後には，図 8.20 における 1st サイクルと 3nd サイクルの中間あたりまでは回復することが確認された．ただし，それ以上には回復しない．そこで，HD-1 高減衰免震ゴムを用いた免震構造の設計基準せん断剛性としては，小変形ではこの中間剛性を基準にし，最も重要な大変形時の剛性は一定値とした．さらに，h_{eq} の値は，繰返し数によらず，ほぼ一定であることを確認した．このようなことから，高減衰免震ゴムでは，製品の出荷前にあらかじめ数回の繰返し大変形を与え，せん断剛性を安定化させる方法を採用した．

図 8.21[3] は，低減衰 (NR) 免震ゴムと HD-1 高減衰免震ゴムの弾性率の温度依存性を示している．一般の高減衰ゴム (例えば，多量のカーボンブラック充填ゴム) は大きな温度依存性を示すが，HD-1 の温度依存性は低減衰ゴムとほぼ同等である．加えて，HD-1 は SBR 主体のゴムであるため低温結晶化がなく，低温ではむしろ低減衰 NR より温度依存性が小さいと言える．

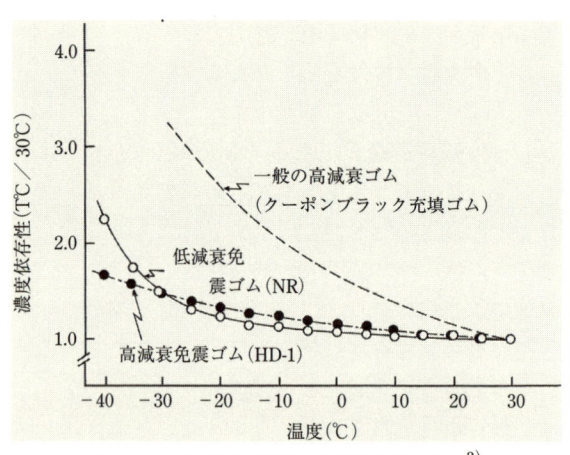

図 8.21 ゴム材料の弾性率の温度依存性比較[3]

高減衰免震ゴムがどの程度の地震動減衰効果を示すかについて，東急建設の行ったシミュレーション結果[4]を紹介する．これは HD-1 高減衰免震ゴムを用いた免震建物に，表 8.1 に列挙されている代表的な地震波を入力した時の建物の応答を求めたものである．ただし，その時の h_{eq} の値を 0.12 としている．図 8.22[4] はシミュレートされた応答加速度であり，どの地震波に対しても，最大加速度が表 8.1 に記された入力最大加速度の 1/5 程度に低下することがわかる．一方，その時の建物の応答変位も設計許容変位 (30 cm) に収まることを示した．したがって，高減衰免震ゴムの h_{eq} 値を図

8.2 「高減衰免震ゴム」の開発

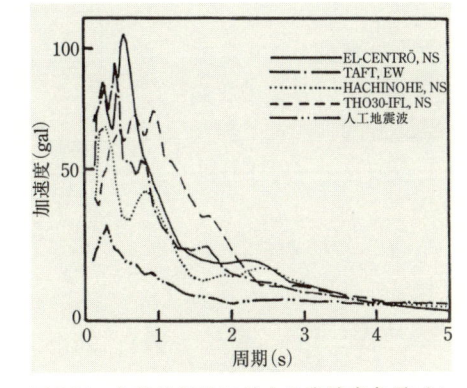

表8.1 各種の地震波とその最大加速度

地震波名	最大加速度(gal)
EL-CENTRO, NS	511
TAFT, EW	497
HACHINOHE, NS	330
TH 030-1FL, NS	367
人工地震波	137

図 8.22 各種地震波に対する高減衰免震ゴム(HD-1)の応答加速度スペクトル[4]

8.19に示されている0.15以上と考えれば，高減衰免震ゴムを用いた免震建物は，応答加速度，応答変位共に十分な免震効果を発揮すると判断してよい．

8.2.5 高減衰免震ゴムのクリープ特性

さてそうなると最大の問題は，果たして高減衰免震ゴムのクリープ特性がどうなるかという点に絞られた．ところで，低減衰免震ゴムに荷重を載せた時の沈下量(ε)は，初期沈下量(ε_0)と時間とともに増加するクリープ($\Delta\varepsilon$)の和で与えられる．その際，前に述べたように(図6.14参照)，クリープ量($\Delta\varepsilon$)と時間を両対数表示すると，クリープ量は初期に緩やかな増加を示すが，一定時間後には直線的に増加する．したがって，直線部の外挿により長期クリープ量が求められ，アレニウスプロットを利用すれば，その温度変化から室温における60年間のクリープ量が予測できる．高減衰免震ゴムのクリープ予測においてまず懸念されたことは，高減衰免震ゴムでも同様の外挿法が成り立つかどう

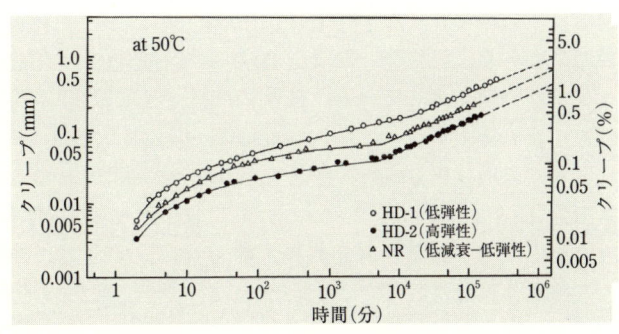

図 8.23 低減衰免震ゴム(NR)と2種類の高減衰免震ゴム(HD-1, HD-2)のクリープ比較[3]

かであった.

図 8.23[3] は低減衰 NR 免震ゴムと比較した2種類の高減衰免震ゴム（低弾性タイプ HD-1 と高弾性タイプ HD-2）の，両対数表示によるクリープ（$\Delta \varepsilon$）曲線（50℃ 測定）である．2種類の高減衰免震ゴムともに低減衰免震ゴムと同じクリープ特性を示す曲線とな

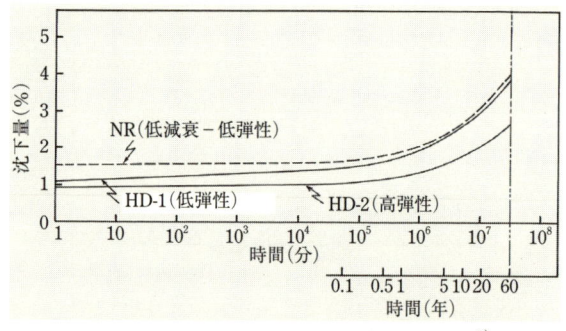

図 8.24　図 8.23 に用いた免震ゴムの沈下量比較[3]

り，低減衰免震ゴムと同様に長期予測が可能なことを示している．また，低減衰免震ゴムに比べると，HD-1 のクリープ量はそれより若干大きく，HD-2 のクリープ量は若干小さい．

そこで，図 8.23 のクリープ量に初期の沈下量（ε_0）を加えた全沈下量（ε）を，60年間の変化としてプロットしたのが図 8.24[3] である．免震建築において重要なのは，この全沈下量である．図 8.24 を見ると，HD-2 はもちろん，HD-1 も沈下量が低減衰免震ゴムより小さくなっている．これは当初の材料設計どおり，高減衰免震ゴムは初期弾性率が高いため初期沈下量が小さいからである．こうして，高減衰免震ゴムのクリープ特性は低減衰免震ゴムと同等，つまり，高減衰免震ゴムの60年使用中のクリープ量も数〜5％程度の範囲に収まると判断した．

8.2.6　高減衰免震ゴムの長期耐久性

残るは60年耐久性の評価であるが，もちろんそのためには前出の表 6.1 に従って全項目の実験を行った．例えば，図 8.25[3] は，縮小型免震ゴムを用いた熱劣化促進試験結果であり，成型後，および20年相当劣化後，60年相当劣化後のせん断力〜せん断ひずみ特性を示している．破断強度は，最初の20年程度はやや増大し，60年後には逆に若干低下する．これらの傾向は，低減衰免震ゴムの予測とほぼ同じであり，免震ゴムに求められる破断特性としては全く問題ない．さらに，高減衰免震ゴムのせん断剛性（K_H）は，使用後の20〜40年は若干増加するが，60年後にはほとんど初期状態に戻ること，および等価減衰定数（h_{eq}）は，60年間にわたりほとんど変化しないことも確認された．

一方，図 8.26 は，HD-1 を用いて製造したモデル免震ゴムのせん断変形による破断面である．架橋ゴムに一般的に見られる凹凸の激しい脆性破断面とは異なり，かなり

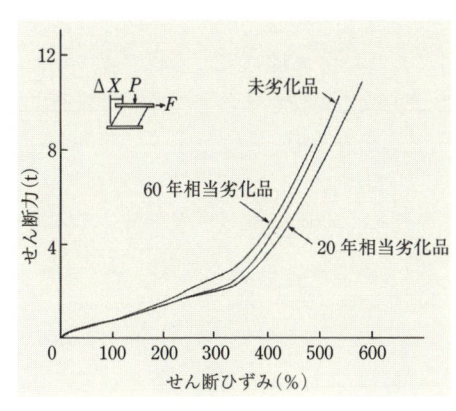

図 8.25 高減衰免震ゴム(HD-1)の応力〜ひずみ曲線における劣化の影響[3]

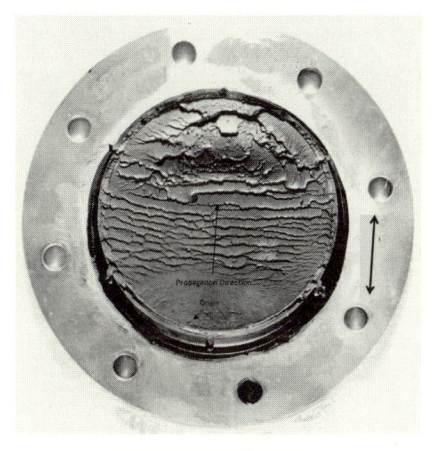

図 8.26 高減衰免震ゴムの破断面写真(両方向矢印はせん断変形方向)

滑らかな延性破断面を呈している．これは，この配合ゴムが非常に高粘弾性的な材料であることを裏付けている．もちろん，金属板との接着性は完全なゴム層破壊であり，全く問題はない．

このような経年変化とその他のすべての耐久性評価を含めて，高減衰免震ゴムは，低減衰免震ゴムに比べて同等の耐久性を持つことが明らかになった．つまり，高減衰免震ゴムは，免震建築を60年間支障なく支え得るとの結論であった．こうして「高減衰免震ゴム」が誕生したのは1990年初のことである．なお，その後，山上げ大橋用免震橋梁(10年間使用)から回収された2基の高減衰免震ゴムの測定結果[5]は，初期値に対する減衰性能の変化率が−2.2％と＋4.0％であった．データのバラツキを考えると，ほぼ予測どおりの結果と判定される．

8.3 おわりに，そして新たなはじまりに

本章では2つの免震ゴム開発の経緯を紹介した．これらの免震ゴムは今，多くの免震建築に採用されている．しかし忘れてならないことは，"免震ゴム開発は終了したのではなく，今からその評価を受ける新たなステップに入った"ということである．免震建築もそれを支える免震ゴムも，生まれてまだ20年足らずの技術である．今回の東日本大震災で免震建築が本来の機能を発揮したと言っても，実際に個々の免震建物を襲った揺れの性質と大きさがわからないため，その性能を正確には判断できない．

60年の耐久寿命に至っては，ほとんどの免震ゴムはその1/4の期間さえ過ぎていない．つまり，免震ゴムの性能も耐久性も，まだ全く正当な評価を受けていないのである．

福島原発は建設から40年後に大事故を起こした．40年間無事だったのは，大きな地震に遭遇しなかったからである．日本の原子力発電の技術そのものは，世界的に見ても決して低いものではなかったはずである．しかしそのことがかえって関係者の慢心と油断を生み，"日本で原発を行うことの二重のリスク（1.4.3参照）"を忘れさせた．その結果最も大切な，"安全管理の基本原則"さえおろそかにする事態を招いてしまった．

一方，日本の新幹線は開通以来，およそ50年が過ぎている．その間にどれほどの数の新幹線が日本中を走ったことだろう．今回の東日本大震災の時も19本の新幹線が現地を走っていた．それにもかかわらず，新幹線では，走行中の列車事故で乗客が死傷する事態は全く起こっていない．これはスピードを競う高速鉄道ではあっても，"機能（スピード）よりも安全性確保を優先"させたことの実証であり，関係者の信念と，そのためのたゆまぬ技術開発があったからできたことであろう．

免震建築とは，その名のとおり，地震の被害を免れるための製品である．今や，免震建築に対する世の期待は非常に大きくなっており，重要な機能を持つ建物の多くは免震化されつつある．免震ゴムは，まさにその期待を一身に背負っている製品である．このような製品では，たとえどのような出来事に対しても想定外という言い訳は成り立たない．事故の可能性を最小限にとどめ，そこに潜む危険性の芽を前もって摘み取るために，常に人智を尽くす努力が求められる．

しかし人間，どんなに知恵を絞ったつもりでも，自然現象の複雑さとその凄まじさを見れば，そして人間の犯すミスの確率を考えれば，地震との戦いは常に始まったばかりの進行形であり，終わることはない．そのことを肝に銘じて，実情に悲観することなく，もちろん決して慢心することなく，一歩一歩，技術を積み上げていくことが，免震建築に携わるすべての人に課せられた責務であろう．

参考文献
1) （株）清水建設耐震公開実験試料，1995年3月．
2) 武田寿一：構造物の免震，防振，制振，p41，技報堂出版，1988．
3) 深堀美英：日ゴム協会誌，62，265，1989．；H. Kojima & Y. Fukahori: *Rubber World*, April, 35，1990．
4) 小島英治ら：東急建設技術研究所報，No14，135，1988．
5) 日本ゴム協会免震用積層ゴム委員会技術報告，免震建築用積層ゴムと環境・耐久性，2006．

著者略歴

深堀美英（ふかほり よしひで）PhD(工博)

1970 年	九州大学工学部応用化学科(修士)卒
1970～2000 年	(株)ブリヂストン
1974～1976 年	ロンドン大学留学，PhD 論文「高分子の破壊力学」
2000～2003 年	(株)一条工務店
2003～2010 年	ロンドン大学客員教授
2010 年～現在	ロンドン大学 Visiting Academic

主 著
　高分子の力学，技報堂出版，2000
　免震住宅のすすめ，講談社ブルーバックス，2005
　ゴムの弱さと強さの謎解き物語，ポスティコーポレーション，2011

高分子の寿命と予測
ゴムでの実践を通して

2013 年 10 月 10 日　1 版 1 刷　発行

定価はカバーに表示してあります。
ISBN978-4-7655-0398-3 C3043

著　者　深　堀　美　英
発行者　長　　　滋　彦
発行所　技 報 堂 出 版 株 式 会 社

〒101-0051 東京都千代田区神田神保町 1-2-5
電　話　営業　(03)(5217) 0885
　　　　編集　(03)(5217) 0881
FAX　　　(03)(5217) 0886
振替口座　00140-4-10
http://gihodobooks.jp/

日本書籍出版協会会員
自然科学書協会会員
工 学 書 協 会 会 員
土木・建築書協会会員

Printed in Japan

Ⓒ Yoshihide Fukahori, 2013

装幀・浜田晃一　　印刷・製本　昭和情報プロセス

落丁・乱丁はお取替えいたします。
本書の無断複写は，著作権法上での例外を除き，禁じられています。